Koronare Herzkrankheit (KHK)

HAUSARZT HANDBUCH

Das Handbuch zum Disease-Management-Programm (DMP) KHK
vom Deutschen Hausärzteverband und der AOK

Umsetzung von DMP in der Hausarztpraxis

Herausgeber: Deutscher Hausärzteverband e.V.
AOK-Bundesverband

ISBN: 3-9805316-7-8

Redaktionelle Bearbeitung: MED.KOMM. Verlag
Verlagsleitung/Konzeption/Redaktion: Dr. Monika von Berg
Redaktionelle Mitarbeit: Dr. med. Ulrich Scharmer

Projektsupervision: Prof. Dr. med. Marcus Siebolds,
Kath. Fachhochschule NRW, Köln

Layout: KünkelLopka GmbH, Heidelberg

Grafische Bearbeitung: Dr. med. Ulrich Scharmer,
Sarah Bartl, München

Druck: Rotaplan Offset Kammann Druck GmbH, Regensburg

Verlag: ©2004 MED.KOMM. Verlag, ein Unternehmen
der Springer Science+Business Media GmbH,
Neumarkter Str. 43, 81673 München
Geschäftsführer: Dr. Georg Ralle

Printed in Germany

Bildnachweise: Medical Art Service; Barbara von Wirth;
Bodo A. Schieren; Archiv MED.KOMM.

Inhalt

»

THERAPIE

KAPITEL 3: ANHANG

„Rationale Diagnostik und Therapie unverzichtbar"

Prof. Dr. med. Erland Erdman, Köln

» *Kardiovaskuläre Erkrankungen gehören zu den häufigsten in der gesamten Medizin. Mehr als die Hälfte aller Menschen versterben letztendlich an Herz- und Kreislaufversagen. Gelänge es uns, die Bevölkerung zu Nichtrauchern zu erziehen, würde das mittlere Lebensalter um zwei bis drei Jahre ansteigen. Wahrscheinlich würde sich die Lebenszeit auch deutlich verlängern, wenn alle Kranken rechtzeitig und konsequent diagnostiziert und korrekt behandelt würden. In diesem Sinne ist es natürlich wichtig, Leitlinien für die Diagnostik und Therapie auch der koronaren Herzerkrankung zu erstellen, bekannt zu machen und in die tägliche Praxis umzusetzen. Das Hausarzt Handbuch DMP KHK soll dazu beitragen.*

Es gibt eine Vielzahl von Untersuchungen, vorwiegend in den Vereinigten Staaten von Amerika, die nachweisen, dass eine leitliniengestützte Therapie die Prognose selbst von ernsthaften Erkrankungen deutlich verbessert. Natürlich müssen sich Patienten ebenso an die Leitlinien halten wie die Ärzte.

DMPs zeigen, was vernünftig und notwendig ist

Möglicherweise gibt es in unserem Lande ja noch Herzkranke, die nicht wissen, dass ihr Risikoverhalten (Rauchen, Übergewicht, fettreiche Ernährung und mangelnde körperliche Betätigung) mit einer erhöhten Krankheitsrate und dann auch früherem Ableben korreliert. Selbst die beste medikamentöse Therapie kann die Folgen eines derartigen Risikoverhaltens nicht neutralisieren. Sie kann aber, wenn richtig durchgeführt, zur Linderung von Beschwerden, Reduktion der Myokardinfarkt- und Schlaganfallhäufigkeit und Vermeidung des frühen Herztodes beitragen. Die meisten von uns wissen das, halten sich aber leider nicht daran. In diesem Sinne ist es lobenswert, dass man jetzt beginnt, Disease-Management-Programme (DMPs) strukturiert aufzulegen, die Arzt und Patient schwarz auf weiß zeigen, was vernünftig und notwendig ist. Ein Abweichen von diesen Behandlungsleitlinien sollte selten sein und müsste sehr gut begründet werden. Natürlich können solche Disease-Management-Programme dazu führen, dass Patienten mehr Medikamente einnehmen und auch ihr eigenes eventuelles Risikoverhalten einschränken müssen.

Eine niedrigere Herz-Kreislauf-Mortalität ist das Ziel

Jeder weiß eigentlich, dass man keine Medikamente oder Apparate benötigt, um eine erfolgreiche Prävention der koronaren Herzkrankheit durchzuführen. Gespräche, Hilfe bei Suchtverhalten, Rehabilitation und andere präventive Maßnahmen sind vernünftig und könnten preiswert und trotzdem erfolgreich sein – sind es aber nicht, weil das Fleisch schwach ist. Solange wir dieses Problem nicht gelöst haben, müssen wir uns noch mit der Behandlung bereits Erkrankter begnügen. Aber auch das ist notwendig!

Es wäre großartig, wenn es der heutigen Medizin gelänge, nach erfolgreicher Bekämpfung der großen Seuchen, der deutlichen Reduktion der Säuglingssterblichkeit und der Infektionskrankheiten nun auch die Letalität kardiovaskulärer Erkrankungen zu reduzieren.

Das ist unser aller Ziel. «

Prof. Dr. med. Erland Erdmann

Disease-Management-Programm KHK

„Ein Schritt zur Normalität“

» Der Prozess der Einführung des Disease-Management-Programms (DMP) für Typ-2-Diabetiker weist eine interessante Dynamik auf. Am Anfang stand eine weitgehend politisch motivierte und zutiefst polarisierende Diskussion zwischen beteiligten Experten, versorgenden Ärzten und den Krankenkassen. Über die Auseinandersetzung mit dem Gegenstand der DMPs hat sich nach und nach, insbesondere durch die konsequente Anwendung der Methode der evidenzbasierten Medizin, eine zunehmend sachliche und konstruktive Diskussion der Beteiligten entwickelt. Die anfängliche Angst vor einer angeblichen „Kochbuch-Medizin“ ist einer rationaleren Beurteilung gewichen. Die Nützlichkeit der im Konsens definierten Anforderungen an die medizinische Versorgung von Menschen mit chronischen Krankheiten, die die Grundlage der Disease-Management-Programme sind, wird kaum noch ernsthaft bestritten.

Nachdem sich der Umgang mit DMPs nun Schritt für Schritt normalisiert hat, können die strukturierten Behandlungsprogramme ihr eigentliches Potenzial entfalten. Sie werden gerade Hausärzten ein Instrumentarium an die Hand geben, die Behandlung chronisch kranker Patienten auf den Grundlagen der evidenzbasierten Medizin zu strukturieren und zu koordinieren und damit die Qualität der Versorgung für diese Patienten nachhaltig zu verbessern. Jetzt wird dieses Angebot einer umfassenden Behandlung von Patienten mit komplexen chronischen Erkrankungen durch die Einführung des Disease-Management-Programms „Koronare Herzkrankheit“ erweitert.

Für den Deutschen Hausärzteverband und den Bundesverband der AOK stellt sich nun die Aufgabe, den begonnen Weg der konsequenten und praxisnahen Unterstützung der Hausärzte fortzusetzen. Das vorliegende Hausarzt Handbuch für das DMP Koronare Herzkrankheit ist analog dem ersten Handbuch zum DMP Diabetes aufgebaut. Es ist der zweite Baustein einer von Hausärzten für Hausärzte entwickelten Fortbildung für den Bereich der strukturierten Behandlungsprogramme.

AOK und Hausärzteverband haben die Einführung des ersten Handbuches zum DMP für Typ-2-Diabetiker wissenschaftlich begleitet. So war es möglich, mit dem nun erscheinenden Buch zum DMP Koronare Herzkrankheit noch genauer den Bedürfnissen der Hausärzte gerecht zu werden. Die fast schon traditionelle Zusammenarbeit von Deutschem Hausärzteverband und AOK bringt den Beteiligten eine gut zugängliche Kompetenzstruktur: Es gelingt immer besser, die Anforderungen und Interessen der Hausärzte in die Gestaltung der Programme und der sie begleitenden Fortbildungs- und Informationsmedien einfließen zu lassen.

Wir sind überzeugt, dass dieses Handbuch zum DMP Koronare Herzkrankheit eine spürbare Hilfestellung bei der Umsetzung des strukturierten Behandlungsprogramms in die hausärztliche Praxis leisten kann. «

Das Rüstzeug für die Behandlung komplex chronisch Kranker auf den Grundlagen der evidenzbasierten Medizin

Dr. Rolf Hoberg
AOK-Bundesverband

Ulrich Weigeldt
Deutscher Hausärzteverband

Das Autorenteam

Herausgeber und Verlag bedanken sich ganz herzlich bei dem Autorenteam, das dieses Hausarzt Handbuch erst möglich gemacht hat.
Viele Sitzungen und Gespräche führten dazu, dass ein Konsens auf der Grundlage der RSAV gefunden werden konnte.
Dass die wissenschaflichen und gesundheitspolitischen Inhalte dieses Werks dem momentanen Wissensstand entsprechen, versteht sich von selbst.

München, im November 2004

Dipl.-Psych. Hans-Jochen Weidhaas, Psychotherapeut, Bad Dürkheim

Dr. med. Gerd W. Zimmermann, Hofheim/Taunus, Facharzt für Allgemeinmedizin, stellvertretender Bundesvorsitzender des Deutschen Hausärzteverbandes

Dr. med. Burkhard John, Schönebeck, 1. Vorsitzender KV Sachsen-Anhalt, Vorsitzender des Instituts für hausärztliche Fortbildung des Deutschen Hausärzteverbandes (IhF)

Dr. med. Diethard Sturm, Hohenstein Ernstthal, Facharzt für Allgemeinmedizin, 1. Stellv. Bundesvorsitzender des Deutschen Hausärzteverbandes, 1. Vorsitzender Sachsen

Dr. med. Eberhard Jennen, Oberarzt an der Abteilung für Innere Medizin, St. Franziskus Hospital, Köln

Dr. med. Andreas von Maxen, Internist, Berlin

» Die koronare Herzkrankheit ist für den Hausarzt eine tägliche Herausforderung. Ihm obliegt als Case-Manager die Koordination der diagnostischen und therapeutischen Maßnahmen.
Disease-Management-Programme (DMPs) erleichtern auf der einen Seite eine strukturierte Behandlung, stellen aber auf der anderen Seite hohe Anforderungen an die hausärztliche Praxis, was medizinische Inhalte, EDV und Praxis-Management betrifft.
Eine Fokusgruppendiskussion zum Hausarzt Handbuch über das DMP Diabetes hat ergeben, dass die niedergelassenen Ärzte noch mehr konkrete Hilfen zur Implementierung des DMP in die eigene Praxis erwarten: „Wie oft muss ich den Patienten einbestellen?" „Welche Zettel muss ich ausfüllen, und wer bekommt sie?"
Wir haben diese Hinweise dankbar aufgenommen und versucht, den Wunsch nach einer klaren „Segelanweisung" umzusetzen.
Dass die Inhalte des vorliegenden Handbuchs zum DMP „Koronare Herzkrankheit" Hand und Fuß haben, ist unserem kompetenten Autorenteam aus Wissenschaft und Praxis zu verdanken, dem es gelungen ist, einen Konsens zu finden zwischen derzeitigem Forschungsstand, gesundheitspolitischen Gegebenheiten und Realisierungsmöglichkeiten in der Praxis. «

Prof. Dr. med. Gerd Bönner, Ärztlicher Direktor der Kliniken Lazariterhof und Baden-Privatklinik MEDIAN Kliniken Bad Krozingen

Dr. med. Hans-Rüdiger Dreykluft, Internist, Berlin

Prof. Dr. med. Peter T. Sawicki, Leiter des Instituts für Qualität und Wirtschaftlichkeit im Gesundheitswesen, Köln, vormals Leiter von DIeM, Institut für evidenzbasierte Medizin, Köln

Prof. Dr. med. Ferdinand Gerlach, Direktor des Instituts für Allgemeinmedizin, Klinikum der Johann Wolfgang Goethe-Universität, Frankfurt am Main

Prof. Dr. med. Klaus Wahle, Münster, Facharzt für Allgemeinmedizin, Leiter Arbeitsbereich Allgemeinmedizin an der Westfälischen Wilhelms-Universität, Münster, Mitglied im Vorstand des Instituts für hausärztliche Fortbildung (IhF)

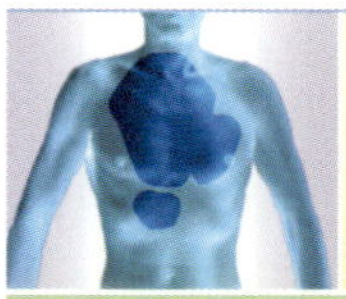
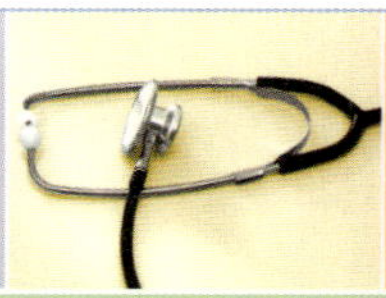
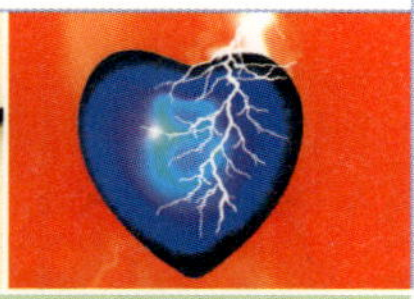

KAPITEL 1

1

GRUNDLAGENWISSEN

Peter T. Sawicki

Praktische evidenzbasierte Medizin

Der Begriff „evidenzbasierte Medizin" ist zwar relativ neu, der Wunsch nach einer fruchtbaren Verknüpfung zwischen einer hervorragenden praktischen Kompetenz aufgrund langer individueller ärztlicher Erfahrung einerseits und einem hohen abstrakten allgemeinen, aber praktisch relevanten Wissen andererseits ist so alt wie die Medizin.

Verbindung zwischen eigener Erfahrung und externem Regelwissen

Bereits von Hippokrates ist die Forderung nach der Verbindung zwischen eigener Erfahrung und externem zuverlässigen Wissen überliefert:
„Die Erfahrung allein ist eine gefährliche Lehrmeisterin. Die durch sie bloß allein geleitet Arzneykunst treiben, stürzen die Kranken leicht ins Grab … Was aber diejenigen nicht einsehen, denen unter ihrer Leitung die meisten Fälle davon vorkommen."

(Zitiert nach: „Hippokrates, Aphorismen", Leipzig 1995, Nachdruck von Kühlin 1778.)

Auch der Wunsch der Politik nach Ausbildung von Ärzten, die externes valides Wissen in die Praxis umsetzen, ist nicht neu. Kaiser Friedrich II. schrieb in seinem „Liber Augustus" im Jahr 1231:
„Da die Medizin niemals erfolgreich sein kann … ohne die Kenntnis der Logik, befehlen wir, daß keiner Medizin studiere, der nicht vorher mindestens drei Jahre Logik betrieben habe."

Medizinstudium macht immun gegen die „Skeptikämie"

Der kritische Umgang mit externem Wissen vor seiner Übernahme und Anwendung in der Praxis am Patienten wurde und wird zu wenig in der Aus- und Fortbildung der Ärzte betont. Petr Skrabanek hat für das skeptisch kritische Denken in der Medizin den Begriff der „Skeptikämie" eingeführt. Sarkastisch schrieb er in seinem Buch „Torheiten und Trugschlüsse in der Medizin" 1995:
„Skeptikämie" ist eine seltene generalisierte Störung mit niedrigem Ansteckungsgrad. Das Medizinstudium verleiht in den meisten Fällen eine lebenslange Immunität."

In den letzten zwanzig Jahren haben sich die Forderungen nach einer Verbesserung der Medizinstruktur in einer Bewegung kristallisiert, die zum Ziel hat, eine Information von Ärzten und Patienten zu erreichen, die die bestmögliche individuelle diagnostische oder therapeutische Entscheidung unterstützt. David Sackett hat in seiner Definition der evidenzbasierten Medizin die ihr zu Grunde liegende Verknüpfung aus relevanter Theorie und Praxis 1998 auf den Punkt gebracht:
„Die Praxis der Evidenz-basierten Medizin bedeutet die Integration individueller klinischer Expertise mit der bestmöglichen externen Evidenz aus systematischer Forschung … Mit individueller klinischer Expertise meinen wir das Können und die Urteilskraft, die Ärzte durch ihre Erfahrung und klinische Praxis erwerben."

Das goldene Kalb am Ende der Aufklärung

Die weitere Entwicklung und die Gefahren in der Umsetzung der evidenzbasierten Medizin beschrieb Michael Berger 2002 in seinem Artikel „Am Ende der Aufklärung steht das goldene Kalb" Bezug nehmend auf neue Strukturen der Information von Patienten:
„Ich weiß nicht, in welchem Umfang diese mutigen Empfehlungen in unserem Land akzeptiert oder gar umgesetzt werden. Aber ich bin davon überzeugt, dass sie den einzigen gangbaren Weg aufzeigen: die Unterrichtung der Öffentlichkeit und der Patienten über die Möglichkeiten und die Grenzen der Medizin und der Prävention, und wie jede verfügbare oder empfohlene Maßnahme auf ihren Nutzen für Patienten untersucht werden sollte." (Vollständiger Text unter http://www.di-em.de)

Erfahrung, Intuition und das Regelwissen

Das ärztliche Handeln wird also in unterschiedlicher individueller Ausprägung bestimmt durch praktische ärztliche Erfahrung, klinische Expertise und das externe Regelwissen. Im Laufe der beruflichen Tätigkeit nimmt die klinische Expertise – also die ärztliche Erfahrung – zu; dadurch wird es häufig möglich sein, in der praktischen Patientenbehandlung „intuitiv" die „richtige" Entscheidung zu treffen.
Dies verbessert die Patientenversorgung, aber nur in den Bereichen, die der Erkenntnis der praktischen Erfahrung und der Wahrnehmung in der ärztlichen Tätigkeit auch tatsächlich zugänglich sind. Es kann zum Beispiel durchaus praktisch erkennbar sein, ob Patienten von einer antianginösen Therapie profitieren oder nicht. Es ist aber aufgrund einer noch so langen Erfahrung nicht möglich zu entscheiden, ob eine Statintherapie das Leben eines Patienten nach einem Myokardinfarkt verlängert oder nicht. Für diese Fragestellungen benötigt man andere Instrumente, deren Ergebnisse in das so genannte Regelwissen münden und weitgehend dafür verantwortlich sind, ob man Patienten nach einem Herzinfarkt mit einem Statin behandelt oder nicht.
Dieses Regelwissen entsteht durch das Medizinstudium, Aussagen von Experten, Studium von Fachzeitschriften, Besuch von Fortbildungsveranstaltungen, die Lektüre von Leitlinien und die Beurteilung der Originalliteratur. Die klinische Expertise und das Regelwissen können aber auch durchaus konträr zueinander stehen und einander behindern. Zum Beispiel, wenn eine Studie überzeugend darlegt, dass eine Therapie, mit der man bisher „gute Erfahrungen" gemacht hat, unwirksam ist.
Grundsätzlich sind die klinische Expertise und die praktische ärztliche Intuition inhaltlich wenig begründbar, aber patientennäher, fallbezogener, prinzipiell praxisrelevanter; für den Arzt ist es sicher oft befriedigender, wenn er seine Entscheidungen „aus dem Bauch heraus" für richtig hält. Das Regelwissen hingegen ist allgemeingültiger, häufig abstrakt und neigt bei vollständiger Darstellung der bekannten Inhalte und der „weißen Flecken auf der Wissenslandkarte" dazu, Ärzte und Patienten zu verunsichern. Auch ist die Verschmelzung der Erfahrung, der Intuition und des externen Regelwissens schwierig und manchmal schmerzhaft, weil die abstrakte Erkenntnis in einigen Fällen dazu zwingt, lieb gewonnene Abläufe in Frage zu stellen.
Andererseits ist das externe Regelwissen auch zum Teil unkontrollierbaren externen Einflüssen unterworfen und in der Entstehung häufig nicht transparent. Dies kann in der Darstellung durch Experten der so genannten „Schulmeinung ex cathedra" ihre Ursache haben und auch an der finanziellen Verführung liegen – sowohl abhängig wie auch unabhängig von der pharmazeutischen Industrie. Daher ist jeder externe inhaltliche Einfluss auf den Wissensbestand des praktisch tätigen Arztes kritisch und skeptisch nach Methoden der evidenzbasierten Medizin zu prüfen, bevor er in das praktische Regelwissen übernommen wird.

Die Grenzen der praktischen Erfahrung

Objektivität des Regelwissens

Eine Analyse der internationalen Literatur zeigt, dass sowohl die Experten als auch die Fortbildungsveranstaltungen und die Leitlinien wesentlich durch marktwirtschaftliche Interessen beeinflusst werden. Dies führt zu einer Ausrichtung der darin enthaltenen Aussagen hin zur Empfehlung von nicht erwiesenermaßen wirksamen, aber häufig teureren medizinischen Maßnahmen. Die Werbung, die von Inseraten abhängigen medizinischen Zeitschriften und die so genannten „wissenschaftliche Beilagen" in Fachzeitschriften geben die Studienlage nachweislich nicht selten verzerrt oder direkt falsch wieder. Auf der anderen Seite wird die Publikation objektiver Informationen häufig behindert.
Eine ganz besonders gefährliche Entwicklung der letzten Zeit ist die Manipulation von Studiendaten zu Gunsten eines bestimmten Wirkstoffes in Untersuchungen, die unter Mitwirkung der pharmazeutischen Industrie durchgeführt wurden. Die Folge dieses Missstandes ist eine tendenziöse Information von Ärzten und Patienten, was zur medizinischen Fehlversorgung und Kostensteigerung führt.
Für praktisch tätige Ärzte ist es enorm schwierig, Zugang zu valider objektiver Information zu bekommen. Die selbständige Beschaffung von Informationen ist sehr zeitaufwendig und neben

Das Regelwissen kann unbequem sein

Unbedingte Transparenz macht Fakten für jeden nachprüfbar

der praktischen ärztlichen Tätigkeit kaum zu leisten.
Einen Lösungsansatz bietet die Transparenzmethode der „praktischen evidenzbasierten Medizin", deren Wesen es ist, nachprüfbare Informationen als Entscheidungsgrundlagen (abrufbar unter http://www.di-em.de) für die praktisch tätigen Ärzte zu liefern. Die Hauptsache dabei ist eine unbedingte Transparenz, die es jedem ermöglicht, die Fakten nachzuvollziehen, zu überprüfen und sie dann in den individuellen Regelwissensbestand zu übernehmen oder eben nicht. Der „Experte" nimmt in diesem Konstrukt also nicht die Entscheidung vorweg, sondern informiert für jeden nachvollziehbar über das sichere und unsichere externe Regelwissen („Evidenz statt Eminenz").

Unterschiedliche Evidenzgrade

Das ärztliche Regelwissen setzt sich zusammen aus unterschiedlichsten Informationen und ist letztlich die Grundlage für die konkrete individuelle ärztliche Entscheidung. Daher müssen Informationen vor ihrer Übernahme in den Regelwissensbestand und vor einer individuellen diagnostischen oder therapeutischen Entscheidung nach drei Aspekten bewertet werden:

- **Validität:**
  Stimmt die Information?
- **Wichtigkeit:**
  Ist sie von praktischer klinischer Bedeutung?
- **Fallbezug:**
  Ist sie für den konkreten Fall anwendbar?

Information muss stimmen, klinisch wichtig sein und Bezug zum konkreten Fall haben

Die **Validität** wird beurteilt aufgrund der Art der Fragestellung und der Qualität der Methodik der durchgeführten Untersuchung. Dabei wird die Information in verschiedene Grade der Evidenz je nach Design der durchgeführten Studie bzw. der Quelle der Information eingeteilt. Eine brauchbare Gradeinteilung von I bis V für die Hierarchie der Studienergebnisse von diagnostischen und therapeutischen Aussagen bietet das Centre for Evidence Based Medicine vom Mai 2001 (http://cebm.jr2.ox.ac.uk/docs/levels.html):

- **I A** Evidenz aufgrund von (übereinstimmenden) Ergebnissen von Metaanalysen randomisierter Studien.
- **B** Evidenz aufgrund von mindestens einer randomisierten Studie.
- **II A** Evidenz aufgrund von (übereinstimmenden) Ergebnissen von nichtkontrollierten Studien (z. B.: Kohortenstudien).
- **B** Evidenz aufgrund von mindestens einer nichtkontrollierten Studie (z. B.: Kohortenstudie).
- **III A** Evidenz aufgrund von (übereinstimmenden) Ergebnissen von nichtkontrollierten, nichtexperimentellen Studien (z. B.: Fall-Kontroll-Studie; Querschnittsstudie).
- **B** Evidenz aufgrund von mindestens einer nichtkontrollierten, nichtexperimentellen Studie (z. B.: Fall-Kontroll-Studie; Querschnittsstudie).
- **IV** Evidenz aufgrund von Fallbeobachtungen.
- **V** Evidenz aufgrund von Expertenaussagen.

(Siehe auch das Kapitel 1.2 „Wissenschaftliche Risikoeinschätzung der KHK", Seite 18.)

Zuverlässigkeit und inhaltliche Belastbarkeit der Aussage nehmen von I nach V fortlaufend ab. Das bedeutet, dass für die Praxis eine Aussage der Evidenzstufe I eine hohe Sicherheit besitzt und eine Aussage auf der Basis der Evidenzstufen IV und V ziemlich unsicher ist. Je höher die Sicherheitsstufe der Aussage, um so mehr Einfluss kann diese Aussage bei der ärztlichen Entscheidung haben – vorausgesetzt, sie ist für die praktische Entscheidung auch wichtig.
Zum Beispiel sollte die Einnahme von weiblichen Geschlechtshormonen nach Aussagen von Experten und Fachgesellschaften (Evidenzstufe V) und Befunden von mehreren nichtkontrollierten Kohortenstudien (Evidenzstufe II A) zu einer Reduktion von kardiovaskulären Erkrankungen führen. Diese Annahme erwies sich übereinstimmend in prospektiven kontrollierten Studien (Evidenzstufe I A) als falsch.
Eine hohe Zuverlässigkeit und Sicherheit der Wahrheit einer Aussage bedeutet noch lange nicht, dass dieses Wissen wirklich praxisrelevant ist. Die praxisbezogene Wichtigkeit valider Studienergebnisse wird in der zweiten Stufe beurteilt aufgrund der

- Art der untersuchten Parameter,
- der Übertragbarkeit in die medizinische Praxis und
- der Größe des Effektes.

Die Größe und die Art des Effektes spielen hierbei häufig die wichtigste Rolle. Die postmenopausale Hormonersatztherapie bei Frauen mit koronarer Herzerkrankung (HERS, JAMA 1998; 280: 605) steigert statistisch signifikant das Risiko für eine Thromboembolie von 0,25 % pro Jahr auf 0,62 % pro Jahr. Das bedeutet praktisch, dass von 1000 mit Hormonersatztherapie behandelten Frauen pro Jahr vier eine Thromboembolie erleiden, die sie ohne eine solche Therapie nicht bekommen hätten. Die Einordnung dieser objektiven Tatsache nach ihrer praktischen Relevanz ist subjektiv: Es kann sein, dass der Arzt und die Patientin diese Information für praktisch wichtig oder für weniger wichtig halten.

Ist man sicher, dass die Aussage stimmt und für die Praxis auch wichtig ist, so gilt es zu prüfen, ob sie für einen konkreten Patienten zutrifft.

Dieser **Fallbezug** kann nur im direkten Patientenkontakt von dem jeweiligen Arzt überprüft werden. Dabei werden unter anderem folgende Parameter berücksichtigt:

- Gelten die Ergebnisse der Studien für diesen konkreten Patienten?
- Wie groß ist der Nutzen und der mögliche Schaden für diesen Patienten?
- Wie sind die Präferenzen und Wertevorstellungen dieses Patienten?
- Wie ist die Machbarkeit in diesem individuellen Fall?

In Kenntnis der Evidenz aus der HERS-Studie wird nun der Arzt zusammen mit der Patientin unter Umständen von Fall zu Fall ganz anders entscheiden, zum Beispiel je nachdem, ob es sich um eine sonst gesunde Patientin mit sehr starken, die Lebensqualität massiv einschränkenden Wechseljahrbeschwerden handelt, oder um eine Patientin mit nur leichten Beschwerden, die aber vor einem Jahr eine tiefe Beinvenenthrombose erlitt.

Evidenzbasierte Reviews versus Konsensusleitlinien

Der wesentliche Unterschied zwischen den evidenzbasierten Reviews und den bislang üblichen meist in einem Experten-Konsensusprozess erstellten Leitlinien liegt darin, dass die evidenzbasierten Reviews keine direkten Handlungsanweisungen enthalten, sondern nur konkrete praxisrelevante Inhalte als Grundlage für eine praktische ärztliche Entscheidung vermitteln. Solche Entscheidungsgrundlagen bietet z. B. das Institut für evidenzbasierte Medizin DIeM im Internet (www.di-em.de) an.

Die Entscheidung, ob eine bestimmte Maßnahme durchgeführt wird oder nicht, obliegt dem Patienten und seinem Arzt und nicht einem noch so korrekt recherchierten wissenschaftlichen Papier. Dies kann man am besten an einem praktischen Beispiel verdeutlichen:

Entscheidungsgrundlagen statt Handlungsanweisungen

Die üblichen Leitlinien fordern beispielsweise: *„Nach einem Herzinfarkt sollen Betablocker gegeben werden“*. Ein evidenzbasiertes Review informiert: *„Nach einem Herzinfarkt ist das Risiko, innerhalb von zwei Jahren zu versterben, bei Patienten im Alter unter 70 Jahren mit Betablockertherapie 11 % und ohne Betablockertherapie 19 %. Von 100 Patienten profitieren also im Laufe von zwei Jahren acht. Oder: Es müssen 13 Patienten nach einem Herzinfarkt zwei Jahre lang einen Betablocker erhalten, um einen Todesfall zu verhindern.“*

Die meisten üblichen Leitlinien evaluierten zunächst die wissenschaftliche Literatur und stellen sie dann bewertet dar. Die Entscheidungsgrundlagen gehen von täglichen praktischen Problemen in der Behandlung und Diagnostik der Patienten aus und beschreiben dann die diesbezüglich relevanten Inhalte.

Die evidenzbasierten Reviews verfolgen das so genannte **praktische hermeneutische Behandlungsprinzip**. Das heißt, dass es nach diesem Ansatz keine absolut richtige oder falsche Entscheidung in der praktischen Medizin geben kann, sie muss immer neu für den jeweiligen Fall gefunden werden. Das bedeutet dann konkret, dass im Gegensatz zu den üblichen Leitlinien die evidenzbasierten Reviews weder den Patienten noch seinen Arzt durch eine allgemeine Vorwegnahme der Entscheidung bevormunden, sie informieren lediglich. Der Patient und der Arzt – und nicht die Leitlinie – entscheiden dann zusammen individuell nach einer konkreten Information über die Therapie.

Evidenzbasierte Leitlinien bevormunden nicht, sondern informieren

Der praktische hermeneutische evidenzbasierte Ansatz lässt zu, dass die Entscheidung für oder gegen eine Behandlung im Einzelfall sehr unterschiedlich ausfallen kann. Es ist zum Beispiel durchaus vorstellbar, dass ein bestimmter Patient im Gespräch mit seinem Arzt und der Dar-

Viel Geld wird für nicht erwiesenermaßen wirksame Medikamente veschwendet

Die Behandlung orientiert sich zu oft an **Surrogatparametern**

stellung der o.g. Mortalitätsreduktion durch Betablocker nach einem Herzinfarkt sagt: „*Die Nebenwirkungen des Betablockers sind für mich sehr einschränkend. Wenn ich nun weiß, dass 13 von 14 Patienten von der Therapie nicht profitieren, gehe ich das Risiko lieber ein, keinen Betablocker einzunehmen.*" Ein anderer Patient wird aber vielleicht sagen: „*Angesichts des enormen Überlebensvorteils durch diese Präparate halte ich die Nebenwirkungen dieser Therapie für mich für erträglich.*"

Die medizinische Versorgung von Patienten in Deutschland richtet sich derzeit leider häufig noch nicht nach den Kriterien und Methoden der evidenzbasierten Medizin. Dies führt manchmal zur Fehlversorgung der Patienten und bildet die Grundlage für eine suboptimale medizinische Betreuung verbunden mit einer Verschwendung von finanziellen Mitteln zum Beispiel für nicht erwiesenermaßen wirksame Medikamente. Bei fixen Budgets bedeutet dies notwendigerweise eine Reduktion der finanziellen Ausstattung für notwendige und wirksame Leistungen.

Suboptimale Versorgung und ihre Gründe am Beispiel von KHK und Hypertonie

Eine kritische Analyse der Fehlversorgung von chronisch kranken Patienten in Deutschland definiert drei Hauptursachen für das Versagen der Medizin bei der seit Jahren unverändert hohen kardio- und zerebrovaskulären Morbidität und Mortalität. Beispielhaft lässt sich dies anhand der Fehler in der Behandlung von Patienten mit koronarer Herzerkrankung und bei Bluthochdruck feststellen:

- falsche Therapieziele,
- zu seltene Anwendung nachweislich nützlicher Interventionen,
- zu häufige Verwendung unsicherer Medikamente.

Ein Beispiel für falsche Therapieziele:
Zu häufig wird die erfolgreiche Behandlung mit dem Erreichen von Surrogatparametern verwechselt. Es kann zum Beispiel vollkommen irrelevant sein, wie der koronare Blutfluss nach einer PTCA ist, wenn diese therapeutische Intervention nicht bei einem Patienten durchgeführt wurde, der zu einer Gruppe gehört, die davon bezüglich ihres Überlebens auch profitiert.

Zu seltene Anwendung nachweislich nützlicher Interventionen:
Ein eindrucksvolles Beispiel hierfür ist die Geschichte der nicht evidenzbasierten antihypertensiven Therapie der letzten 25 Jahre. Bewiesenermaßen effektive Maßnahmen wurden nicht angewendet und Ärzte durch die perpetuierte Diskussion um praktisch irrelevante Aspekte der antihypertensiven Therapie vom wirksamen Handeln abgelenkt.

Es gibt nur sehr wenige wissenschaftliche Untersuchungen, die auch noch Jahrzehnte nach ihrer Publikation als Meilensteine der Medizin gelten. Zu solchen Glanzlichtern der medizinischen Forschung gehört die „Veterans Administration Study", die Ende der 1960er-Jahre publiziert wurde. Sie klärte die bis dahin umstrittene Frage, ob Hypertoniepatienten tatsächlich von der Behandlung des Bluthochdrucks profitieren.

Das „Hypertension Detection and Follow-up Program" war eine weitere Meilensteinstudie auf dem Weg zur Senkung der Häufigkeit von Herz-Kreislauf-Erkrankungen. In den 1970er-Jahren hat diese Studie belegt, dass ein Screening zur Entdeckung von Patienten mit Bluthochdruck verbunden mit einer antihypertensiven Behandlung mit dem Diuretikum Chlortalidon die Sterblichkeit senkt.

Ende der 1970er-Jahre und in der ersten Hälfte der 1980er-Jahre wurden mehrere weitere Untersuchungen durchgeführt, die eindeutig und überzeugend zeigten, dass sich eine Therapie mit Diuretika – vor allem Chlortalidon und Hydrochlorothiazid – günstig auf die Folgekomplikationen des Bluthochdrucks auswirkt.

Parallel zu der Publikation der Daten für Diuretika wurden andere blutdrucksenkende Wirkstoffe entwickelt, wie Kalziumantagonisten, Alphablocker und ACE-Hemmer. Die Preise dieser Medikamente lagen deutlich höher als die der Diuretika. Der Vorteil sollte in einer besseren „metabolischen" Wirkung z. B. auf Blutfette liegen; dadurch sollte das Risiko einer Progression der KHK gesenkt werden.

Die wesentliche Frage, ob die neuen blutdrucksenkenden Wirkstoffe die Komplikationen des Bluthochdrucks besser, schlechter oder gleich gut reduzieren, wurde allerdings nicht unter-

sucht. Erst in den 1990er-Jahren wurden Studien initiiert, die zum Ziel hatten, die Wirkung der neuen Antihypertensiva mit der der konventionellen zu vergleichen. Für die Durchführung unabhängiger Studien, die groß und lang genug wären, um verschiedene blutdrucksenkende Wirkstoffe miteinander zu vergleichen, fehlten aber zunächst die finanziellen Mittel.
Schließlich wurde im Dezember 2002 eine Studie publiziert, die nicht nur groß und lang genug ist, um die Frage nach der vergleichenden Wirkung der antihypertensiven Wirkstoffe zu klären, sondern auch aufgrund ihres Studiendesigns allen wissenschaftlichen Validitätskriterien entspricht: die **ALLHAT-Studie** (Antihypertensive and Lipid-Lowering Treatment to prevent Heart Attack Trial). In diese Studie wurden 42418 Patienten mit Blutdruckwerten über 140/90 mm Hg im Alter über 55 Jahre eingeschlossen. Sie wurden zufällig in einem doppelblinden Design entweder mit dem Diuretikum Chlortalidon (12,5 bis 25 mg pro Tag), dem Kalziumantagonisten Amlodipin (2,5 bis 10 mg/Tag), dem ACE-Hemmer Lisinopril (10 bis 40 mg/Tag), oder dem Alphablocker Doxazosin (2 bis 8 mg/Tag) behandelt. Zusätzlich konnten die Patienten in allen Gruppen mit dem Betablocker Atenolol (25 bis 100 mg/Tag), dem peripheren Vasodilatator Dihydralazin (50 bis 200 mg pro Tag) und/oder den zentral wirkenden Substanzen Reserpin (0,05 bis 0,2 mg pro Tag) bzw. Clonidin (0,1 bis 0,3 mg pro Tag) behandelt werden.
Die drei wesentlichen Ergebnisse von ALLHAT:

- **Der hohe, anderen Antihypertensiva überlegene und vielfach leider schon vergessene klinische Stellenwert der Diuretika bei der Hochdrucktherapie wurde bewiesen.**
- **Zweitens wurde belegt, dass Blutdrucksenkung nicht gleich Blutdrucksenkung ist und die Art des verwendeten Wirkstoffes dabei große prognostische Bedeutung besitzt.**
- **Drittens widerlegt sie die Annahme, dass pharmakologische Neuentwicklungen immer besser (weil teuerer) sein müssen und zwingen uns, ganz genau nachzudenken, bevor Bewährtes verlassen wird.**

Die Behandlungsqualität von Hochrisikopatienten, z.B. Patienten mit Diabetes in der Sekundärprävention nach einem Herzinfarkt, ist mangelhaft. Obwohl sicher belegt ist, dass diese Patienten von einer Therapie mit Insulin, Betablockern und ACE-Hemmern profitieren, erhält weniger als ein Viertel dieser Patienten nach einem Herzinfarkt diese erwiesenermaßen lebensverlängernde Therapie.
Dagegen erhalten mehr als drei Viertel dieser Patienten Kalziumantagonisten, die u. U. sogar zu einer Zunahme der kardiovaskulären Morbidität und Mortalität führen können. Darüber hinaus ist über die permanente Diskussion über das neueste Medikament die Bedeutung einer normotonen Blutdruckeinstellung ins Abseits geraten. Die Qualität der Blutdruckbehandlung ist entsprechend schlecht: Zum Beispiel erreichen weniger als 20 % der Patienten mit Diabetes die vorgegebenen Blutdruckzielwerte.

Ansätze zur Verbesserung der Situation

Die praktische evidenzbasierte Medizin ist eine relativ junge Methode. Sie hat zum Ziel, die Autonomie des Arztes und seiner Patienten zu stärken. Erreicht wird dies durch eine Steigerung der Transparenz zusammen mit der Nennung der genauen Effektstärke und der Verlagerung der konkreten Entscheidung auf die Betroffenen.

Evidenzbasierte Medizin stärkt die Autonomie von Arzt und Patient

Die Beurteilung der Evidenz läuft dabei in drei Stufen von der Prüfung der Validität und Wichtigkeit bis zur Entscheidung über ihre fallbezogene Anwendung am Patienten ab. Bei gleicher objektiver Evidenzlage kann die individuelle subjektive Entscheidung vollkommen unterschiedlich ausfallen. Die dahinter liegende Philosophie ist konservativ.
Echte praxisrelevante neue Erkenntnisse in der Medizin sind selten und die hoch gepriesenen „Durchbrüche“ häufig kurzlebig. Daher sind Änderungen unseres Regelwissens einer strengen skeptischen Prüfung zu unterziehen, bevor wir neue diagnostische und therapeutische Maßnahmen auf Kosten der erwiesenermaßen effektiven aufgeben. Durch diesen Ansatz wird das sicher Wirksame konsequent praktiziert – oder es wird davon begründet abgewichen.

Eberhard Jennen, Burkhard John

Wissenschaftliche Risikoeinschätzung der KHK

Wie lassen sich Nutzen und Risiko einer Therapie verständlich in Zahlen ausdrücken?

Was verbirgt sich hinter der Behauptung eines Herstellers, dass ein bestimmter CSE-Hemmer die Infarktrate um 50 % verringern könne? Stimmt es, dass eine Koronardilatation vor einem Herzinfarkt schützt? Die meisten Patienten mit stabiler Angina nehmen Acetylsalicylsäure („Aspirin") ein. Lässt sich der Nutzen dieser Medikation in Zahlen ausdrücken? Gibt es einen wissenschaftlichen Ansatz, der Nutzen und Risiko einer Therapie – aber auch das Risiko, wenn eine Therapie nicht angewendet wird – dem Patienten verständlich macht?

Inzidenz und Prävalenz

Prospektive Langzeitstudien beschreiben die Inzidenz einer Erkrankung am besten

Das Risiko für ein bestimmtes Ereignis, wie z. B. für einen Herzinfarkt unter einer Behandlung mit einem Medikament bei über 50-jährigen Männern, kann in verschiedenen wissenschaftlichen Untersuchungen beschrieben werden. Die beste Aussagekraft haben dabei prospektive Longitudinalstudien. Hier ist das interessierende Ereignis (in diesem Beispiel der Herzinfarkt) zu Beginn nicht vorhanden. Es wird also eine Gruppe von Patienten über eine bestimmte Zeit beobachtet, bei der dieses Ereignis nicht vorliegt. Dabei wird erfasst, wann und bei wie vielen Patienten dieses Ereignis eintritt. In solchen Studien wird die **Inzidenz** einer bestimmten Erkrankung beschrieben.

Die Inzidenz eines Ereignisses ist also die Anzahl von neuen Fällen, die in einer Population in einer bestimmten Zeit auftreten. So könnten z. B. unter der Behandlung mit einem Medikament 5 % der über 50-jährigen Männer einen Herzinfarkt erlitten haben.

In einer Querschnittsstudie werden Patienten dagegen nur zu einem bestimmten Zeitpunkt untersucht. Dabei wird die **Prävalenz** einer Erkrankung beschrieben, also zum Beispiel, wie viele Patienten mit hohem Serumcholesterin und Bluthochdruck ein pathologisches Ruhe-EKG aufweisen oder wie viele der über 50-jährigen Männer einer Hausarztpraxis einen Infarkt hatten.

Die Prävalenz hängt stark von der Population ab und nimmt damit Einfluss auf die Testergebnisse der Praxis. So hat ein Hausarzt ein gemischtes Patientengut, das aber meist älter ist als die Querschnittsbevölkerung einer Straße. Die Prävalenz der KHK ist demzufolge höher. Der Kardiologe erhält per Zuweisung den (vorselektierten) Teil der Patienten, die kardiale Symptome haben oder vermuten lassen. Hier ist die Prävalenz der KHK noch höher. Daher werden mit dem gleichen diagnostischen Testverfahren, z. B. der Ergometrie, beim Kardiologen mehr Patienten mit einem positiven Test auch wirklich eine KHK haben als beim Hausarzt. Die Trefferwahrscheinlichkeit dieser Untersuchungsmethode steigt also mit der Prävalenz der KHK.

Klinische Endpunkte und Surrogate

In manchen Studien werden keine echten klinischen Ereignisse, sondern so genannte Surrogatparameter beschrieben. Surrogatparameter sind Ersatzmessgrößen, die mit dem Risiko für das Auftreten eines klinisch wichtigen Ereignisses verbunden sind. Surrogatparameter erlauben keine sichere Aussage bezüglich der klinischen Endpunkte und können zu Trugschlüssen führen. Sie werden in Studien benutzt, um die Laufzeit und die Größe der Studie zu reduzieren. So kann zum Beispiel der Surrogatparameter „TIMI 3-Fluss"* nach Koronardilatation als Ersatz für koronare Ereignisse verwendet werden. Es kann aber sein, dass trotz guten Flusses nach Koronardilatation die Zahl der Infarkte unverändert ist. Ebenso ist das Serumcholesterin bei Herzinfarktpatienten ein Surrogatparameter. Senkt man das Serumcholesterin, ist damit allein nicht belegt, dass erneute Herzinfarkte seltener auftreten.

Risikofaktoren und Kausalität

Die Erkenntnisse über Risikofaktoren für die koronare Herzkrankheit resultieren weitestgehend aus Querschnittsbetrachtungen. Es wurden Populationen betrachtet und deren Eigenschaften mit Krankheiten korreliert. Dies ist für die Qualität eines Risikofaktors bei weitem nicht ausreichend.

Ein **Risikofaktor** ist ein Merkmal, das kausal mit dem Auftreten einer Erkrankung assoziiert ist. Durch Änderung des Risikofaktors wird das Risiko des Ereignisses modifiziert. Hoher Blutdruck ist ein Risikofaktor für einen Schlaganfall. Senkt man den Blutdruck, sinkt das Auftreten von Schlaganfällen.

Dem stehen so genannte **Risikomarker** gegenüber. Durch Modifikation des Risikomarkers wird das Ereignis nicht seltener. Patienten mit grauen Haaren haben häufiger Herzinfarkte, Färben der Haare ändert daran nichts.

So einfach ist das aber nicht bei allen postulierten Risikomarkern. Schon beim Cholesterin wird die Lage unklar. Nimmt ein Patient nach einem Herzinfarkt z. B. den CSE-Hemmer Simvastatin, senkt man damit sein LDL-Cholesterin und die Wahrscheinlichkeit, einen erneuten Herzinfarkt zu bekommen. Aber verringert man die Infarktrate, *weil* das LDL gesenkt wurde? Genauso wäre denkbar, dass Simvastatin über einen ganz anderen Effekt die Infarktrate beeinflusst.

* TIMI-Klassifikation der Koronarperfusion Grad 0–3:
0 = kein Fluss
1 = minimale Perfusion
2 = partielle Perfusion
3 = komplette Perfusion

Möglichkeiten der Beeinflussung zwischen zwei zusammenhängenden Ereignissen A und B sind:

❶ A verursacht B;
❷ B verursacht A;
❸ A und B sind voneinander direkt unabhängig, haben aber eine andere gemeinsame Ursache;
❹ A und B treten zufällig gemeinsam auf.

Zurück zum Cholesterin: Angenommen, ein hoher LDL-Cholesterinwert ohne aktuelle Krankheit wäre ein „kausaler" Risikofaktor, dann müsste bei Einnahme einer Substanz, die das LDL-Cholesterin senkt, die Infarktrate verringert werden. Es läge Ansatz ❶ vor. Dies kann durch die vorliegenden Primärpräventionsstudien nicht belegt werden. Setzen wir die Einnahme eines Cholesterinsenkers als A und die Reduktion des LDL-Cholesterinwertes als B, so lässt sich problemlos der logische Ansatz ❶ formulieren, denn die Senkung des Cholesterinwertes durch den „Cholesterinsenker" ist mehr als logisch.

Die Sekundärpräventionsstudien nach Herzinfarkt belegen einen Rückgang der Herzinfarkte unter Cholesterinsynthesehemmern, am besten belegt für Simvastatin. Dies scheint offenbar nicht Folge des Ausgangswertes zu sein. Die größte Longitudinalstudie zu dieser Frage offenbart, dass ungeachtet des Ausgangs-LDL-Wertes durch Simvastatin die Infarktrate gesenkt wird. Die logische Gedankenfolge lautet also jetzt: Patienten mit hohem LDL-Cholesterin haben ein erhöhtes Infarktrisiko → Simvastatin als CSE-Hemmer senkt das LDL-Cholesterin → Simvastatin senkt die Infarktrate. Aber: Simvastatin senkt die Infarktrate bei hohem, normalem und niedrigem LDL. Daher: Simvastatin verringert die Infarktrate auf einem anderen Wege als über die Senkung des LDL; die LDL-Senkung ist ein Begleitphänomen.

Damit wird aus dem postulierten **Risikofaktor** LDL-Wert ein **Risikomarker**, weil die Kausalität der Beeinflussung widerlegt ist. Nicht „weil", sondern „und" ist die logische Verknüpfung zwischen Cholesterinsenkung und Senkung des Infarktrisikos durch Simvastatin. LDL ist ein Risikomarker, weil der Wert bei Patienten mit Atherosklerose ein erhöhtes Risiko anzeigt. Die Behandlung zielt dann aber nicht darauf, diesen LDL-Wert zu senken; aus diesem Grund ist die

Surrogatparameter können zu **Trugschlüssen führen**

Das Modifizieren von Risikomarkern ändert nichts am Risiko

Verändere ich den Verlauf einer Erkrankung, wenn ich pathologische Merkmale beeinflusse?

Vorgabe eines Zielwertes für das LDL-Cholesterin nicht sinnvoll.
Warum sind der kritische Umgang und die Logik beim Bewerten von Surrogatparametern so wichtig? Ein großer Teil der hausärztlichen Empfehlungen zielt über das Erkennen von pathologischen Merkmalen oder Werten auf die Änderung dieser Werte hin. Ändere ich als Hausarzt dieses Merkmal beim Patienten, beeinflusse ich dann auch wirklich den Krankheitsverlauf?

Vertrauensbereich

Die Wahrscheinlichkeit für das Auftreten eines Ereignisses wird fast immer mit einem Vertrauensbereich angegeben. Dieser Vertrauensbereich beschreibt, mit welcher Zuverlässigkeit ein bestimmtes Ereignis eintritt oder nicht. Dieser Bereich wird häufig als Konfidenzintervall (CI) bezeichnet. Ein „95%iges Konfidenzintervall" bedeutet, dass 95% der Ergebnisse von Studien eines gleichen Designs und einer ähnlichen Größe in diesem Konfidenzintervall liegen würden. Dies bedeutet in etwa, dass der wahre Effekt eine 95%ige Chance hat, in dem angegebenen Bereich zu liegen. Wenn das Risiko für das Auftreten eines Herzinfarktes im Zeitraum von zehn Jahren mit „11 % (95%-CI: 5–14 %)" angegeben wird, so heißt das, dass das Risiko für diese Patientengruppe mit 95 % Wahrscheinlichkeit nicht unter 5 % und nicht über 14 % liegt und im Mittel 11 % beträgt.

Risikoreduktion

Aus der aboluten Risikoreduktion lässt sich die Number-needed-to-treat (NNT) leicht errechnen

Lohnt sich eine Therapie? Angesichts der Kosten in der Kardiologie – tägliche Einnahme eines Cholesterinsenkers, teure apparative Prozeduren wie die Kathetertechnologie – ist der Hausarzt täglich mit der Frage nach der Machbarkeit einer Behandlung konfrontiert. Budgetzwänge sollten aber nicht der limitierende Faktor einer Therapie sein. Das Lohnenswerte einer Therapie sollte zunächst einmal ein – auch in Zahlen ausgedrückter – Nutzen für den Patienten sein. Der aufgeklärte Patient von morgen sollte seinen Hausarzt beispielsweise mit der Frage konfrontieren: „Wenn ich Aspirin nehme, wie hoch ist die Wahrscheinlichkeit, einen neuen Herzinfarkt zu bekommen, und wie ist das, wenn ich kein Aspirin nehme?"
Um die Größe der Änderung der Wahrscheinlichkeit für positive und negative Ereignisse abschätzen zu können, brauchen wir die Begriffe der Risikoreduktion und der Anzahl der Patienten, die behandelt werden müssen, um bei einem Patienten ein positives Ergebnis zu erreichen. Dabei muss streng zwischen den relativen und absoluten Risiken unterschieden werden.
Das **absolute Risiko** (AR) beschreibt die Wahrscheinlichkeit des Auftretens eines Ereignisses bei einem einzelnen Menschen in einer bestimmten Zeit. Der Bereich liegt zwischen 0 (= das Ereignis wird überhaupt nicht auftreten) und 1 (= das Ereignis wird auf jeden Fall auftreten). Zum Beispiel bedeutet ein AR von 0,6, dass das absolute Risiko für das Auftreten eines Ereignisses 60 % beträgt. Hat ein Patient eine KHK mit stabiler Angina pectoris, so ist sein absolutes Risiko, innerhalb der nächsten 15 Monate einen nichttödlichen Herzinfarkt zu erleiden, 4,5%, AR also 0,045.
Die **absolute Risikoreduktion** (ARR = absolute risk reduction) ist der Unterschied zwischen dem absoluten Risiko in der Kontrollgruppe und der Interventionsgruppe, falls es zu einem günstigen Effekt durch die Intervention kommt. Beträgt z. B. unter Plazebo das absolute Risiko 0,6 und unter einem wirksamen Präparat (Verum) 0,5, so ist die absolute Risikoreduktion 0,1 (=10 %). **Absolute Risikozunahme** (ARI = absolute risk increase) ist das Gegenteil. Sie beschreibt den Unterschied zwischen dem absoluten Risiko in der Interventionsgruppe und der Kontrollgruppe, falls es zu einem ungünstigen Effekt durch die Intervention kommt. Beträgt z. B. unter Plazebo das absolute Risiko 0,5 und unter einem wirksamen Präparat 0,6, so beträgt die absolute Risikozunahme 0,1 (=10 %).
In der mit Aspirin behandelten Vergleichsgruppe der Patienten mit stabiler Angina beträgt das absolute Risiko für einen nichttödlichen Herzinfarkt in den nächsten 15 Monaten 3,3 % (gegenüber 4,5 % unter Plazebo, siehe oben). Die absolute Risikoreduktion durch die Aspirin-Therapie von Patienten mit stabiler Angina beträgt also 4,5–3,3 % = 1,2 %.
Aus der absoluten Risikoreduktion ergibt sich direkt die Anzahl der Patienten, die behandelt werden müssen, um ein Ereignis zu verhindern:

die **Number-needed-to-treat** (**NNT**). Diese gibt die Anzahl der Patienten unter einer bestimmten Therapie an, die erforderlich ist, um über eine bestimmte Zeit ein Ereignis zu verhindern.
Die NNT errechnet sich aus dem Kehrwert der absoluten Risikoreduktion. Z. B.: Mortalität unter Plazebo 60 % und unter Verum 50 %: absolute Risikoreduktion = 10 % und somit 0,1. Kehrwert von 0,1 = 1 / 0,1 = 10. Also ist die NNT = 10. Es müssen also zehn Patienten mit dem Verumpräparat behandelt werden, um einen Todesfall zu verhindern.
Umgekehrt bedeutet die **Number-needed-to-harm** (**NNH**) die Anzahl der Patienten, die nötig ist, damit unter einer bestimmten Therapie ein unerwünschtes Ereignis auftritt. Die NNH errechnet sich aus dem Kehrwert der absoluten Risikozunahme. Z. B.: Häufigkeit eines Herzinfarktes unter Plazebo 1 % und unter Verum 2 %: ARI = 1 % =0,01. Kehrwert von 0,01 = 1 / 0,01 = 100. Damit ist die NNH = 100: Durch die Behandlung von 100 Patienten mit dem Verumpräparat würde ein Herzinfarkt verursacht. Die NNH wird ausschließlich zur Beschreibung des Risikos für unerwünschte Wirkungen verwendet.
Zurück zum Beispiel Aspirin bei stabiler Angina pectoris: Aus der oben genannten ARR von 1,2 % lässt sich demnach eine NNT von 1 / 0,012 = 83,3/15 Monate =104,2/Jahr berechnen. Man muss also 104 Patienten mit stabiler Angina pectoris ein Jahr lang mit Aspirin behandeln, um einen vor einem Infarkt zu schützen.
Möchte man die Frage des Patienten nach dem Effekt von Aspirin unter diesen Bedingungen beantworten, hilft nur ein Blick in die medizinische Literatur: Die Antwort könnte so lauten: „Hatten Sie einen Herzinfarkt? Nach Herzinfarkt bekommen in 27 Monaten mit Aspirin 4,7 % einen erneuten Herzinfarkt, ohne Aspirin 6,5 %. Die absolute Risikoreduktion beträgt folglich 1,8 %. Die NNT für 27 Monate ist dann 1 / 0,018 = 55,6, für ein Jahr 55,6 x 2,25 =125. Behandelt man 125 Patienten nach einem Herzinfarkt für ein Jahr mit Aspirin, kann man einen vor dem Reinfarkt schützen. Hatten Sie keinen Herzinfarkt? Dann muss man 104 Patienten ein Jahr lang mit Aspirin behandeln, um einen vor einem Herzinfarkt zu schützen."
NNT ist nicht gleich NNT! Der Untersuchungszeitraum muss berücksichtigt werden. Beträgt die ARR in fünf Jahren 5 % und kann man einen linearen Verlauf der Ereignisse annehmen, so beträgt die ARR pro Jahr nur 1%. Die NNT steigt in diesem Fall von 20 auf 100 an.
Auch ist Studie nicht gleich Studie! Im direkten Vergleich zweier Cholesterinsynthesehemmer fällt Folgendes auf: In der ASCOT-LLA-Studie mussten 300 Patienten ein Jahr lang 10 mg Atorvastatin schlucken, um einen Herzinfarkt oder ein anderes Koronarereignis zu verhindern. In der HPS-Studie genügten unter 40 mg Simvastatin 55 Patienten in einem Jahr, um einen vor dem Tod zu retten. Solche wichtigen Unterschiede lassen sich nur identifizieren, wenn man Absolutzahlen bewertet.
Erklärt man dem Patienten derartige Daten, wird er in die Lage versetzt, die Entscheidung über eine chronische, also dauerhafte, Behandlung mitzutragen. Eine NNT von 55 erscheint auf den ersten Blick relativ hoch, der therapeutische Nutzen also eher gering. Sieht man einen Bus mit 55 Personen, in dem am Ende der Reise einer einen Herzinfarkt erleidet, erscheint die Zahl nicht mehr so hoch. Dies ist immer eine Frage der Perspektive, der Kosten und der möglichen Nachteile, wie z. B. ganz einfach die tägliche Einnahme von Tabletten.
Es gibt keine absolute Grenze einer „guten" NNT. Sicher ist eine NNT über 100 hoch, eine NNT unter 20 niedrig. Trotzdem bleibt die Aussage – behandelt man 20 bzw.100 Patienten mit dieser Therapie, so wird einer vor dem untersuchten Ereignis bewahrt – immer eine relative. Welches Ereignis wird verhindert, welche Art der Einnahme, welche Kosten, welches Nebenwirkungspotenzial? Das sind die Fragen, die der Hausarzt bedenken muss und die er dem mündigen Patienten beantworten sollte um festzustellen, ob die NNT von 20 oder die von 100 in dem speziellen Fall die Therapie rechtfertigt.
Das absolute Risiko muss scharf vom **relativen Risiko** (**RR**) unterschieden werden. Das relative Risiko bedeutet eine relative Wahrscheinlichkeit, heißt also, dass ein Ereignis häufiger oder seltener im Vergleich zu einem anderen Risiko in einer Gruppe auftritt. Relative Risikozunahme (RRI = relative risk increase) ist dabei die proportionale Zunahme des Risikos.
Missverständlich verwendet wird häufig der Begriff der **relativen Risikoreduktion** (**RRR**). Dieser Begriff beschreibt die proportionale Reduktion des Risikos. Die relative Risikoreduktion

Ein aufgeklärter Patient
kann die Entscheidung für eine Dauertherapie mittragen

Es gibt keinen absoluten
Grenzwert für eine „gute" Number-needed-to-treat

Abb. 1.2.1 Vier-Felder-Tafel

Gesamt A+B+C+D		Gesuchte Erkrankung vorhanden A + C	Gesuchte Erkrankung nicht vorhanden B + D
Diagnostisches Testergebnis	positiv A + B	richtig-positiv A	falsch-positiv B
Diagnostisches Testergebnis	negativ C + D	falsch-negativ C	richtig-negativ D

Die relative Risikoreduktion sagt für die Praxis wenig aus ...

... die unterschiedliche Number-needed-to-treat signalisiert dagegen die klinische Bedeutung

wird dabei also auf ein absolutes Risiko bezogen, um eine Vergleichbarkeit zwischen den Studien mit unterschiedlichen absoluten Risiken zu ermöglichen. Beträgt zum Beispiel das absolute Risiko unter Plazebo 1 % und unter der Therapie 0,5 %, so sprechen manche gerne von einer 50%igen Risikoreduktion (0,5% ist relativ gesehen 50 % von 1 %), wobei der Begriff „relativ" jedoch gerne weggelassen wird.

Die relative Risikoreduktion sagt für die Praxis wenig aus. So lässt zum Beispiel eine relative Risikoreduktion um 0,5 = 50 % nicht unterscheiden, ob unter Verum 0,6 % und unter Plazebo 1,2 % der Patienten sterben oder unter Verum 6 % und unter Plazebo 12 %. Im ersten Fall beträgt die NNT 1 / 0,006 = 167, im zweiten Fall 17. Die unterschiedliche NNT signalisiert im Gegensatz zum relativen Risiko die klinische Bedeutung.

Für die Beurteilung eines Studienergebnisses

- **ist eine Aussage über die relative Risikoreduktion unzureichend;**
- **dagegen ist eine Aussage über die absolute Risikoreduktion dringend erforderlich;**
- **die hieraus ableitbare Number-needed-to-treat (NNT) sagt aus, wie viele Patienten behandelt werden müssen, um einen bestimmten Effekt zu erzielen;**
- **je größer die NNT ist, um so geringer ist der Effekt – und umgekehrt.**

Ein Pharmareferent legt Ihnen eine Broschüre vor, in der behauptet wird, die Mortalität lasse sich mit dem Präparat X bei Patienten mit stabiler Angina um 50 % senken. Diese Aussage sollte Sie von nun an skeptisch machen. Es muss sich um die Angabe einer relativen Risikoreduktion handeln, beträgt doch die Mortalität bei Patienten selbst nach Herzinfarkt höchstenfalls 14 %. Die Frage nach den Absolutzahlen ist die Konsequenz. Bei einer Mortalität von 1,4 % in der Kontrollgruppe und von 0,7 % in der Verumgruppe ist die Aussage der Firma nicht falsch, aber irrelevant. Die ARR beträgt 0,7 %, die NNT 142,9. Sie müssten also 143 Patienten Ihrer Praxis, die unter stabiler Angina leiden, das Präparat verordnen, um einen zu retten. Möglicherweise werden Sie und der Patient in Kenntnis dieser Darstellung jetzt anders entscheiden.

Von der Unsicherheit der Untersuchungsmethoden

Für die Diagnose einer bestimmten Erkrankung in Abhängigkeit von dem Ergebnis eines diagnostischen Tests gibt es prinzipiell vier Möglichkeiten:

- **Der diagnostische Test ist positiv und die Erkrankung liegt vor.**
- **Der Test ist positiv und die Erkrankung liegt nicht vor.**
- **Der Test ist negativ und die Erkrankung liegt vor.**
- **Der Test ist negativ und die Erkrankung liegt nicht vor.**

Zum Beispiel kann bei einer ST-Strecken-Senkung in der Ergometrie bei einem bestimmten Patienten eine KHK vorliegen oder nicht. Andererseits kann bei dem KHK-Patienten die Ergometrie mit und ohne ST-Strecken-Senkung ausfallen. Dieser Zusammenhang wird mit der Vier-Felder-Tafel beschrieben. Aus dieser Tafel lassen sich die Begriffe Spezifität, Sensitivität, positiver und negativer Wahrscheinlichkeitswert erklären, die entscheidend für die Beurteilung von diagnostischen Verfahren und Risiken sind.

Sensitivität und Spezifität

Die **Sensitivität** ist die Wahrscheinlichkeit, dass ein diagnostisches Testergebnis bei einem Erkrankten positiv ausfällt, oder: „Wie sicher erkennt der Test Kranke als krank?“ In der Vier-Felder-Tafel ist dies der Anteil der richtig-positiven Ergebnisse. Die **Spezifität** dagegen beschreibt die Wahrscheinlichkeit, dass ein diagnostisches Testergebnis beim Nichtvorliegen einer Erkrankung negativ ausfällt, oder: „Wie sicher erkennt der Test Gesunde als gesund?“ In der Vier-Felder-Tafel (Abb. 1.2.1) ist dies der Anteil der richtig-negativen Resultate. Sensitivität und Spezifität sind also beides Wahrscheinlichkeiten und werden in Prozent angegeben. Bei einem Test mit einer hohen Sensitivität lässt sich bei einem negativen Testergebnis eine gesuchte Zielerkrankung also mit großer Wahrscheinlichkeit ausschließen.

Die Vor- und die Nachtestwahrscheinlichkeit

In der RSAV ist in der Diagnostik der KHK und somit als Einschlusskriterium der Begriff der **Vortestwahrscheinlichkeit** formuliert. Die Vortestwahrscheinlichkeit ist die Wahrscheinlichkeit für das Vorliegen einer bestimmten Erkrankung vor der Durchführung eines diagnostischen Tests. Im Anhang der RSAV zur KHK sind Tabellen zur Vortestwahrscheinlichkeit in Abhängigkeit von Alter, Geschlecht und Art der Thoraxschmerzen aufgeführt (Tab1.2.1).

Die Vortestwahrscheinlichkeit ist synonym mit der Prävalenz, also der Zahl der Kranken in der Population. In der Vier-Felder-Tafel ist dies die Summe A + C aus den richtig-positiven und den falsch-negativen Ergebnissen. Zahlen für Vortestwahrscheinlichkeiten sind selten. Der Grund dafür liegt auf der Hand. Man kann die wahre Zahl der Kranken bei vielen Erkrankungen nur durch Obduktion sicher ermitteln. Für die KHK existieren solche Zahlen durch Reihenobduktionen im Hinblick auf das Vorliegen einer Koronarsklerose.

Die Vortestwahrscheinlichkeit wird meist klinisch ermittelt und ist die Wahrscheinlichkeit, mit der der Arzt das Vorliegen einer bestimmten Erkrankung beim Patienten vermutet. Sie hängt ab von der Inzidenz der Erkrankung in der Bevölkerung und vom Vorhandensein von Risikofaktoren und Risikomarkern beim Patienten.

Die Vortestwahrscheinlichkeit bei Patienten mit stabiler Angina vor einer Ergometrie wird also u.a. durch das Patientengut der Praxis beeinflusst. Das bedeutet: Viele männliche Patienten, hohes Durchschnittsalter und viele Patienten mit Atherosklerose lassen die Anzahl der Patienten mit hoher Vortestwahrscheinlichkeit steigen.

Das Patientengut einer Praxis bestimmt die Vortestwahrscheinlichkeit

Das **Wahrscheinlichkeitsverhältnis** ergibt sich aus der Spezifität und der Sensitivität eines diagnostischen Tests. Die **Nachtestwahrscheinlichkeit** beschreibt das Risiko für das Vorliegen einer Erkrankung nach dem Durchführen eines bestimmten Tests, also z. B. einer Ergometrie (siehe Kapitel 2.2 zur Diagnostik).

Tab. 1.2.1 Vortestwahrscheinlichkeit

Vortestwahrscheinlichkeit für das Vorliegen einer koronaren Herzkrankheit in Abhängigkeit von Alter und Symptomatik bei *Frauen*

Alter (Jahre)	nichtanginöser Brustschmerz	atypische Angina pectoris*	typische Angina pectoris
30–39	0,8 %	4 %	26 %
40–49	3 %	13 %	55 %
50–59	8 %	32 %	79 %
60–69	19 %	54 %	91 %

Vortestwahrscheinlichkeit für das Vorliegen einer koronaren Herzkrankheit in Abhängigkeit von Alter und Symptomatik bei *Männern*

Alter (Jahre)	nichtanginöser Brustschmerz	atypische Angina pectoris*	typische Angina pectoris
30–39	5 %	22 %	70 %
40–49	14 %	46 %	87 %
50–59	22 %	59 %	92 %
60–69	28 %	67 %	94 %

* Nicht für koronare Herzerkrankung typischer Brustschmerz

Likelihood-Ratio-Nomogramm nach Fagan

Zur ganz einfachen Bestimmung der Nachtestwahrscheinlichkeit dient das Likelihood-Ratio-Nomogramm nach Fagan, in dem man durch einfaches Linealanlegen ohne viel zu rechnen die Nachtestwahrscheinlichkeit ablesen kann, wenn die Vortestwahrscheinlichkeit und die Wahrscheinlichkeitsverhältnisse bekannt sind. Das Wahrscheinlichkeitsverhältnis ist dabei das Maß zur Beschreibung von Testeigenschaften. Die Testqualität hängt von der Sensitivität und Spezifität ab. Das Wahrscheinlichkeitsverhältnis fasst diese in einer Zahl zusammen und macht so unter

Das Wahrscheinlichkeitsverhältnis macht Tests besser vergleichbar

Abb. 1.2.2 Likelihood-Ratio-Nomogramm nach Fagan

Sind Vortestwahrscheinlichkeit und Wahrscheinlichkeitsverhältnis eines Testverfahrens (positiv oder negativ) bekannt, lässt sich auf dem Nomogramm die Nachtestwahrscheinlichkeit ablesen.

Beispiel:
Eine 52-jährige Frau mit typischer Angina pectoris hat (siehe Tabelle 1.2.1) eine **Vortestwahrscheinlichkeit** für eine KHK von 79 %; zusammen mit der ST-Strecken-Senkung von 2 mm im Belastungs-EKG bedeutet das ein **Wahrscheinlichkeitsverhältnis** (s. Tabelle unten) von 11,1 %. Trägt man beide Werte in das Nomogramm ein (Kreuze auf der linken und mittleren Achse), zeigt die verlängerte Verbindungslinie (grün gepunktet) auf der rechten Achse (Pfeil) für die Ergometrie eine Nachtestwahrscheinlichkeit von 97 % für das Vorliegen einer KHK an.

Wahrscheinlichkeitsverhältnis

Ergebnis des Belastungs-EKGs (nicht aszendierende ST-Strecken-Senkung in mm)	positives Wahrscheinlichkeitsverhältnis (LR+)
0,00–0,50	0,2 %
0,51–1,00	0,9 %
1,01–1,50	2,1 %
1,51–2,00	4,2 %
2,01–2,50	**11,1 %**
>2,50	39,0 %

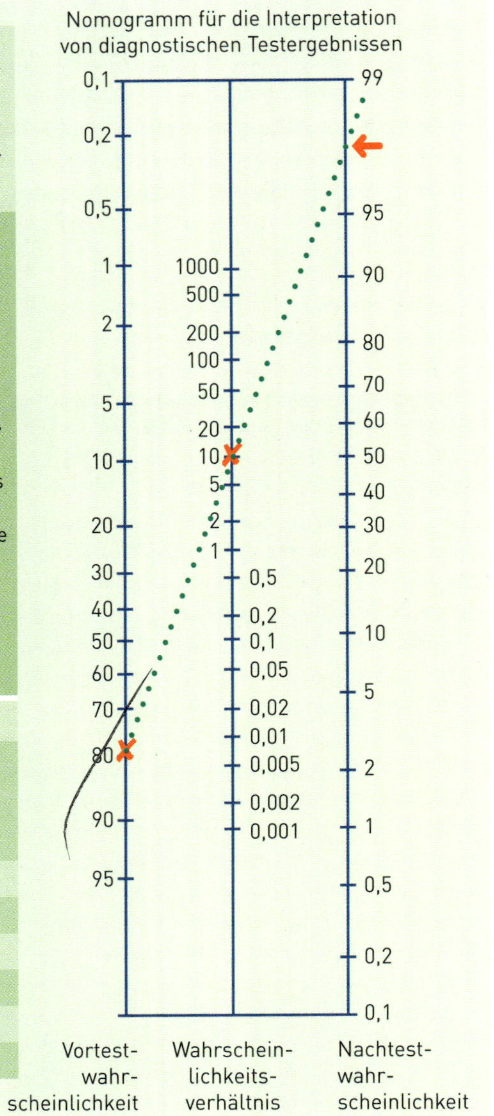

anderem verschiedene Tests leichter miteinander vergleichbar. Das Wahrscheinlichkeitsverhältnis für ein positives Testergebnis ist das Verhältnis der richtig-positiven Testergebnisse (= Sensitivität) zu den falsch-positiven (= 1 – Spezifität).

$$(LR+) = \frac{A/(A+C)}{B/(B+D)} = \frac{\text{Sensitivität}}{(1-\text{Spezifität})}$$

Das Wahrscheinlichkeitsverhältnis für ein negatives Testergebnis ist das Verhältnis der falsch-negativen (=1–Sensitivität) zu den richtig-negativen (= Spezifität) Ergebnissen.

$$(LR-) = \frac{C/(A+C)}{D/(B+D)} = \frac{(1-\text{Sensitivität})}{\text{Spezifität}}$$

Die Wahrscheinlichkeitsverhältnisse lassen eine Aussage darüber zu, wie stark sich die Wahrscheinlichkeit für oder gegen das Vorliegen einer Erkrankung nach Testdurchführung ändert. Je höher das Wahrscheinlichkeitsverhältnis ist, desto größer ist der Unterschied zwischen Vor- und Nachtestwahrscheinlichkeit.

Fazit

Der Nutzen der Therapie einer chronischen Krankheit kann dem Patienten in den allermeisten Fällen zahlenmäßig dargestellt werden. Die Kenntnis weniger Grundbegriffe der evidenzbasierten Medizin befähigt jeden Arzt dazu, die Prognose des Patienten und die fallbezogene Sinnhaftigkeit von diagnostischen und therapeutischen Maßnahmen zu beurteilen. Nur durch Darstellung der unverfälschten Daten kann der Patient in diagnostische und therapeutische Maßnahmen bewusst einwilligen oder diese bewusst ablehnen und die Entscheidung hierzu mittragen.

Literatur zum Thema

1. Antiplatelet Trialists' Collaboration. Collaborative overview of randomised trials of antiplatelet therapy – I: Prevention of death, myocardial infarction, and stroke by prolonged antiplatelet therapy in various categories of patients. BMJ 1994;308:81–106.
2. Heart Protection Study Collaborating Group. MRC/BHF Heart Protection Study of cholesterol lowering with simvastatin in 20,536 high-risk individuals: a randomised placebo-controlled trial. Lancet 2002;360:7–22.
3. Sever, PS et al. For the ASCOT Investigators. Prevention of coronary and stroke events with Atorvastatin in hypertensive patients who have average or lower-than-average cholesterol concentrations, in the Anglo-Scandinavian Cardiac Outcomes Trial – Lipid Lowering Arm (ASCOT-LLA), Lancet 2003; 361:1149–58.
4. Kunz, Regina; Ollenschläger, Günter; Raspe, Hans-Heinrich; Jonitz, Günther; Kolkmann, Friedrich-Wilhelm (Hrsg.): Lehrbuch Evidenzbasierte Medizin in Klinik und Praxis. Deutscher Ärzte-Verlag, 2000 (ISBN 3-7691-0383-1).

Klaus Wahle

Ziele des DMP KHK

Disease-Management-Programme (DMPs) haben zum Ziel, Defizite in der Versorgung chronisch Kranker zu beseitigen. Das ist Aufgabe aller Hausärzte in Zusammenarbeit mit Vertretern der anderen Fachgruppen. Daneben sind DMPs auch ein Instrument, die unterschiedlichen Risiken und die damit verbundenen unterschiedlichen Kosten der Patienten zwischen den Krankenkassen durch finanzielle Entlastungen auszugleichen (Risikostrukturausgleich).

Im Gutachten des Sachverständigenrates für die Konzertierte Aktion im Gesundheitswesen von 2001 (Band III, Über-, Unter- und Fehlversorgung) heißt es in Kapitel 8 zur KHK:

„Die Versorgung von Patienten mit ischämischen Herzerkrankungen in Deutschland weist schwer wiegende Mängel auf und ist durch das Nebeneinander von Über-, Unter- und Fehlversorgung gekennzeichnet. ... Die präventive, kurative und rehabilitative Versorgung bei KHK muss ... nach Meinung des Rates integriert, multimodal und koordiniert erfolgen.Nach Auffassung des Rates nimmt Deutschland im internationalen Vergleich hinsichtlich Ressourceneinsatz und Versorgungsergebnissen eine eher ungünstige Position ein. Hierzu tragen bei:
- Unterversorgung bei primärpräventiven Maßnahmen,
- Unter- bzw. Fehlversorgung bei sekundärpräventiven Maßnahmen,
- Unterversorgung im Bereich der Hypertoniebehandlung,
- Unter- bzw. Fehlversorgung in der Akutbehandlung des Myokardinfarktes,
- Überversorgung mit koronarinterventionellen Maßnahmen und
- Unter- bzw. Fehlversorgung bei der Rehabilitation.

... Eine höhere Effektivität ist aus Sicht des Rates z.B. durch die Bündelung von Aufgaben im Rahmen von Case/Disease-Management-Programmen zu erwarten.

Immer schon ist es das Bestreben der Hausärzte gewesen, ihren Patienten eine optimale Betreuung zukommen zu lassen. Bisher hat es jedoch an standardisierten und evaluierten Betreuungskonzepten insbesondere für den Umgang mit Patienten mit chronischen Erkrankungen gefehlt. Mit der Entwicklung von Leitlinien wurden Ansätze geschaffen, die Patientenbetreuung zu strukturieren und auf eine durch Evidenzen begründete Grundlage zu stellen.
Dieser Ansatz wird im DMP konsequent fortgeschrieben und bietet dem Hausarzt die Möglichkeit, seine Patienten sowohl wissenschaftlich begründet als auch ökonomisch vernünftig zu behandeln und zu betreuen.

Wissenschaftlich begründete und ökonomisch vernünftige Therapie

Gerade in der vom DMP geforderten Dokumentation besteht die große Chance, den Verlauf der Erkrankung eines Patienten über viele Jahre zu verfolgen. Diese Longitudinalbetrachtung ermöglicht es also, Abweichungen von der Zielsetzung der Behandlung zu objektivieren und mit entsprechenden Maßnahmen frühzeitig gegenzusteuern.
Die wesentlichen Inhalte und Zielsetzungen bestehen also darin, Patienten mit entsprechenden Erkrankungsbildern zu identifizieren und den Verlauf der Erkrankung kontinuierlich zu dokumentieren; dies ermöglicht gleichzeitig eine frühzeitige Intervention.
Insgesamt gesehen schafft die konsequente Umsetzung des DMP KHK die Grundlage für eine Qualitätssicherung in der Hausarztpraxis mit dem Ziel der Optimierung der Patientenbetreuung.

Chance für Diagnostik und Therapie nach strukturierten Handlungsanweisungen

Was bedeutete dies nun konkret für die Hausarztpraxis? Natürlich betreuen wir Hausärzte unsere Patienten mit KHK bereits seit vielen Jahren, nicht selten in enger Kooperation mit der kardiologischen Praxis. Nicht immer jedoch sind die diagnostischen und therapeutischen Entscheidungen auf dem Boden strukturierter Handlungsanweisungen wie beispielsweise entsprechenden Leitlinien entstanden. Oft wurden die Vorschläge des Kardiologen (kritiklos) aufgegriffen und umgesetzt.
Gerade das DMP bietet nun die Chance, unsere Patienten strukturiert nach anerkannten Vorga-

Wir Hausärzte können nun konsequent unsere Steuerungsfunktion im Gesundheitssystem ausüben

Die Diagnose KHK kann auf drei Wegen gestellt werden

ben zu diagnostizieren und zu therapieren. Die Kriterien zur Diagnosesicherung sind eindeutig, und auch die therapeutischen Vorschläge sind evidenzbasiert. Damit sollten Fehlversorgungen sowie Über- und Unterversorgung der Vergangenheit angehören.
Damit können wir Hausärzte konsequent unsere Steuerungsfunktion im Gesundheitssystem ausüben. Erstmals werden durch ein DMP die Behandlungskorridore der unterschiedlichen Versorgungsebenen sauber definiert und somit auch der Auftrag des Hausarztes klar umschrieben. Definierte Schnittstellen sorgen dafür, dass der Patient zum richtigen Zeitpunkt die richtige Leistung am richtigen Ort erhält. Für die Patienten bedeutet dies, dass sie sicher sein können, nicht nur nach bestem Wissen und Gewissen, sondern nach dem aktuellen Stand der medizinischen Erkenntnisse – somit also auf hohem medizinischen Niveau – behandelt zu werden.

Steuerungsinstrumente im DMP KHK

Die richtige Leistung zum richtigen Zeitpunkt am richtigen Ort

Bereits im Zusammenhang mit dem DMP Diabetes mellitus Typ 2 haben wir die unterschiedlichen Steuerungsinstrumente kennen gelernt, die geeignet sind, die Regularien eines Disease-Management-Programms für den Hausarzt und seinen Patienten nutzbar zu machen. Auch im Rahmen des DMP KHK spielt hierbei die Dokumentation eine herausragende Rolle.
Auch im Rahmen des DMP KHK wird in der bundeseinheitlichen Dokumentation unterschieden nach Erstdokumentation und Folgedokumentation. Wie wir es bereits kennen, wird in der Erstdokumentation, also für die Einschreibung des Patienten in das DMP, die Sicherung der Diagnose gefordert. Sie orientiert sich an akutem Koronarsyndrom (aktuell oder in der Vorgeschichte), Symptomatik, Anamnese und pathologischem Belastungs-EKG bzw. an sonstigen die Diagnose sichernden Verfahren. Neben den Angaben zu Anamnese und Befund werden wiederum relevante (klinische) Ereignisse abgefragt und danach die Entscheidung zu einer entsprechenden Behandlung gefordert.
Schließlich sollen dem Patienten, falls noch nicht geschehen, Schulungsmaßnahmen angeboten werden und der Zeitpunkt der nächsten Dokumentation gemeinsam mit ihm verabredet werden. Selbstverständlich kann der Patient bei medizinischer Notwendigkeit unabhängig vom vereinbarten Dokumentationszeitraum bei klinischer Notwendigkeit auch früher wieder einbestellt werden.
Im Vordergrund der Folgedokumentation steht die Erfassung der aktuellen Anamnese seit der letzten Dokumentation und die aktuelle Medikation.

Die Diagnosesicherung

Um einen Patienten in das DMP KHK einzuschreiben, ist also die Diagnosesicherung entscheidend. Wie ist die KHK im DMP definiert? Die Diagnose ist gesichert, wenn mindestens eines der folgenden Kriterien erfüllt ist:

- **bei einem akuten Koronarsyndrom, auch in der Vorgeschichte;**
- **wenn sich aus der Symptomatik des Patienten, der klinischen Untersuchung, seiner Anamnese, bestehenden Begleiterkrankungen sowie zusätzlich dem Belastungs-EKG, das innerhalb der letzten drei Jahre durchgeführt wurde, eine hohe Wahrscheinlichkeit (mindestens 90 %) für das Vorliegen einer koronaren Herzkrankheit belegen lässt; bei Patienten, bei denen aus gesundheitlichen Gründen ein Belastungs-EKG nicht in Frage kommt oder nicht auswertbar ist, können zur Diagnosesicherung andere nichtinvasive Verfahren wie die Echokardiographie oder die Szintigraphie angewendet werden.**

Es sind aber nicht nur die Neupatienten, die vom DMP angesprochen werden sollen, vielmehr sind es die bereits seit Jahren in der Hausarztpraxis wegen einer koronare Herzkrankheit behandelten Menschen.
Die Frage besteht nun darin, wie wir aus dem häufig umfangreichen Patientenstamm gerade die mit einer gesicherten KHK isolieren können. Hier bietet sich für die Hausarztpraxen mit EDV eine Datenbankrecherche an, die zunächst einmal alle Patienten mit der Dauerdiagnose KHK identifizieren kann. Anschließend ist es sicherlich erforderlich, anhand der zuvor aufgeführten Kriterien bei jedem einzelnen Patienten die

Diagnose zu überprüfen. Nicht selten wird man auch feststellen müssen, dass zwischenzeitlich einige Patienten verstorben, umgezogen oder den Arzt gewechselt haben, so dass sich auf diese Art und Weise schließlich die aktuelle Anzahl von Patienten mit gesicherter KHK in der Hausarztpraxis identifizieren lässt.
Wenn die Patienten mit KHK identifiziert sind und die Diagnose gesichert werden konnte, steht der Aufnahme in das DMP nichts mehr im Wege. Es gilt nun, mit den einzelnen Patienten individuelle Therapieziele zu vereinbaren und zu besprechen.

Die Therapieziele im DMP KHK

Im DMP KHK werden insgesamt drei Therapieziele genannt:

- **die Reduktion der Sterblichkeit;**
- **die Reduktion der kardiovaskulären Morbidität, insbesondere die Vermeidung von Herzinfarkten und der Entwicklung einer Herzinsuffizienz;**
- **die Steigerung der Lebensqualität durch Vermeidung von Angina-pectoris-Beschwerden und Erhaltung der Belastungsfähigkeit.**

Um diese Therapieziele zu erreichen, bedarf es einer differenzierten Therapieplanung auf der Basis einer individuellen Risikostratifizierung.

Die Risikostratifizierung

Bereits im DMP Diabetes mellitus spielt die Risikostratifizierung eine zentrale Rolle. Die individuellen Risiken eines Patienten ergeben sich unter anderem aus seinem Alter und seinem Geschlecht, den Komorbiditäten (z.B. Diabetes mellitus, Fettstoffwechselstörungen, arterielle Hypertonie und linksventrikulärer Funktionseinschränkung), aber auch durch eine genetische Disposition bzw. durch eigenes Verhalten (Rauchen). Einmal jährlich soll das individuelle Patientenrisiko ermittelt und beschrieben werden, um gegebenenfalls Therapieziele neu formulieren bzw. die Therapie den veränderten Bedingungen anpassen oder adjustieren zu können.

Auf der Basis der Risikostratifizierung und der Therapiezieldefinition erfolgt eine individualisierte adäquate Therapie.

Abb. 1.3.1 Schematische Darstellung des DMP KHK

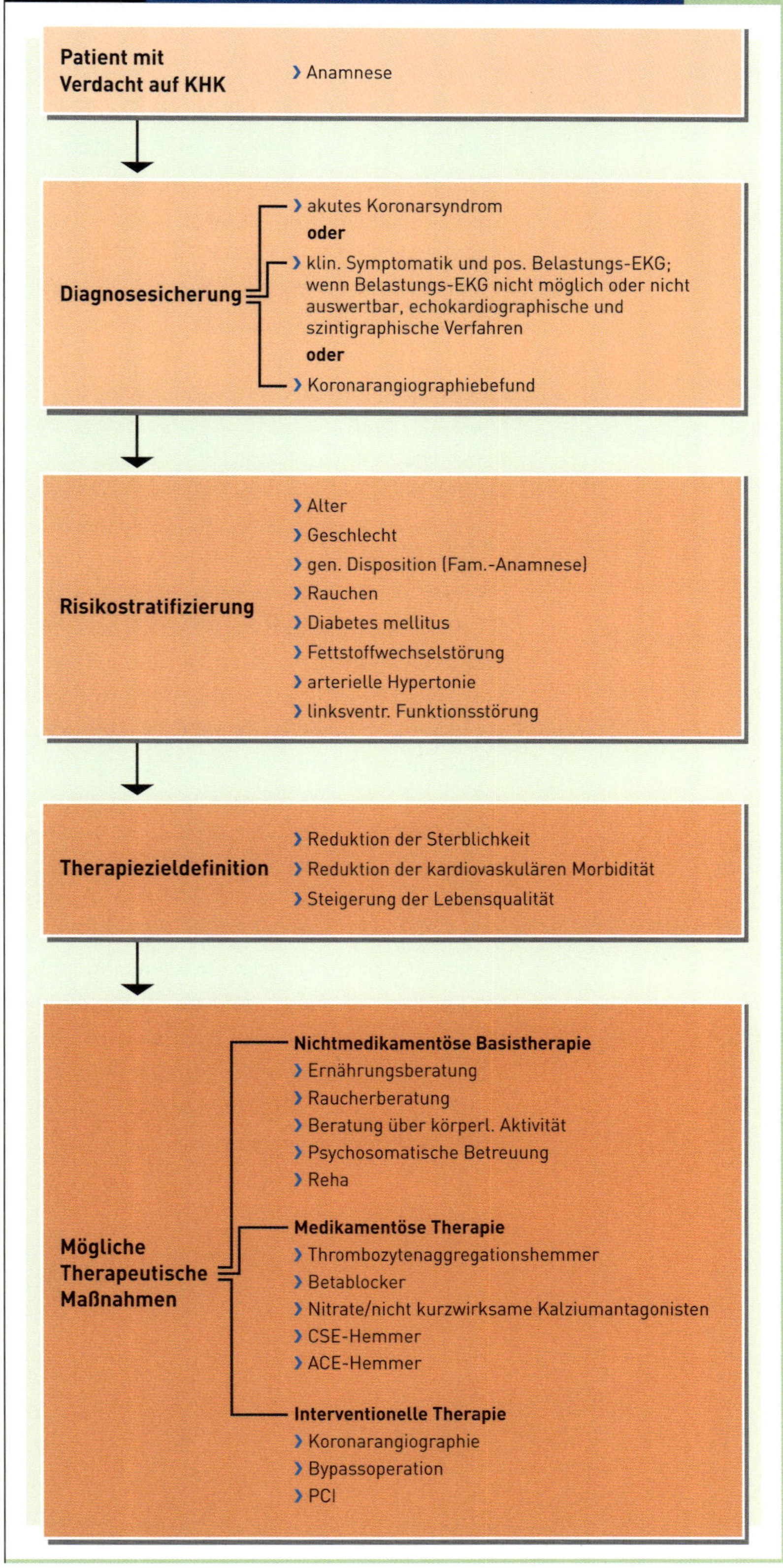

Die Rolle des Hausarztes in der Langzeitbetreuung wird hervorgehoben

Die Therapie der KHK

Im DMP werden unterschiedliche therapeutische Maßnahmen beschrieben:

- nichtmedikamentöse Therapie und allgemeine Maßnahmen wie Ernährungsberatung, Raucherberatung, körperliche Aktivitäten, psychische, psychosomatische und psychosoziale Betreuung;
- medikamentöse Therapie, deren Wirksamkeit in randomisierten, kontrollierten Studien belegt werden konnte.
- Koronarrevaskularisation nach differenzierter Therapieplanung mit individueller Nutzen-Risiko-Abwägung.

Die Kooperation der Versorgungsebenen untereinander spielt im DMP als Steuerungsinstrument eine herausragende Rolle. Dabei wird im DMP KHK für die Langzeitbetreuung des Patienten die besondere Bedeutung der hausärztlichen Versorgung ausdrücklich betont, und im Rahmen der interdisziplinären Betreuung werden definierte Überweisungskriterien angegeben. Selbstverständlich gehören zu einem Disease-Management-Programm die entsprechenden qualitätssichernden Maßnahmen. In diesem Zusammenhang spielen die Qualifikation der beteiligten Leistungserbringer und des medizinischen Personals sowie die technische, apparative und gegebenenfalls auch räumliche Ausstattung eine besondere Rolle. Für den Hausarzt wichtig ist, dass sich die Durchführung der geforderten Belastungs-EKGs an den Empfehlungen der Deutschen Gesellschaft für Kardiologie (DGK) orientieren soll. („Leitlinien zur Ergometrie", im Internet unter http://www.dgk.org/leitlinien/LeitlinienErgometrie.pdf abrufbar; siehe auch Internet-Links in Kapitel 3.2)

Zusammenfassung

Das DMP KHK bietet unterschiedliche Steuerungsinstrumente, mit denen der Hausarzt als Lotse seine Patienten führen und begleiten kann. Zur Verfügung stehen also (siehe auch Abbildung 1.3.1):

- das Dokumentationsinstrumentarium;
- die Kriterien zur Diagnosesicherung;
- die Kriterien zur Risikostratifizierung;
- die Festlegung von individuellen Therapiezielen;
- die Strategien der nichtmedikamentösen, medikamentösen, interventionellen und sonstigen Therapieformen;
- die Schnittstellendefinition bzw. Überweisungskriterien zur Kooperation mit den entsprechend qualifizierten Fachärzten.

Fazit

In der konsequenten Umsetzung von DMPs liegt für Hausärzte eine große Chance, die Patientenbetreuung zu strukturieren und auf eine medizinische begründbare und ökonomisch vertretbare Basis zu stellen.
Die hier vorgestellten Steuerungsinstrumente des DMP KHK sind geeignet, Patienten zu identifizieren und ihnen schließlich eine individuelle, ihrem Problem angepasste Therapie zukommen zu lassen. Die langjährige hausärztliche Betreuung ist durch das DMP gesichert; durch die Überweisungskriterien soll ein Optimum an medizinischer Versorgung gewährleistet werden.

Literatur zum Thema

1. Gutachten 2000/2001 des Sachverständigenrates für die Konzertierte Aktion im Gesundheitswesen. Bedarfsgerechtigkeit und Wirtschaftlichkeit. Band III Über-, Unter- und Fehlversorgung. Deutsche Bundestag, Drucksache 14/6871.
2. Siebente Verordnung zur Änderung der Risikostruktur-Ausgleichsverordnung (7. RSA-Änd-V) vom 28. April 2003. Bundesgesetzblatt 2003 Teil I Nr. 16, ausgegeben zu Bonn am 30. April 2003.

Gerd W. Zimmermann

DMPs in der Praxis

Das Hausarzt Handbuch zum Disease-Management-Programm (DMP) „Diabetes mellitus Typ 2“ (siehe Abb.) wurde gut angenommen. Es konnte den Ärzten Sinn und Zweck der Programme vermitteln.

Dies bildet einen guten Grundstock für die weiteren Programme, denn die Anfangskritik war bekanntlich massiv. Mittlerweile haben sich die Wogen aber geglättet.
Geblieben sind einige Probleme, die sich auf drei Hauptpunkte konzentrieren:

- **Die Ärzte sind teilweise nur lückenhaft über die Inhalte informiert, mit negativen Folgen für die Akzeptanz unter den Ärzten.**
- **Die Patienten wissen zu wenig über den Nutzen, mit negativen Folgen für die Compliance der Patienten.**
- **Die DMPs sind noch nicht in die Praxisroutine integriert.**

Die Erkenntnisse aus der bisherigen Umsetzung bereits laufender Programme und die daraus resultierenden Maßnahmen, mit denen man diese Schwierigkeiten bewältigen kann, sollen deshalb Gegenstand dieses Kapitels sein.

Die Teilnahme der Hausärzte ist auf breiter Front gesichert

Nahezu alle Kassenärztlichen Vereinigungen haben mittlerweile DMP-Verträge zur Behandlung des Typ-2-Diabetes abgeschlossen. Die Zahl der Hausärzte, die sich dort an den Programmen beteiligen, ist von Anfang an hoch gewesen.
Ein vielerorts vorausgesagtes Scheitern der Disease-Management-Programme wegen mangelnder Beteiligung der Ärzte ist deshalb kaum noch denkbar.
Während die „Rekrutierungsphase“ in der Ärzteschaft nahezu abgeschlossen ist, gilt es nun, die Patienten zu einer Teilnahme zu motivieren. Sobald die Verträge in den einzelnen Regionen abgeschlossen sind, kann es richtig losgehen. Die Zahl derer, die sich in unseren Praxen erkundigen, welche Vorteile sie bei einer Teilnahme haben, wird stetig wachsen.

Die Motivation der Patienten wird durch das GMG sprungartig steigen

Einen weiteren „Interessensschub“ hat das Gesetz zur Modernisierung der Gesetzlichen Krankenversicherung (GMG) gebracht. Es sieht vor, dass die Kassen denjenigen Versicherten, die sich in ein Disease-Management-Programm einschreiben, eine Ermäßigung bei den diversen Zuzahlungen einräumen können.
Unsere Patienten werden trotz dieses Anreizes wissen wollen, wo die Vorteile einer Teilnahme liegen. Unsere Aufgabe wird es sein, ihnen klar zu machen, dass sich die Qualität der Versorgung keinesfalls verschlechtert, sondern künftig strukturiert und evidenzbasiert ist. Der Gesetzgeber erwartet davon eine klare Verbesserung der Versorgungsqualität.

Viele Hausärzte nehmen schon am DMP Diabetes Typ 2 teil

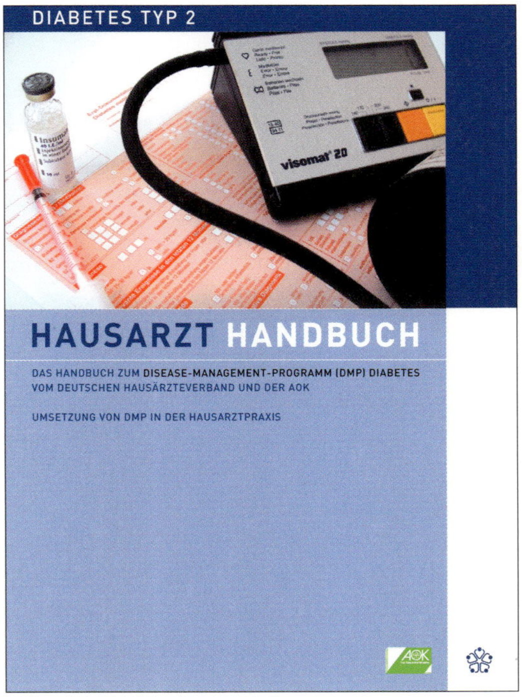

Das Hausarzt Handbuch „Diabetes Typ 2“ ist gut angenommen worden

Abb. 1.4.1 Empfehlungen zur Umsetzung von DMPs

- **Möglichst alle infrage kommenden Patienten zur Mitarbeit motivieren**
- **Praxisabläufe anpassen**
- **Dokumentation teilweise delegieren**
- **Elektronische Lösungen anstreben:**
  - Datenerfassungsprogramm mit Plausibilitätsprüfung und anschließender Übermittlung per Datenträger oder online
  - Stand-alone-Lösungen und/oder
  - Anbindung an Praxissoftware zur Übernahme der in der Praxissoftware enthaltenen Stammdaten und Informationen

Die Dokumentation muss in die EDV integriert werden

Die besonderen Strukturen eines DMP sind von beiden Seiten einzuhalten. Wir werden den Patienten erklären müssen, dass die Daten, die im Rahmen dieser strukturierten Versorgung erhoben werden, in anonymisierter Form gesammelt und analysiert werden. Wir sollten unseren Patienten ferner erläutern, dass im Rahmen dieser Programme Ziele definiert und erreicht werden sollen. Die Krankenkassen haben den gesetzlichen Auftrag, die Betreuung zu unterstützen. Sie tun dies u.a. durch so genannte Reminder in Abstimmung mit den Ärzten.
Diesem enormen Aufklärungsbedarf kann man mit rechtzeitig vorbereiteten Handzetteln und/oder Plakaten und einer Schulung des Personals Rechnung tragen. Auch der steigende Dokumentationsaufwand ist mit Hilfe eines vorbereiteten Praxisteams gut zu bewältigen.
Sowohl die Ärztevertreter als auch die Krankenkassen als Vertragspartner haben die Gefahr erkannt, dass die DMPs am Bürokratismus zu ersticken drohen. Die Beteiligten fördern Aktivitäten, die Dokumentationsbögen auf breiter Front computerkompatibel zu machen (siehe Abb. 1.4.1). Dies wird schon deshalb notwendig werden, weil weitere Programme bevorstehen.
Disease-Management-Programme als Vereinbarungen zwischen Krankenkassen und Leistungserbringern müssen die Anforderungen der Risikostruktur-Ausgleichsverordnung (RSAV) erfüllen, damit der Finanztransfer zwischen den Krankenkassen ausgelöst wird. Dabei erhalten die Krankenkassen für an DMPs teilnehmende Versicherte höhere Ausgleichsbeträge, während die Zahlungen für nicht in die Programme eingeschriebene Versicherte sinken. Die Anforderungen wurden vom Koordinierungsausschuss nach § 137f Absatz 1 Nummer 1 SGB V entwickelt.

Die therapeutische Freiheit bleibt erhalten

Keine Behandlung nach „Schema F“

Viele Ärzte befürchten deshalb eine Einschränkung ihrer therapeutischen Freiheit. Diese Sorge ist jedoch unbegründet: Wenn in den Anforderungen für DMPs davon die Rede ist, dass bestimmte Therapien vorrangig verwendet werden sollen, schließt dies in medizinisch begründbaren Einzelfällen eine andere Therapie nicht aus. Im Rahmen der Programme werden zwar in der Regel bei der Auswahl der medikamentösen Therapie solche Präparate vorrangig empfohlen, deren positiver Effekt und deren Sicherheit im Hinblick auf das Erreichen der in den Anforderungen genannten Therapieziele in prospektiven randomisierten kontrollierten Langzeitstudien nachgewiesen wurde; andere Verordnungen sind (z.B. wegen ungenügender Evidenz) demgegenüber nachrangig, jedoch nicht ausgeschlossen. Der Wortlaut der Anforderungen an die Programme lässt dem Arzt einen Spielraum.
Die Erfahrung lehrt, dass die ärztliche Selbstverwaltung nicht davor gefeit ist, Regelungen zu strikt zu interpretieren. Nach dem Gesetzeszweck soll aber die Verbesserung der Qualität im Vordergrund stehen. Mit diesem Ziel nicht vereinbar wäre eine Beschränkung auf bestimmte Methoden, ohne im einzelnen Fall medizinisch begründete Abweichungen im Sinne einer Bildung interner Evidenz zuzulassen.

Der teilnehmende Arzt ist aber nicht nur deshalb gut beraten, sich an die Therapievorgaben in den Disease-Management-Programmen zu halten, weil dies dort so vorgegeben ist, sondern auch im Hinblick auf Wirtschaftlichkeitsprüfungen. Das bereits erwähnte GMG sieht eine deutliche Ausweitung und Verschärfung der Wirtschaftlichkeitsprüfung bei der Verordnungsweise vor. Es enthält aber auch ein neues Instrument, das – kombiniert mit den Therapieempfehlungen des DMP – dem einzelnen Arzt eine durchaus morbiditätsorientierte Arzneimittelbehandlung seiner Patienten ermöglicht. So besteht seit dem 1.1.2004 die Option, dass zwischen Prüfungsgremien und dem einzelnen Arzt eine individuelle Richtgröße vereinbart werden kann, die sich an den Besonderheiten seiner Praxistätigkeit und seines Patientenkollektivs orientiert. Es versteht sich von selbst, dass diejenigen Patienten, die sich für ein DMP eingeschrieben haben, auf dem Boden der Therapievorgaben wesentlich einfacher eingeordnet werden können als diejenigen Patienten, bei denen eine solche klare Zuordnung kaum oder nur sehr schwer darstellbar ist.

Der elektronischen Dokumentation gehört die Zukunft

Nimmt ein Arzt an einem Disease-Management-Programm teil und hat sich eine ausreichend hohe Zahl an Patienten für dieses Programm bei ihm eingeschrieben, gilt es, die Umsetzung so perfekt wie möglich zu organisieren. Dies bedarf in vielen Praxen eines Umdenkens, speziell wenn es um die mit dem Disease-Management-Programm essenziell verknüpfte besondere Form der Dokumentation geht.
Schon bei den Strukturverträgen und Modellprojekten war die Dokumentation des Behandlungsgeschehens – wie jetzt auch bei den DMPs – ein wichtiger Baustein. In Bayern beispielsweise haben die Beteiligten an der strukturierten Diabetikerversorgung die Erfahrung gemacht, dass eine zeitnahe Rückmeldung von Informationen aus der Praxis sehr wichtig ist.
Derzeit passen die Hersteller ihre EDV-Programme an oder entwickeln neue Systeme. Häufig werden gleichzeitig Qualitätsmanagementfunktionen angeboten. Die Integration in eine bestehende Praxisverwaltungssoftware soll dabei eine durchgehende, einheitliche Arbeitsweise sicherstellen. Neben der papiergestützten Übermittlung fördern alle Beteiligten die beleglose Datenübertragung.

Praxisabläufe müssen rechtzeitig angepasst werden

Disease-Management-Programme stellen nicht nur an die EDV besondere Anforderungen, sondern auch an die Organisation. Vor allem die Vorgabe einer zeitnahen Datenübermittlung, die es bei den Strukturverträgen so bisher nicht gab, ist schwierig. Wo mit Datenträgern oder Datenblöcken gearbeitet wird, ist es sinnvoll, Patienten mit ihren Erst- oder Folgekontakten nicht wahllos über den Kalender zu verstreuen, um nicht dauernd Datenträger mit minimalen Datenmengen versenden zu müssen.
Um diese Patienten optimal in den täglichen Ablauf zu integrieren, ist es vielmehr wichtig, dass bereits die Arzthelferinnen alle Messungen wie z.B. Größe und Gewicht vornehmen und alle Dokumente zusammenstellen, bevor der Arzt den Patienten sieht. Verlässt der Patient die Praxis, muss er unbedingt seinen nächsten Dokumentationstermin im nächsten (oder übernächsten) Quartal erhalten.
Ein separates Erinnerungssystem in der Praxis selbst sollte zusätzlich die Ausfallquote so niedrig wie möglich halten. Auch hier kann der Einsatz von Software helfen, indem zum Beispiel Statistiken erstellt werden und automatische Erinnerungsroutinen ablaufen, wenn die Kontrollparameter vorgegebene Korridore verlassen.

Fazit

Die Umsetzung der Disease-Management-Programme bietet u.a. die Gelegenheit, bisherige Erfolge bei der Behandlung chronisch Kranker bundesweit auszubauen und damit die besondere Kompetenz der Hausärzte auf dieser Ebene zu bestätigen. Die Krankenkassen kommen uns dabei mit ihren Aktivitäten entgegen. Wichtig für den langfristigen Erfolg der DMPs wird allerdings die schnelle und praxistaugliche Umsetzung einer elekronischen Dokumentation sein.

Im Einzelfall sind begründete Abweichungen von den Vorgaben möglich

Die Vereinbarung individueller Richtgrößen wird erleichtert

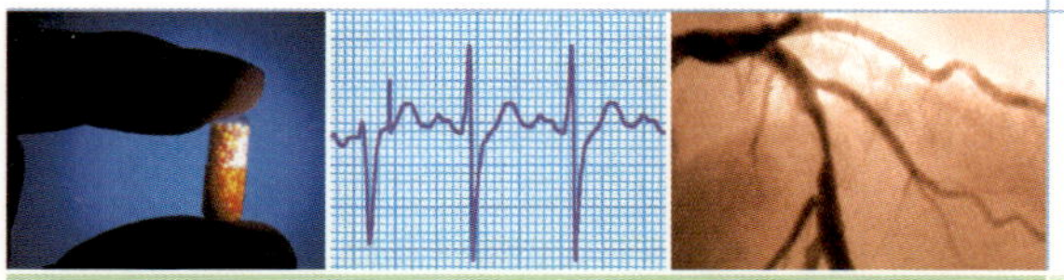

KAPITEL 2

2

PRAXISWISSEN

»

Norbert Donner-Banzhoff, Uwe Popert, Christiane Muth, Martin Beyer, Ferdinand M. Gerlach

Differentialdiagnostik des akuten Brustschmerzes in der Hausarztpraxis

Der Hausarzt hat gegenüber anderen spezialisierten oder im Notdienst tätigen Ärzten meist den Vorteil, den Patienten, seine gesundheitliche Vorgeschichte und seine Risikofaktoren besser zu kennen. Andererseits ist er – vor allem im Notfall – mit gänzlich unselektierten und auch häufig noch im Frühstadium befindlichen Beschwerdebildern konfrontiert. Dieses Kapitel soll vor diesem Hintergrund wichtige Hinweise zur Differentialdiagnostik und zur Erfassung abwendbarer gefährlicher Verläufe geben. Die Diagnostik der koronaren Herzkrankheit, insbesondere vor dem Hintergrund der Einschreibungskriterien des DMP, ist Gegenstand von Kapitel 2.2.

Akuter Brustschmerz ist in der Allgemeinpraxis ein sehr häufiger Beratungsgrund; in einer Registrierungsstudie (1) standen präkordiale Schmerzen an elfter Stelle.

Bei Hausarztpatienten hat präkordialer Schmerz nur in 20 % eine kardiale Ursache

Inzwischen gibt es eine Reihe von symptomevaluierenden Studien zum akuten Thoraxschmerz in unterschiedlichen Settings, die die unterschiedliche Ursachenverteilung in der hausärztlichen gegenüber der spezialisierten/notärztlichen Versorgung demonstrieren (Tab 2.1.1). Anders als im Rettungsdienst (69 %) oder in der Notfallambulanz (45 %) hat akuter Brustschmerz in der hausärztlichen Versorgung nur in 20 % der Fälle eine kardiale Ursache. Dieser Verteilung entsprechend ist an eine Vielzahl – teilweise harmloser, teilweise bedrohlicher – Differentialdiagnosen zu denken (Tab. 2.1.2).

Die meisten bedrohlichen Ursachen sind selten, müssen jedoch in der akuten Situation ausgeschlossen werden. Im Folgenden werden Hinweise zu wichtigen Krankheitsbildern sowie für eine Stufendiagnostik gegeben, in denen auch auf die Leistungsfähigkeit der verfügbaren diagnostischen Verfahren und wichtige Warnzeichen („red flags“) eingegangen wird.

Manifestationen der KHK sowie bedrohliche Krankheitsbilder bei Thoraxschmerzen

Angina pectoris:

Beschwerdebild auf der Grundlage einer koronaren Herzkrankheit, also die Manifestation einer Arteriosklerose an den Herzkranzarterien. Sie führt häufig zu einem Missverhältnis zwischen Sauerstoffbedarf und -angebot im Herzmuskel. (Zu den diagnostischen Kriterien siehe das folgende Kapitel 2.2.)

Symptomatik: Der Schmerz wird meist durch Belastung reproduzierbar ausgelöst, retrosternal empfunden und hält für einige Minuten an. Durch Ruhe oder Nitroglycerin erfolgt meist eine prompte (innerhalb von zwei bis fünf Minuten) Erleichterung.

Akutes Koronarsyndrom:

Die Definitionen sind im KHK-DMP (4, 5) enthalten: „Das akute Koronarsyndrom beinhaltet die als Notfallsituationen zu betrachtenden Verlaufsformen der koronaren Herzkrankheit: den ST-Hebungsinfarkt (STEMI), den Nicht-ST-Hebungsinfarkt (N-STEMI), die instabile Angina pectoris. Die Diagnose wird durch die Schmerzanamnese, das EKG und Laboratoriumsuntersuchungen (z. B. Markerproteine) gestellt.“ Den

Tab. 2.1.1 Ätiologie des Brustschmerzes in verschiedenen Settings (nach 2)

Ätiologie	Allgemeinpraxis (%)	Notfallzentrale (%)	Rettungsdienst (%)	Notfallaufnahme in Klinik (%)
kardial	20	60	69	45
muskuloskelettal	43	6	5	14
pulmonal	4	4	4	5
gastrointestinal	5	6	3	6
psychiatrisch	11	5	5	8
andere Ursachen	16	19	18	26

Tab. 2.1.2 Differentialdiagnosen bei Brustschmerz und empirische Häufigkeit des Auftretens in der allgemeinmedizinischen Praxis (nach 2, 3)

Kardiovaskuläre Erkrankungen	Pulmonale Erkrankungen und Mediastinum	Gastrointestinale Erkrankungen	Muskuloskelettale Erkrankungen und Erkrankungen der Brustwand	Psychiatrische Erkrankungen
	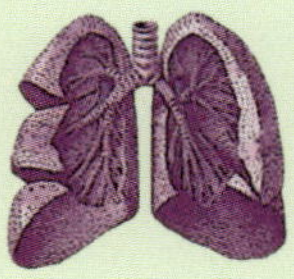	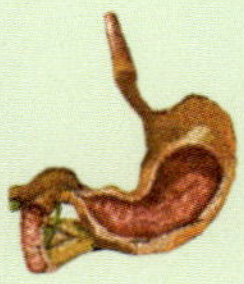	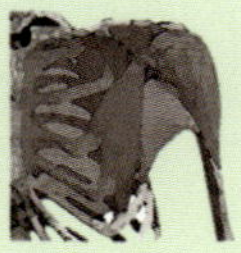	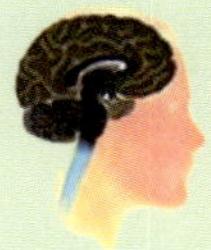
16–22 %	**3–6 %**	**2–19 %**	**36–49 %**	**5–11 %**
KHK Aortenstenose Hypertrophe Kardiomyopathie Mitralklappenprolapssyndrom Perikarditis Lungenembolie* Aortendissektion* Aortenaneurysma*	Pleuritis Pneumonie Tracheobronchitis Pneumothorax* Mediastinitis und Mediastinalemphysem*	Ösophagitis Reflux Ösophagusspasmen Mallory-Weiss-Läsion Peptische Ulzera Gallenkolik Cholezystitis Cholangitis Choledocholithiasis Akute Pankreatitis	Kostochondritis, Tietze-Syndrom Fibromyalgie-Syndrom Bornholmsche Krankheit Rippenfraktur Interkostalneuralgien HWS- und BWS-Syndrome Arthritiden und Bursitiden des Schultergelenks Herpes zoster Brustwandtumoren Erkrankungen der Brustdrüse	Angstkrankheiten Hyperventilation Depressionen Somatisierende Erkrankungen Kokainabusus (mit oder ohne kardiale Erkrankung)

* = wichtige akute abwendbare gefährliche Verläufe

Zusammenhang der einzelnen Formen des akuten Koronarsyndroms zeigt Abbildung 2.1.1 (6). Die instabile Angina pectoris – in der Regel ein Einweisungsgrund – wird heute folgendermaßen definiert: Vorliegen entweder einer Ruheangina länger als 20 Minuten, Neuauftreten einer belastungsabhängigen Angina pectoris mindestens der CSS-Klasse III (CCS-Klassifikation siehe Seite 77, Kapitel 2.7), oder eine deutliche Verschlechterung einer bekannten Angina pectoris in Häufigkeit, Dauer oder Belastungsgrenze (auch hier etwa von CSS-Klasse I auf CSS-Klasse III; 5). Da das akute Koronarsyndrom ein prozesshaftes Geschehen mit akuten Ischämien ist, kann eine instabile Angina pectoris jederzeit in einen Infarkt oder in Arrhythmien übergehen.

Instabile Angina pectoris
kann jederzeit in einen Infarkt übergehen

Abb. 2.1.1 Zusammenhang der einzelnen Formen des akuten Koronarsyndroms

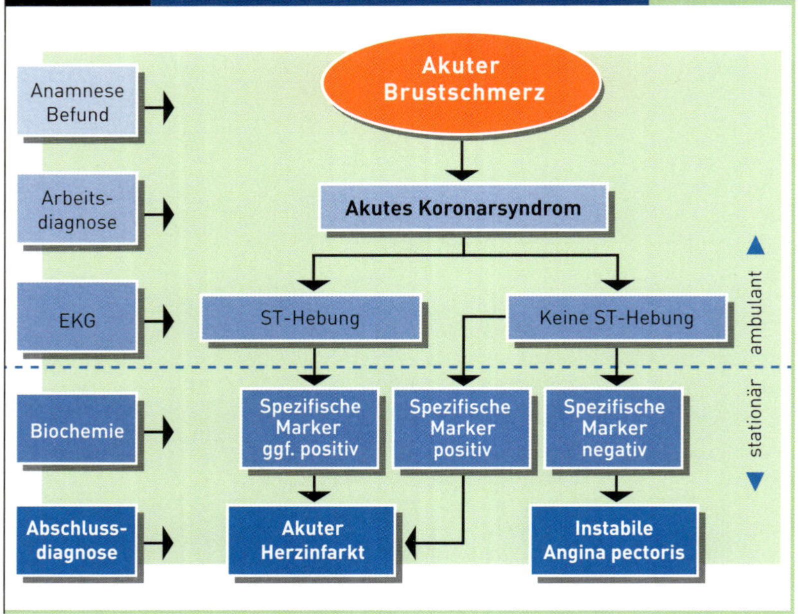

Bis zu 20 % der Infarkte manifestieren sich als plötzlicher Herztod

Myokardinfarkt:

Durch einen akuten Verschluss einer Herzkranzarterie kommt es innerhalb von Sekunden zu – meist retrosternalen – Schmerzen mit Einengungsgefühl und ggf. einer vegetativen Begleitsymptomatik mit Schwitzen und Übelkeit. Die Schmerzen strahlen typischerweise in die linke Thorax- und Halsseite und in den linken Arm aus. Etwa 20 % der Myokardinfarkte verlaufen schmerzlos. Die Inzidenz „stummer Infarkte" ist größer bei Frauen, Diabetes und Hinterwandbefall; sie nimmt mit steigendem Alter zu. Gefährliche Konsequenzen eines Infarkts sind neben Pumpversagen und peripherem Kreislaufversagen (Schock) die elektrische Instabilität des Myokards mit der Folge von Rhythmusstörungen bis hin zum Kammerflimmern. Bis zu 20 % der akuten Infarkte manifestieren sich daher als plötzlicher Herztod.

Je nach Ausmaß der Myokardschädigung werden transmurale und nicht transmurale Infarkte sowie instabile Angina pectoris unterschieden:

- Akuter Myokardinfarkt (STEMI, auch transmuraler oder Q-Infarkt): Die Ausbildung von Q-Zacken ist das entscheidende Kriterium (länger als 0,04 s oder tiefer als ein Viertel der folgenden R-Zacke).
- N-STEMI (auch Innenschichtinfarkt): Wegen der fehlenden infarktbeweisenden Veränderungen im QRS-Komplex muss die Diagnose v. a. in Zusammenhang mit Anamnese und Labormarkern gestellt werden.
- Instabile Angina pectoris: Hierbei können ST-Strecken-Senkungen auftreten (nicht obligatorisch!); Prognose und Therapie entscheiden sich entsprechend der Klinik und der Laborparameter.

Als weitere (seltenere) kardiale Differentialdiagnosen ist auch an Perikarditis zu denken.

Dissezierendes Aortenaneurysma:

Verglichen mit Herzinfarkten ist ein thorakales Aortenaneurysma selten. Betroffen sind meist ältere männliche Patienten mit Hypertonie, Patienten mit Marfan-Syndrom, gelegentlich auch Frauen, meist im dritten Trimenon der Schwangerschaft. Der „reißende" Schmerz beginnt plötzlich und strahlt fast immer in den Rücken aus oder wird sogar nur im Rücken zwischen den Schulterblättern gespürt. Wenn die Dissektion die Abgänge der Arteria subclavia bzw. carotis einbezieht, können sich Durchblutungsstörungen der Arme oder im Kopfbereich mit neurologischen Störungen entwickeln. Die meisten Patienten weisen eine Blutdruckdifferenz zwischen den Armen über 20 mmHg auf; bei über der Hälfte der Patienten ist ein Aorteninsuffizienzgeräusch hörbar. Bei Verlegung der Abgänge der Koronararterien können Herzinfarkte auftreten. In etwa 90 % der Fälle zeigt das EKG Veränderungen, die allerdings nicht eindeutig diagnostisch verwertbar sind.

Lungenembolie:

Symptome: Dyspnoe, Husten (evtl. blutig), Zyanose, Brustschmerzen (betont inspiratorisch), Schweißausbruch, Tachykardie, Hypotonie, Halsvenenstauung, Thrombosezeichen; die Klinik ist häufig diskret und unspezifisch! Liegen Risikofaktoren für Hyperkoagulopathie vor?

Pneumothorax:

1999 wurden in Deutschland etwa 10 000 Patienten stationär wegen eines Pneumothorax behandelt (traumatische Genese nicht inbegriffen), darunter gab es 213 Todesfälle. Primärer Spontanpneumothorax typischerweise bei jungen Männern (20.–40. Lebensjahr), Rezidiv nach erstem Spontanpneu bei rund 30 %, nach zweitem Spontanpneu in etwa 60 %, meist apikal rechts.

Tab. 2.1.3 Symptome gefährlicher Verläufe (modifiziert nach Harrison online Tabelle 13-2)

Erkrankung	Blutdruck	Puls	Dyspnoe	Schmerz	Weitere Symptome oder Untersuchungsbefunde
Instabile Angina pectoris			Evtl. Dyspnoe	Retrosternal mit evtl. Ausstrahlung in Schulter, Kinn / li. Arm	Nach geringen körperlichen Anstrengungen EKG
Myokardinfarkt	Blutdruckabfall und/oder Schock	Ggf. Arrhythmie	Ggf. Lungenödem	Retrosternal mit evtl. Ausstrahlung in Schulter, Kinn / li. Arm	Nitroglycerin lindert nicht Ggf. Aorten- oder Mitralinsuffizienz EKG + Labormarker
Aortendissektion	Anfangs oft hyperton; ggf. Schock, ggf. Blutdruckdifferenz zwischen beiden Armen	Ggf. Pulsverlust peripher		Plötzlicher, heftiger reißender Schmerz	Ggf. Aorteninsuffizienz, ggf. Marfan-Syndrom; (EKG unspezifisch)
Lungenembolie	Ggf. Hypotonie	Tachykardie	Dyspnoe, Tachypnoe	Plötzlicher Schmerz oft seitlicher Thorax	EKG evtl. P pulmonale Evtl. Thrombosezeichen Beine
Pneumothorax			Dyspnoe, Tachypnoe	Plötzlicher Schmerz seitlicher Thorax	Einseitig verminderte Atemgeräusche und hypersonorer KS

Sekundärer Spontanpneu meist bei COPD (auch andere Lungenerkrankungen). Spannungspneumothorax durch zusätzlichen Ventilmechanismus, der ein Entweichen der Luft verhindert.
An Spannungspneu denken bei: progredienter Dyspnoe, Tachykardie, Schock durch Kompression der großen Gefäße!
Eine Synopse der wichtigsten Kriterien der häufigsten potenziell lebensbedrohlichen Erkrankungen gibt Tabelle 2.1.3.

Strategien für eine angemessene Stufendiagnostik

Für den Hausarzt kommt es beim akuten Thoraxschmerz darauf an, aus der Anamnese der Beschwerden und Risiken sowie der körperlichen Untersuchung ein Maximum an Informationen zu gewinnen und den Patienten auf dieser Grundlage der angemessenen Behandlung oder weiterführenden Diagnostik zuzuweisen. Die folgenden Empfehlungen sind in der Beilage „Praxisleitfaden" aufgeführt.
Akut aufgetretene und anhaltende starke Thoraxschmerzen sind – insbesondere bei männlichen Patienten über 60 Jahren oder mit anderen Risikofaktoren (siehe Tabelle 2.1.4) – meist kein Entscheidungsproblem. Wenn kein Trauma vorliegt, ist bei diesen Symptomen unabhängig von der möglichen Ursache eine sofortige notärztliche bzw. stationäre Versorgung zu organisieren – gegebenenfalls bereits am Telefon (2), denn die Differentialdiagnosen umfassen hier im Wesentlichen potenziell lebensbedrohliche Zustände (siehe Tabelle 2.1.3)
Der erste Schritt ist die Prüfung der Vitalfunktionen und die Erfassung vital bedrohlicher Zustände: Bei Patienten mit akutem (oder rezidivierendem) Schmerz im Thoraxbereich sollte nach einer schnellen Prüfung des ersten visuellen Eindrucks (Dyspnoe, Zyanose, Schwitzen?) ein kurzer Check der Kreislauffunktionen (Puls, Blutdruck) erfolgen. Bei schwerer Dyspnoe oder drohendem Kreislaufkollaps ist umgehend eine Behandlung einzuleiten. Wichtige Warnzeichen („red flags") aus Anamnese und Klinik sind in Tabelle 2.1.5 (Seite 39) aufgeführt.
Nach etwaiger Stabilisierung erfolgt eine weitere Abklärung durch Anamnese, klinische Untersuchung und zumeist auch EKG. Blut-Schnelltests können zwar in ausgewählten Fällen zusätzlich hilfreich sein, aber Anamnese und körperlicher Befund sind fast immer wegweisend, denn EKG und Blutwerte sind in der Frühphase eines Infarktes oft falsch negativ; bei anderen bedrohlichen Erkrankungen wie Pneumothorax oder Aortendissektion sind dadurch gar keine verwertbaren Befunde zu erwarten.
In der Abfolge von Anamnese und Untersuchungen ist einerseits auf die Therapierelevanz zu achten, andererseits ein möglichst klares und

Anamnese und körperlicher Befund sind fast immer wegweisend

Tab. 2.1.4 Auswirkung anamnestischer Kriterien auf die Wahrscheinlichkeit einer KHK

Kriterium	Auswirkungen auf die Wahrscheinlichkeit einer KHK	Belege
› Demographische Faktoren		
– Alter	↑	7
– Männliches Geschlecht	↑	7
› Anamnese		
– Schmerzcharakter – typische Angina pectoris	↑	8, 9, 10, 11
– Ausstrahlung in Schulter, li. Arm oder beide Arme	↑	12, 13
– Verstärkung bei Anstrengung	↑	9
– Bekannte KHK bzw. Z. n. Myokardinfarkt	↑	10, 13
– Kardiovaskuläre Risikofaktoren: Rauchen, Hypercholesterinämie, Hypertonie, Diab. mellitus	↑	7
– Familienanamnese: Verwandte ersten und zweiten Grades mit KHK vor dem 55. Lebensjahr	↑	7
– Pleuritische Schmerzcharakteristik	↓	12, 10
– Vegetative Symptome (Übelkeit, Erbrechen, Schwitzen)	↑	13
– Psychischer Befund: Somatisierungsneigung	↓	
› Körperliche Untersuchung		
– Druckschmerz der Thoraxwand	↓	10
– Aktuell gemessene Hypotonie	↑	13

Weitere Hinweise zur Auswirkung von Risikofaktoren in den Kapiteln 1.2 und 2.2

Wenn ein Herzinfarkt wahrscheinlich ist, sofort an Lyse und PTCA denken

einheitliches Grundschema zu befolgen und zunächst die bedrohlichen Erkrankungen zu bedenken. Bei starken Schmerzen oder hohem Risiko (siehe Tabelle 2.1.3) sollte möglichst ohne Zeitverlust nach Kreislaufstabilisierung ein ärztlich begleiteter Transport in eine Notfallklinik erfolgen.

Anamnese:

Es sollten die **Eigenarten des Schmerzes** und die vorliegenden **Risikofaktoren**, die einen großen Einfluss auf die Wahrscheinlichkeit des Vorliegens eines kardialen Ereignisses haben, erhoben werden.

Schmerzcharakteristik: Beginn, Dauer, Stärke und Art des Schmerzes und der Begleitsymptomatik (Übelkeit, Luftnot, Schweißausbrüche); noch wichtiger ist das Klären der auslösenden Situation, eventueller Linderungsmöglichkeiten und vorheriger ähnlicher Episoden.

Der Schmerz bei Angina pectoris beginnt meist langsam und ist eher dumpf-drückend und dauert typischerweise zwischen 5 und 15 Minuten. Beschwerden von wenigen Sekunden oder aber mehreren Tagen Dauer sind fast nie kardial bedingt. Bei Aortendissektion und Lungenembolie markiert ein plötzliches starkes Schmerzereignis den Beginn; die Dissektion wird oft als lokalisierbares „reißendes“ Gefühl beschrieben. Die Lungenembolie kann über eine nachfolgende Begleitpleuritis einen atemabhängigen Schmerz verursachen. Eine Hyperventilation verursacht eher wandernde stechende Beschwerden unabhängig von Bewegung. Assoziation mit Schlucken von festen Speisen weist auf eine Ursache im Ösophagusbereich hin.

Lokalisation der Schmerzen: (Viszerale) Schmerzen von inneren Organen wie Speiseröhre, Herz, Gefäßen und Gallenblase sind meist undeutlich lokalisierbar und können sehr ähnliche Ausstrahlungsbereiche aufweisen.

Dagegen ist bei muskuloskelettalen Beschwerden meist nicht nur eine deutliche Beschreibung (somatischer) Schmerzpunkte, sondern auch eine umschriebene lokale Druckschmerzhaftigkeit sowie eine Abhängigkeit von Bewegung und Inspiration zu finden.

Anschließend sollten **Risikofaktoren** für eine KHK (Rauchen, Hypercholesterinämie, Hypertonie, Diabetes mellitus, Familienanamnese) oder für Lungenembolien (Thromboseneigung, Beinschwellungen oder -schmerzen) erfragt werden.

Tabelle 2.1.4 gibt verschiedene Kriterien an, die sich im Laufe der Abklärung auf die Wahrscheinlichkeit für eine KHK auswirken. (Für die zitierten Belege ist allerdings anzumerken, dass diese überwiegend an stationären Hochrisikokollektiven erhoben wurden.)

Als Ergebnis der Anamnese kann bereits vorläufig bilanziert werden, wie wahrscheinlich ein akutes kardiales Ereignis beim jeweiligen Patienten ist. Ist ein Herzinfarkt wahrscheinlich, ist eine besonders rasche Entscheidung und Einweisung erforderlich. Schon hier sollten bestimmte Therapieoptionen (Lysebehandlung oder Notfall-PCI) berücksichtigt werden (regionale Verfügbarkeit; Kontraindikationen).

Bei einer untypischen Anamnese ist zu erwägen, ob nicht eventuell eine Kombination von Ursachen vorliegt. So kann ein Infarktpatient auch Gallenblasenbeschwerden haben.

Identifizierung harmloser Ursachen von Thoraxschmerzen:

Wenn die genannten Erkrankungen nach Klinik und Anamnese zumindest unwahrscheinlich sind, dann kann auf der hausärztlichen Ebene insbesondere bei jungen Patienten (wegen der

Seltenheit der schweren Erkrankungen und des Zwangs zu einer effizienten Vorgehensweise) zunächst nach Hinweisen für einige harmlose Ursachen gesucht werden.

Mittels des typischen Gesamteindruckes, der Vorgeschichte (Depression, Ängste, Panikanfälle) und der Kenntnis des „Auslösers" ist in den meisten Fällen eine Hyperventilationskrise zu erkennen. Ein Herpes zoster und eine Kostochondritis oder eine Rippenfraktur sind meist durch Inspektion bzw. Palpation zu identifizieren. Allerdings ist zu prüfen, ob eine derartige Diagnose auch alle Symptome erklärt. Andernfalls ist zur Sicherheit (oder zur Beruhigung) zumindest ein EKG sinnvoll (siehe Schema Differentialdiagnostik der Beilage „Praxisleitfaden").

Körperliche Untersuchung:

Nach dem oben genannten **Kurzcheck der Vitalparameter** sollte der **Blutdruck** an beiden Armen vergleichend gemessen werden. Eine Differenz von über 20 mmHg weist – insbesondere bei gleichzeitigen neurologischen Auffälligkeiten – auf eine Aortendissektion hin.

Hypotonie tritt oft bei Lungenembolie oder Herzversagen auf.

Eine **Tachykardie** ist ein unspezifischer Begleiter von schweren Schmerzen, psychischem Stress, aber auch von Schockzuständen; allerdings ist sie bei Lungenembolie besonders wahrscheinlich.

Fieber deutet auf eine Pneumonie oder Mediastinitis, kann aber auch in Folge eines Herzinfarktes auftreten.

Eine **Halsvenenstauung** deutet auf eine Rechtsherzbelastung hin.

Auskultation: Asymmetrische oder fehlende Atemgeräusche (bei gleichzeitig hypersonorem Klopfschall) sind etwa bei der Hälfte der Patienten mit einem Spontanpneumothorax zu finden. Andererseits kann eine Schonatmung bei pleuritischen Reizungen ebenfalls eine Asymmetrie erzeugen. Für eine Pleuritis sind ohrnahe Reibegeräusche und Schmerzen bei Inspiration typisch. Eine Pneumonie kann zu einer Begleitpleuritis führen; ein verschärftes Atemgeräusch deutet darauf hin. Giemen kann Symptom einer zugrunde liegenden COPD sein, aber auch als „Asthma cardiale" eine Lungenstauung bei Linksherzversagen durch einen Herzinfarkt markieren.

Bei der Auskultation des Herzens ist auf neue Herzgeräusche oder zusätzliche Herztöne zu achten; eine Aorteninsuffizienz tritt bei der Hälfte der Aortendissektionen auf; eine neue Insuffizienz der Mitralklappe ist möglicherweise Folge einer Papillarmuskelinsuffizienz bei einer KHK oder einem Herzinfarkt. Über den Karotiden eventuell fortgeleitete Geräusche einer Aortensklerose oder einer lokalen Stenose sind als Hinweise auf eine Neigung zur Atherosklerose zu werten.

An den Extremitäten ist nach **Pulsdefiziten** (Arteriosklerose, Aortendissektion) und Hinweisen auf Thrombosen (Lungenembolie) zu fahnden.

Bei der **Palpation** ist insbesondere auf umschriebenen Druckschmerz der Thoraxwand zu achten (siehe Abb. 2.1.2).

Eine zusammenfassende Übersicht über die wichtigsten Warnzeichen aus Anamnese und körperlicher Untersuchung findet sich in der Tabelle 2.1.5.

Vermutet man eine harmlose Ursache akuter Brustschmerzen, ist zu prüfen, ob die Diagnose auch alle Symptome erklärt

Tab. 2.1.5 Wichtige „red flags" aus Anamnese und Klinik

› Anhaltende, zunehmende oder wieder einsetzende Brustschmerzen mit: - Engegefühl - Schmerzausstrahlung in Hals, Schulter, Arme, Rücken oder Epigastrium - Erheblicher Schwere der Schmerzen **(hoher Opiatverbrauch!)** - Wandern des Schmerzmaximums
› Atmung: - Tachypnoe (Atemfrequenz > 24/min) - Orthopnoe / schwere Ruhedyspnoe - Einsatz der Atemhilfsmuskulatur - Stauungs-RGs pulmonal - Einseitig fehlendes Atemgeräusch und hypersonorer Klopfschall
› Zirkulation: - Herzfrequenz < 40/min oder > 100/min - Blutdruck systolisch < 100 mmHg oder > 200 mmHg - Blutdruck- oder Pulsseitendifferenz zwischen beiden Armen (und / oder Beinen) - Kalte Akren - Zyanose - Erhöhter Jugularvenendruck (obere Einflussstauung)
› Vegetativum: - Kaltschweißigkeit - Begleitende Übelkeit / Erbrechen
› Abdomen: - „Gummibauch" / Abwehrspannung - Fehlende / pathologische Darmgeräusche
› Neurologie: - Vigilanzstörungen (reduzierte Bewusstseinslage) - Hemiplegie / Hemianästhesie / Horner-Symptomenkomplex - Fokale neurologische Defizite
› Andere: - Hautemphysem - Plötzlich einsetzendes hohes Fieber

Abb. 2.1.2 Muskuloskelettale Ursachen von Brustschmerzen

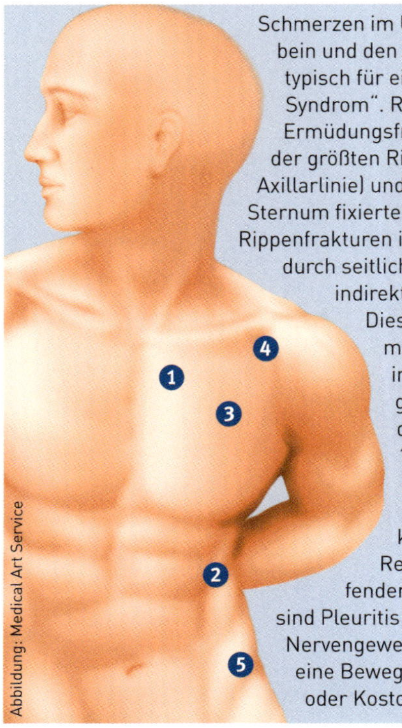

Schmerzen im Übergangsbereich zwischen Brustbein und den Ansätzen der oberen Rippen (❶) sind typisch für eine „Kostochondritis" oder ein „Tietze-Syndrom". Rippenfrakturen (traumatisch oder als Ermüdungsfrakturen) finden sich meist im Bereich der größten Rippenbewegungen (in der vorderen Axillarlinie) und betreffen eher die unteren, mit dem Sternum fixierten Rippen (❷). Bei Kostochondritis und Rippenfrakturen ist außer durch lokalen Druck auch durch seitliche Kompression des Brustkorbes ein indirekter Schmerz auslösbar.

Dieser Kompressionsschmerz fehlt bei myogenen Schmerzen (Triggerpunkte im M. pectoralis (❸) bzw. im Schultergürtelbereich (❹)), bei einer Reizung der Knochenhaut von Os ilium und 12.Rippe (❺).

Die „Interkostalneuralgie" ist Ausdruck eines segmentalen Pseudoradikulärsyndroms und eine vieldeutige Reaktion auf einen Störreiz im betreffenden Rumpfsegment. Mögliche Ursachen sind Pleuritis ebenso wie Entzündungen von Nervengewebe (Herpes zoster, Borreliose) oder eine Beweglichkeitsstörung von Zwischenwirbel- oder Kostovertebralgelenken (15, 16).

Tab. 2.1.6 Labormarker für eine Myokardnekrose*

Marker	Zeit bis zum ersten Anstieg (Spannbreite)	Zeit bis zum Maximalwert (Durchschnitt)	Zeit bis zur Normalisierung
Myoglobin	1–4 h	6–7 h	24 h
Troponin I	3–12 h	24 h	5–10 Tage
Troponin T	3–12 h	12 h–2 Tage	5–14 Tage
CK-MB	3–12 h	24 h	48–72 h
LDH	10 h	24–48 h	10–14 h

* Quelle: modifiziert nach (23)

Apparative Diagnostik bei akutem Thoraxschmerz

Ein negatives EKG schließt einen Infarkt nicht aus, **ein positives EKG** beweist ihn nicht

Etwa drei Viertel der Patienten mit Angina pectoris spüren nach Applikation von ein bis zwei Hüben **Nitroglycerin-Spray** binnen weniger Minuten eine Schmerzlinderung. Der Test ist aber nicht spezifisch: Auch ösophageale Spasmen oder Gallenblasenkoliken werden gelindert.
Ebenfalls nicht spezifisch ist die Beschwerdelinderung durch **Antazida-Cocktails**: Nicht nur Patienten mit Refluxösophagitis, sondern auch Infarktpatienten können dadurch eine Linderung verspüren.

Ruhe-EKG:

Ein Ruhe-EKG (möglichst mit den zwölf Standardableitungen) sollte bei allen unklaren Thoraxschmerzen erfolgen. Insbesondere wenn Notfallmedikamente oder ein Defibrillator zur Verfügung stehen, kann dieses möglicherweise therapierelevante Informationen liefern, wie z. B. Rhythmusstörungen (z. B. Tachykardien) oder Rechtsherzbelastung (z. B. Lungenembolie) oder Ischämiezonen (KHK, Infarkt, Narbe, Perikarditis). In der Akutsituation schwankt allerdings der positive Vorhersagewert für einen akuten Myokardinfarkt selbst in stationär aufgenommenen Kollektiven zwischen 50 und über 90 %. Für den ambulanten Bereich muss hier eher der untere Bereich angenommen werden. Mit anderen Worten: Bis zur Hälfte der Personen mit akuten Infarktzeichen im EKG entwickeln keinen Infarkt. Ähnlich verhält es sich mit einem negativen Befund; negative Vorhersagewerte liegen um 60 bis 90 %, d. h. 10 bis 40 % der Patienten mit einem EKG ohne akute Infarktzeichen entwickeln einen Infarkt. Ein negatives EKG allein kann also einen Infarkt nicht mit befriedigender Sicherheit ausschließen, ein positives diesen nicht bestätigen.
Dabei ziehen Hausärzte – eine sorgfältige Indikationsstellung vorausgesetzt – bei einem hohen Anteil der Patienten aus dem EKG-Befund eine diagnostische oder therapeutische Konsequenz (17). Wenn Anamnese und Befund eindeutig gegen eine KHK sprechen (z. B. Pleuropneumonie bei einer jungen Frau), kann jegliche weiterführende Diagnostik unterbleiben. Damit wird die Gefahr falsch positiver Befunde mit überflüssigen und oft riskanten weiterführenden Untersuchungen reduziert. Tatsächlich ist die klinische Einschätzung in der Abklärung thorakaler Beschwerden von bemerkenswerter Genauigkeit. Ein **Belastungs-EKG** ist bei einer akuten Symptomatik kontraindiziert.

Wichtige EKG-Befunde bei Myokardinfarkt:

Etwa 5 bis 30 Minuten nach Beginn des Myokardinfarktes können insbesondere über dem Vorderwandbereich symmetrische, spitze Erhöhungen der T-Welle als „Erstickungs-T" nachweisbar sein (siehe Abb. 2.1.3 sowie die Beilage

„Praxisleitfaden“; 19). Häufiger wird eine zunehmende Hebung der ST-Strecke innerhalb einiger Stunden nach dem Infarktereignis beobachtet. Dabei wandelt sich die ursprüngliche Konkavität über einen gerade aufsteigenden Verlauf in eine Konvexität um. Über dem Teil des Herzens, der der Infarktzone gegenüberliegt, lassen sich oft „reziproke“ deszendierende ST-Senkungen nachweisen und zum Beweis eines Infarktereignisses heranziehen.

Sichere Beweise für den Untergang von Herzmuskelgewebe sind der – meist innerhalb von ein bis zwölf Stunden auftretende – R-Verlust und die Entwicklung einer Q-Zacke.

In der Vernarbungsphase verschwindet die ST-Hebung meist wieder und eine T-Negativierung entwickelt sich vorübergehend oder auch dauerhaft aus der ST-Hebung.

Entsprechend dem Versorgungsbereich der Herzkranzgefäße entstandene Infarktzonen lassen sich den nächstliegenden standardisierten EKG-Ableitungen zuordnen. (Infarktzonen in den EKG-Ableitungen: siehe Flussdiagramm in der Beilage „Praxisleitfaden“).

Enzymtests/Labor:

Troponin I und T haben in den letzten Jahren bei der Abklärung des akuten Koronarsyndroms und als Entscheidungsgrundlagen für Therapieoptionen an Bedeutung gewonnen. Sie sind absolut spezifisch für Herzmuskulatur und haben in der Klinik die Wertigkeit der Enzymmarker in den Hintergrund treten lassen. Sie kommen vor allem zum Einsatz, wenn der EKG-Befund nicht eindeutig oder nicht auswertbar ist.

Obwohl inzwischen Schnelltests zur Verfügung stehen, können die Tests bei akuten Thoraxschmerzen erst nach mehreren Stunden sinnvoll eingesetzt werden. Ein negativer Test schließt erst nach sechs Stunden (Sensitivität 90–95 %) bzw. zwölf Stunden (Sensitivität 95–100 %) einen Infarkt aus (20, 21, 22). Im Falle eines akuten klinischen Verdachts erfordert also auch die troponinnegative instabile Angina pectoris eine notfallmäßige Krankenhauseinweisung. Entsprechende Daten aus der ambulanten Versorgung vorausgesetzt, wird eine Troponinbestimmung in der Zukunft möglicherweise eine gewissen Stellenwert für den Ausschluss eines Infarkts nach etwa zwölf Stunden gewinnen (vgl. Tabelle 2.1.6, modifiziert nach 23).

Abb. 2.1.3 Wichtige EKG-Befunde*

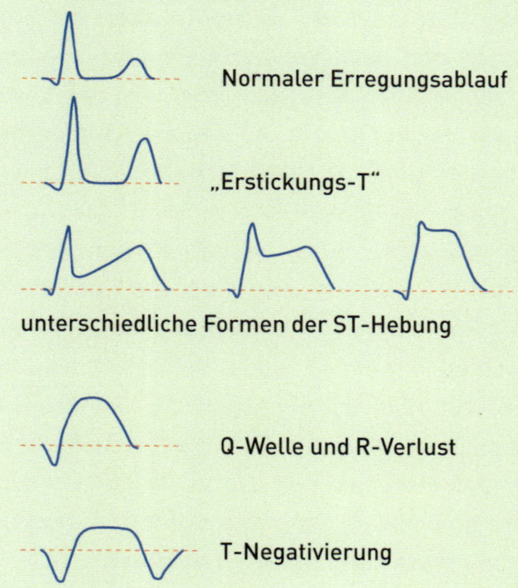

* Quelle: modifiziert nach (19)

Weitere Versorgung / Überweisung / Einweisung

Nach der RSAV ergeben sich folgende Indikationen zur stationären Behandlung von Patienten mit chronischer KHK in einem Krankenhaus:

- akutes Koronarsyndrom;
- Verdacht auf lebensbedrohliche Dekompensation von Folge- und Begleiterkrankungen (z.B. Hypertonie, Herzinsuffizienz, Rhythmusstörungen, Diabetes mellitus);
- darüber hinaus ist im Einzelfall eine Einweisung zur stationären Behandlung zu erwägen bei Patienten, bei denen eine invasive Diagnostik und Therapie indiziert ist.

Indikationen zur Überweisung zu ambulanten Fachspezialisten sind in Kap. 2.9 genannt.

Thoraxschmerzen bei Angsterkrankungen bzw. Depressionen können – mit oder ohne zugrunde liegende organische Erkrankung – im Rahmen eines funktionellen Beschwerdebildes zu einem erheblichen Leiden führen. Solche Patienten benötigen eine psychotherapeutische Betreuung. Nach adäquater Diagnostik und entsprechender Aufklärung sind wiederholte Untersuchungen meist kontraproduktiv und führen nicht zu der erwünschten Beruhigung, sondern eher zu einer Symptomfixierung (16).

R-Verlust und Q-Welle
beweisen den Untergang von Myokardgewebe sicher

Schnelltests auf Troponine
können bei akutem Thoraxschmerz erst nach mehreren Stunden sinnvoll eingesetzt werden

Fazit

Bei der Diagnostik des akuten Koronarsyndroms und der vital bedeutsamen Differentialdiagnosen des akuten Thoraxschmerzes ist der Hausarzt v. a. auf die Anamnese und die symptombezogene körperliche Untersuchung angewiesen. Allerdings vereinfacht sich seine Aufgabenstellung dadurch, dass bezüglich der vitalen Verdachtsdiagnosen „nur" über die Notwendigkeit einer sofortigen Krankenhauseinweisung entschieden werden muss. Diese Konsequenz haben der Myokardinfarkt und die instabile Angina pectoris, aber z. B. auch die Lungenembolie oder das dissezierende thorakale Aortenaneurysma gemeinsam. Die weitere differenzierte Abklärung muss dann stationär erfolgen.

Andererseits sind insbesondere bei der Abklärung rezidivierender Thoraxschmerzen zahlreiche differentialdiagnostische Möglichkeiten zu bedenken und entsprechende diagnostische und therapeutische Schritte einzuleiten.

Die Filterfunktion der hausärztlichen Ebene scheint jedoch insgesamt recht gut zu funktionieren (26). Allerdings kann durch Verbesserung der prästationären Abklärung vermutlich die Zahl von Einweisungen vermindert werden, denn nur bei etwa der Hälfte der wegen Infarktverdacht stationär eingewiesenen Patienten ließ sich die Diagnose bestätigen (27). Das hausärztliche Handeln trägt durch seine Filterfunktion auch dazu bei, dass spezielle kardiologische Untersuchungsverfahren ihre volle Leistungsfähigkeit (durch hinreichende Vortestwahrscheinlichkeit) erreichen können (28).

Literatur zum Thema

1. P. Landolt-Theus. Fälleverteilung in der Allgemeinmedizin. Fünfjahresstatistik einer Schweizer Allgemeinpraxis. Der Allgemeinarzt 1992 (3):255-268.
2. Erhardt L, Herlitz J, Bossaert L, Halinen M, Keltai M, Koster R, Marcassa C, Quinn T, van Weert H. Task force on the management of chest pain. European Heart Journal 2002; 23:1153–76.
3. Gibbons RJ, Chatterjee K, Daley J, Douglas JS, Fihn SD, Gardin JM, Grunwald MA, Levy D, Lytle BW, O'Rourke RA, Schafer WP, Williams SV, Ritchie JL, Cheitlin MD, Eagle KA, Gardner TJ, Garson A, Jr., Russell RO, Ryan TJ, Smith SC, Jr. ACC/AHA/ACP-ASIM Guidelines for the Management of Patients With Chronic Stable Angina. JACC 1999; 33(7): 2092–2197.
4. 7. Verordnung zur Änderung der Risikostruktur-Ausgleichsverordnung, BGBl I 2003, 554.
5. American College of Cardiology and American Heart Association Task Force on Practice Guidelines.Guideline Update for the Management of Patients With Unstable Angina and Non-ST-Segment Elevation Myocardial Infarction (2002a) http://www.acc.org/clinical/guidelines/unstable/update_index.htm abgerufen am 10.09.2003.
6. Christian W Hamm, Michel Bertrand, Eugene Braunwald. Acute coronary syndrome without ST elevation: implementation of new guidelines. Lancet 2001; 358: 1533–38.
7. Vlietstra RE, Frye RL, Kronmal RA et al. Risk factors and angiographic coronary artery disease: a report from the coronary artery surgery study (CASS). Circulation 1980; 62: 254–261.
8. Diamond G A, Forrester J S, et al. Analysis of probability as an aid in the clinical diagnosis of coronary-artery disease. The New England Journal of Medicine 1979; 24: 1351–1358.
9. Cooke RA, Smeeton N, Chambers JB. Comparative study of chest pain characteristics in patients with normal and abnormal coronary angiograms. Heart 1997; 78: 142–146.
10. Lee TH et al. Acute Chest Pain in the Emergency Room. Arch Intern Med 1985;145:65–9.
11. Pryor DB, Harrell FE, Lee KL, Califf RM, Rosati RA. Estimating the likelihood of significant coronary artery disease. The American Journal of Medicine 1983; 75: 771–780.
12. Goodacre S, Locker T et al. How Useful Are Clinical Features in the Diagnosis of Acute, Undifferentiated Chest Pain? Academic Emergency Medicine 2002;9:203–8.
13. Panju AA, Hemmelgarn B, Guyatt GH, Simel DL. Is This Patient Having a Myocardial Infarction? JAMA 1998;280:1256–63.
14. Klompas M. Does this patient have an acute thoracic aortic dissection? JAMA 2002; 287:2262–72.
15. Eder M, Tilscher H. Schmerzsyndrome der Wirbelsäule. Kapitel 4 Schmerzsyndrome der Brustwirbelsäulenregion 4. Auflage 1988, Hippokrates-Verlag. ISBN 3-7773-0887-0.
16. Stiefelhagen P. Zertifizierte Fortbildung. Thoraxschmerzen: nicht immer kommt's vom Herzen. MMW 2002; 51–52 www.mmw.de/pdf/2052a.pdf abgerufen am 10.8.2003.
17. Rutten FH et al. Electrocardiography in primary care: is it useful? Int J Cardiol 2000;74:199–205.
18. Martina B et al. Firs Clinical Judgment by Primary Care Physicians Distinguishes Well Between Nonorganic and Organic Causes of Abdominal or Chest Pain. J Gen Intern Med 1997;12:459–65.
19. Francis Morris, William J Brady. ABC of clinical electrocardiography. Acute myocardial infarction Part I. BMJ 2002;324: 831–834.
20. Ebell MH, White LL, Weismantel D. A systematic review of troponin T and I values as a prognostic tool for patients with chest pain. J Fam Pract 2000 Aug;49(8):746–53.
21. Ebell MH, Flewelling D, Flynn CA. A systematic review of troponin T and I for diagnosing acute myocardial infarction. J Fam Pract 2000 Jun;49(6):550–6.
22. Zimmerman J et al. Diagnostic Marker Cooperative Study for the Diagnosis of Myocardial Infarction. Circulation 1999;99: 1671–7.
23. Donnelly R, Millar-Craig MW. Cardiac troponins: IT upgrade for the heart. The Lancet Volume 351 Issue 9102 Page 537.
24. Arntz HR, et al. Leitlinien zur Diagnostik und Therapie des akuten Herzinfarktes in der Prähospitalphase. Z Kardiol 2000; 89:364–372.
25. Nationale Versorgungsleitlinie Chronische KHK; Kurzfassung – Entwurf Juli 2003 – V3.2, 27.6.03.
26. Svavarsdottir AE, Jonasson MR, Gudmundsson GH, Fjeldsted K. Chest pain in family practice. Diagnosis and long-term outcome in a community setting. Can Fam Pysician 1996;42: 1122–8.
27. Capewell S, McMurray J. „Chest pain – please admit": Is there an alternative? BMJ 2000; 320:951–2.
28. Praetorius F Bayes-Stadt (1992) Zur Objektivität von Indikationen. Ein Plädoyer für den diagnoseführenden Arzt. Deutsches Ärzteblatt 89:B-1298–B-1305.

Eberhard Jennen

Diagnostik für die Einschreibung in das DMP KHK

Wenn es immer so einfach wäre, die Diagnose „KHK" korrekt zu stellen. Leider sieht das in der Praxis des Hausarztes oft anders aus. Da sind die Patienten, die schon vom Vorgänger der Praxis den Stempel KHK bekommen haben. Aber stimmt das überhaupt? Da sind die Patienten mit einer Infarktnarbe im Echokardiogramm ohne irgendwelche Beschwerden. Da sind die Patienten mit Thoraxschmerzen, typischen und atypischen, unterschiedlichen Alters und Geschlechts, mit und ohne Risikoerkrankungen. Welcher hat nun eine KHK? Und das mit der geforderten mindestens 90%igen Sicherheit!

Drei Möglichkeiten hat der Hausarzt, um die Diagnose KHK für die Einschreibung zu stellen:

1. Ein akutes Koronarsyndrom ist bekannt.
2. Eine KHK wird vermutet; es wird versucht, die Diagnose mit 90%iger Sicherheit zu stellen.
3. Es liegt ein eindeutiger Herzkatheterbefund vor.

1 Ein akutes Koronarsyndrom ist bekannt

Der Hausarzt weiß, dass der Patient ein akutes Koronarsyndrom hatte. Dieses kann – und das ist die Regel – schon eine Weile zurückliegen. Der Krankenhausbericht, darin beschriebene Befunde wie Anstieg der Herzenzyme etc. und die nach einem ST-Hebungsinfarkt vorhandene Narbe im EKG können die Sicherheit der Diagnose begründen. Weniger zuverlässig und daher nicht akzeptabel ist die alleinige Auskunft des Patienten, er habe einmal einen Herzinfarkt gehabt, wenn darüber kein ärztlicher Bericht existiert. Vorsicht ist geboten bei der Narbendiagnostik im EKG. Schon mancher Linkslagetyp wurde als Hinterwandnarbe fehlgedeutet. Sicherheit erhält der Hausarzt nur durch die Befunde, die das akute Koronarsyndrom definieren, nämlich das EKG, der Anstieg der Herzenzyme wie Kreatinkinase und Troponin, verbunden mit der entsprechenden Symptomatik.

Vermutet der Hausarzt einen stummen Infarkt auf Grund einer Narbe im EKG, sollte er den Patienten zur Echokardiographie an einen dafür qualifizierten Facharzt überweisen. Wird die Narbe bestätigt, gibt es keine sinnvolle Differentialdiagnose zur KHK mit abgelaufenem Infarkt. Das abgelaufene Koronarsyndrom kann mit höchster Wahrscheinlichkeit diagnostiziert werden.

Ein abgelaufenes akutes Koronarsyndrom bedeutet mit Sicherheit eine KHK

Patienten, die im Moment des Hausarztkontaktes ein Koronarsyndrom haben, sind Notfallpatienten und gehören sofort ins Krankenhaus. Insofern ist die Ruheangina als Zeichen der instabilen Angina in der Regel als Notfall zu betrachten. Nach einem akuten Koronarsyndrom ist die Einschreibung in das DMP möglich.

2 Eine koronare Herzerkrankung wird vermutet

Der Hausarzt vermutet bei einem Patienten mit Thoraxschmerz eine KHK und versucht, die Diagnose KHK mit 90%iger Sicherheit zu stellen. Dies ist der bei weitem größte Anteil der KHK-Patienten der Hausarztpraxis.

Im ersten Schritt sollte sich der Hausarzt ein ungefähres Bild von der Wahrscheinlichkeit des Vorkommens einer KHK in der Altersgruppe des Patienten machen (Tab. 2.2.1).

Tab. 2.2.1 Häufigkeit der KHK nach Alter und Geschlecht

Geschlecht	30–39 Jahre	40–49 Jahre	50–59 Jahre	60–69 Jahre
Männer	1,9 %	5,5 %	9,7 %	12,3 %
Frauen	0,3 %	1,0 %	3,2 %	7,5 %

Anmerkung: In einer Reihenuntersuchung hängt die Prävalenz von Alter und Geschlecht ab. Behandelt ein Hausarzt überwiegend ältere Patienten oder Diabetiker, ist die Prävalenz viel größer. Mit einer höheren Prävalenz erhalten auch diagnostische Testverfahren ungeachtet ihrer Sensitivität und Spezifität einen höheren prädiktiven Wert (siehe Kapitel.1.2). Das pathologische Belastungs-EKG lässt also den Kardiologen, der ein selektiertes Patientengut behandelt, eine KHK treffsicherer diagnostizieren als den Hausarzt – trotz gleicher Untersuchungstechnik. Analog hat ein pathologisches Belastungs-EKG beim Sportmediziner eine verschwindend geringe diagnostische Aussagekraft.

Tab. 2.2.2 Vortestwahrscheinlichkeit

Vortestwahrscheinlichkeit für das Vorliegen einer koronaren Herzkrankheit in Abhängigkeit von Alter und Symptomatik bei *Frauen*

Alter (Jahre)	nichtanginöser Brustschmerz	atypische Angina pectoris*	typische Angina pectoris
30–39	0,8 %	4 %	26 %
40–49	3 %	13 %	55 %
50–59	8 %	32 %	79 %
60–69	19 %	54 %	91 %

Vortestwahrscheinlichkeit für das Vorliegen einer koronaren Herzkrankheit in Abhängigkeit von Alter und Symptomatik bei *Männern*

Alter (Jahre)	nichtanginöser Brustschmerz	atypische Angina pectoris*	typische Angina pectoris
30–39	5 %	22 %	70 %
40–49	14 %	46 %	87 %
50–59	22 %	59 %	92 %
60–69	28 %	67 %	94 %

* Nicht für koronare Herzerkrankung typischer Brustschmerz

Tab. 2.2.3 Assoziation von KHK und Diabetes

	Männer, 60–69 Jahre alt		Frauen, 60–69 Jahre alt	
	Wahrscheinlichkeit für das Vorliegen einer KHK bei Patienten			
Klinik	mit Diabetes	ohne Diabetes	mit Diabetes	ohne Diabetes
keine Symptome	21 %	12 %	15 %	8 %
nichtanginöser Brustschmerz	44 %	28 %	32 %	19 %
atypische Angina pectoris*	80 %	67 %	70 %	54 %
typische Angina pectoris	97 %	94 %	95 %	91 %

* Nicht für koronare Herzerkrankung typischer Brustschmerz

Als nächstes gilt es, den Schmerzcharakter zu qualifizieren. Die richtige Fragetechnik und Zeit zum Zuhören sind hierbei sehr wichtig. Der drückende, nicht eindeutig zu lokalisierende Schmerz mit Ausstrahlung, beklemmend („wie ein Ring um die Brust") und Angst erzeugend hat häufig charakteristische Auslöser wie körperliche oder psychische Belastung, kalter Wind, eine schwere Mahlzeit oder das Rauchen einer Zigarette. Dies ist der typische Brustschmerz. Atypische Brustschmerzen sind z. B. brennend, der Auslöser ist oft uncharakteristisch.

Nichtanginöse Brustschmerzen sind hingegen durch andere Erkrankungen erklärbar wie z. B. der retrosternale Schmerz nach dem Essen, der lagerungsabhängige Schmerz thorakal oder der linksthorakale Schmerz, den man durch Druck auf eine vom Patienten angegebene Stelle am Thorax reproduzieren kann.

In Verbindung mit den Merkmalen Alter und Geschlecht erhöht die Kenntnis des Schmerzcharakters die Aussagekraft über das Vorliegen einer KHK. Die Vortestwahrscheinlichkeit vor dem Belastungs-EKG ergibt sich aus dem Alter, dem Geschlecht und dem Schmerzcharakter. In der Altersgruppe der über 60-Jährigen reicht der typische anginöse Thoraxschmerz bereits zur Diagnosestellung aus. Hier dient das zur Einschreibung notwendige Belastungs-EKG der Ermittlung der Angina-pectoris-Schwelle (siehe Abb. 2.2.2). Beim überwiegenden Teil der Patienten, nämlich den Frauen unter 60 und den Männern unter 50, ist die Diagnose durch alleinige Befragung nicht zu stellen.

Eine Besonderheit sind die Patienten mit Diabetes. Bei diesen ist an Hand von Alter, Geschlecht, Schmerzcharakter und dem Vorhandensein eines Diabetes die Diagnose KHK häufiger zu stellen (Tab. 2.2.3).

Der nun folgende Schritt ist das Belastungs-EKG. Das Belastungs-EKG hat nicht nur diagnostische Aussagekraft im Hinblick auf die Sicherheit der Diagnose, sondern auch prognostische und therapeutische Bedeutung. Die therapeutische Bedeutung liegt in der Bestimmung der Angina-pectoris-Schwelle. Diese kann unter medikamentöser Therapie messbar steigen.

Die Prognose eines KHK-Patienten lässt sich durch das Auftreten von Angina pectoris während der Belastung und durch die Tiefe der ST-Streckensenkung abschätzen. Dazu kann der

Abb. 2.2.1 Der Treadmill-Score für Patienten mit Merkmalen für ein hohes Risiko

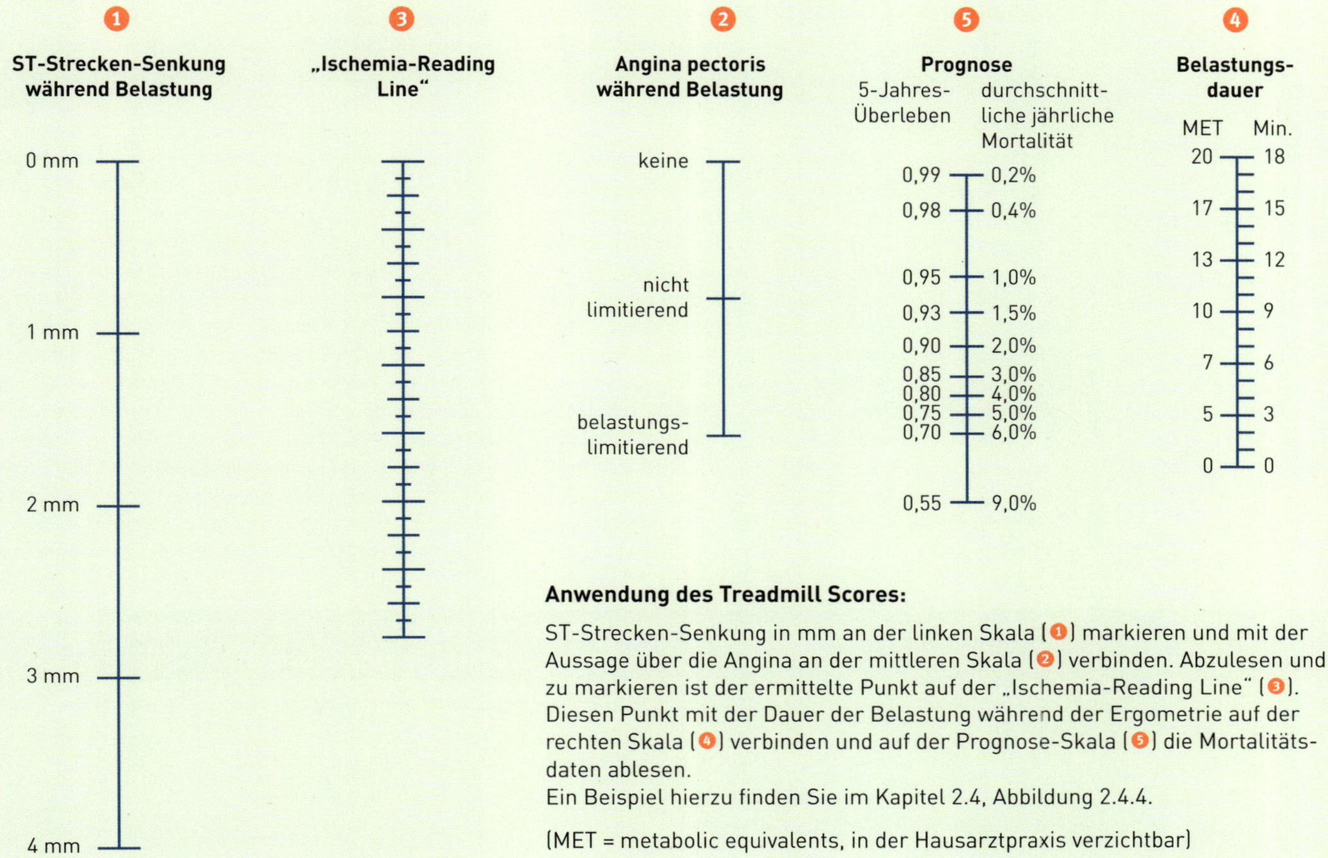

Anwendung des Treadmill Scores:

ST-Strecken-Senkung in mm an der linken Skala (1) markieren und mit der Aussage über die Angina an der mittleren Skala (2) verbinden. Abzulesen und zu markieren ist der ermittelte Punkt auf der „Ischemia-Reading Line“ (3). Diesen Punkt mit der Dauer der Belastung während der Ergometrie auf der rechten Skala (4) verbinden und auf der Prognose-Skala (5) die Mortalitätsdaten ablesen.
Ein Beispiel hierzu finden Sie im Kapitel 2.4, Abbildung 2.4.4.

(MET = metabolic equivalents, in der Hausarztpraxis verzichtbar)

„Treadmill-Score“ (Abb. 2.2.1) für Patienten mit Hochrisikomerkmalen (hier: tiefe ST-Senkung und Angina pectoris) dienen; ein Beispiel zum Treadmill-Score in Kapitel 2.4 (Abb. 2.4.4).

Korrekte Durchführung der Ergometrie

Leider sieht die Praxis häufig so aus, dass Patienten nicht ausbelastet werden, antianginös wirksame Substanzen nicht berücksichtigt wurden, hingegen bei Hypertonie Antihypertensiva am Tag der Belastung fälschlicherweise nicht gegeben wurden. Es sollte

- **die individuelle Sollleistung an Hand von Alter und Körpergröße ermittelt werden;**
- **die submaximale Zielfrequenz festgelegt werden (200 minus Lebensalter);**
- **die Belastungsstufe alle zwei Minuten um 25 W (bis maximal 50 W)gesteigert werden;**
- **die Sollleistung nach 8–10 Minuten erreicht werden;**
- **im Abstand von einer Minute Blutdruck und EKG dokumentiert werden;**
- **ein EKG-Monitoring fortlaufend möglich sein;**
- **das EKG in 12 Ableitungen geschrieben werden;**
- **eine anschließende Erholungsphase von sechs Minuten ebenso mit minütlichem EKG und Blutdruckwerten dokumentiert werden;**
- **die Einnahme von antianginös wirksamen Substanzen berücksichtigt werden.**

Die Aussage einer Ergometrie wird verringert, wenn der Patient seine Sollleistung und seine Zielfrequenz nicht erreicht. Patienten, die ihre Zielfrequenz nicht erreicht haben und noch weiter treten könnten, müssen unbedingt weiter bis zum Erreichen der Zielfrequenz belastet werden.

Antihypertensiva am Tag der Belastung **nicht absetzen!**

Indikation für ein Belastungs-EKG kann auch die Ermittlung der Angina-Schwelle sein

Die Fragestellung bei der Ergometrie ist vor der Durchführung vom Hausarzt festzulegen. Zur Einschreibung in das DMP ist sie eine andere als zur Therapieoptimierung. Zur Veranschaulichung sollen zwei Beispiele dienen:

Beispiel 1:
Patient A ist ein 55-jähriger Mann mit atypischem Thoraxschmerz, Nichtraucher, leerer Familienanamnese und hat seit acht Jahren eine arterielle Hypertonie. Er hat keinen Diabetes. Nach Tabelle 2.2.2 hat der Patient eine Vortestwahrscheinlichkeit für KHK von 59 %.
Die Ergometrie führt der Hausarzt mit der Fragestellung durch, ob eine KHK vorliegt. Hierzu belässt er die Vormedikation mit einem Diuretikum und einem ACE-Hemmer, um eine Blutdruckeskalation während der Ergometrie, die zum vorzeitigen Abbruch der Untersuchung führen könnte, zu vermeiden. Nach Erreichen seiner Zielfrequenz von 145/min und einer Sollleistung von 125 Watt entsprechend seiner Körpergröße weist der Patient eine ST-Streckensenkung von 2,5 mm in den Ableitungen V_{4-6} auf. Der Hausarzt diagnostiziert in diesem Fall korrekterweise eine KHK (mit 98 % Wahrscheinlichkeit).

Beispiel 2:
Patient B ist ein 75-jähriger Diabetiker mit typischer Angina pectoris. Der Hausarzt möchte bei dem Patienten eine Ergometrie durchführen. Zur Diagnosestellung bräuchte er dies nicht, weil die Diagnose bereits mit 97 % Wahrscheinlichkeit gestellt werden kann. Zur Einschreibung ist sie trotzdem notwendig, um die Angina-pectoris-Schwelle, die körperliche Leistung und den EKG-Verlauf unter Belastung als prognostischen Marker zu erfassen. Der Hausarzt belässt also die Medikation mit einem Betablocker, ASS, und natürlich auch die Insulintherapie. Während der Ergometrie zeigen sich bei 75 Watt ST-Streckensenkungen verbunden mit Angina pectoris. Da der Patient aus seiner täglichen Gartenarbeit sehr viel Lebensfreude gewinnt, erscheint die Angina-pectoris-Schwelle von 75 Watt nicht akzeptabel für den Patienten. Der Hausarzt fügt ein retardiertes orales Nitrat hinzu und wiederholt das Belastungs-EKG nach einer Woche. Jetzt kann der Patient beschwerdefrei 100 Watt treten und muss dann wegen muskulärer Erschöpfung abbrechen.

Tab. 2.2.4a Nachtestwahrscheinlichkeit für das Vorliegen einer koronaren Herzkrankheit bei Kombination von klinischen Daten und Befund im Belastungs-EKG bei Frauen (a) und Männern (b)

Nachtestwahrscheinlichkeiten für das Vorliegen einer koronaren Herzkrankheit in Abhängigkeit von Alter, Symptomatik und Ergebnis des Belastungs-EKG bei Frauen

Alter (Jahre)	nichtanginöser Brustschmerz						atypische Angina pectoris*						typische Angina pectoris					
	ST-Streckensenkung in mm						ST-Streckensenkung in mm						ST-Streckensenkung in mm					
	0–0,4	0,5–0,9	1,0–1,4	1,5–1,9	2,0–2,4	≥2,5	0–0,4	0,5–0,9	1,0–1,4	1,5–1,9	2,0–2,4	≥2,5	0–0,4	0,5–0,9	1,0–1,4	1,5–1,9	2,0–2,4	≥2,5
30–39	0,2%	0,7%	1,7%	3%	8%	24%	1%	4%	9%	16%	33%	63%	7%	24%	42%	60%	79%	93%
40–49	0,7%	3%	6%	11%	24%	53%	3%	12%	25%	39%	63%	86%	22%	53%	72%	84%	93%	98%
50–59	2%	8%	16%	28%	50%	78%	10%	31%	50%	67%	84%	95%	47%	78%	89%	94%	98%	99%
60–69**	5%	17%	33%	49%	72%	89%	21%	52%	72%	83%	93%	98%	69%	89%	95%	98%	99%	99,7%

Tab. 2.2.4b

Nachtestwahrscheinlichkeiten für das Vorliegen einer koronaren Herzkrankheit in Abhängigkeit von Alter, Symptomatik und Ergebnis des Belastungs-EKG bei Männern

Alter (Jahre)	nichtanginöser Brustschmerz						atypische Angina pectoris*						typische Angina pectoris					
	ST-Streckensenkung in mm						ST-Streckensenkung in mm						ST-Streckensenkung in mm					
	0–0,4	0,5–0,9	1,0–1,4	1,5–1,9	2,0–2,4	≥2,5	0–0,4	0,5–0,9	1,0–1,4	1,5–1,9	2,0–2,4	≥2,5	0–0,4	0,5–0,9	1,0–1,4	1,5–1,9	2,0–2,4	≥2,5
30-39	1,2%	5%	10%	19%	38%	68%	6%	21%	38%	55%	76%	92%	25%	68%	83%	91%	96%	99%
40-49	4%	13%	26%	41%	65%	87%	16%	44%	64%	78%	91%	97%	61%	86%	94%	97%	99%	99,6%
50-59	6%	20%	37%	53%	75%	91%	25%	57%	75%	86%	94%	98%	73%	91%	96%	98%	99%	99,8%
60-69**	8%	27%	45%	62%	81%	94%	32%	65%	81%	89%	96%	99%	79%	94%	97%	99%	99,5%	99,8%

* Nicht für koronare Herzerkrankung typischer Brustschmerz
** Die RSAV empfiehlt, die Zahlen in dieser Zeile auch für Patienten älter als 69 Jahre zu verwenden.

(orange) Nachtestwahrscheinlichkeit ≥90%

Nachtestwahrscheinlichkeit

Die Berechnung der Nachtestwahrscheinlichkeit nach Ergometrie soll, wie es im Begründungstext der RSAV formuliert ist, nach den Daten von Diamond, GA et al. erfolgen. Diese häufig als zu alt kritisierten Zahlen (Tab. 2.2.4a und b) sind bis dato die besten verfügbaren.

Häufige Fehldeutungen

Der Hausarzt wird immer wieder Patienten begegnen, die im Mittelfeld der Nachtestwahrscheinlichkeit anzusiedeln sind, also z.B. ein 45-jähriger Mann mit atypischer Angina und einer ST-Streckensenkung von 1,5 mm im Belastungs-EKG. Der Hausarzt kann diesen Patienten nicht in das DMP einschreiben. Aber er kann ihn behandeln! Er kann ihn so behandeln, wie er einen KHK-Patienten behandeln würde, wenn er denn überzeugt ist, dass es doch eine KHK ist. Der vielfach gezogene Schluss, solche Patienten müssen nun alle einer Herzkatheteruntersuchung zugeführt werden, um eingeschlossen zu werden, ist falsch und grotesk. Tritt dieser Patient auf dem Ergometer bis zu seiner ST-Streckensenkung beispielsweise 150 Watt und ist ansonsten symptomfrei, profitiert er in keiner Weise von einer Herzkatheteruntersuchung mit PCI.

Die 90%-Marge wurde gewählt, weil sie weitgehend vor Falscheinschreibungen schützt. Sie ist nicht dazu gedacht, einem Patienten bei Unterschreiten eine Behandlung vorzuenthalten. Der Hausarzt könnte den Patienten mit den Daten konfrontieren und ihm sagen, dass 64 % der Patienten seiner Befundkonstellation eine KHK haben, ihm dann die Daten über die Therapie präsentieren und ihn fragen, ob er trotz der verbliebenen Unsicherheit einen medikamentösen

Die 90%-Marge ist als Sicherheit vor Falscheinschreibung gedacht, nicht zur Vorenthaltung einer Behandlung

Abb. 2.2.2 Algorithmus zum diagnostischen Vorgehen bei Verdacht auf eine KHK

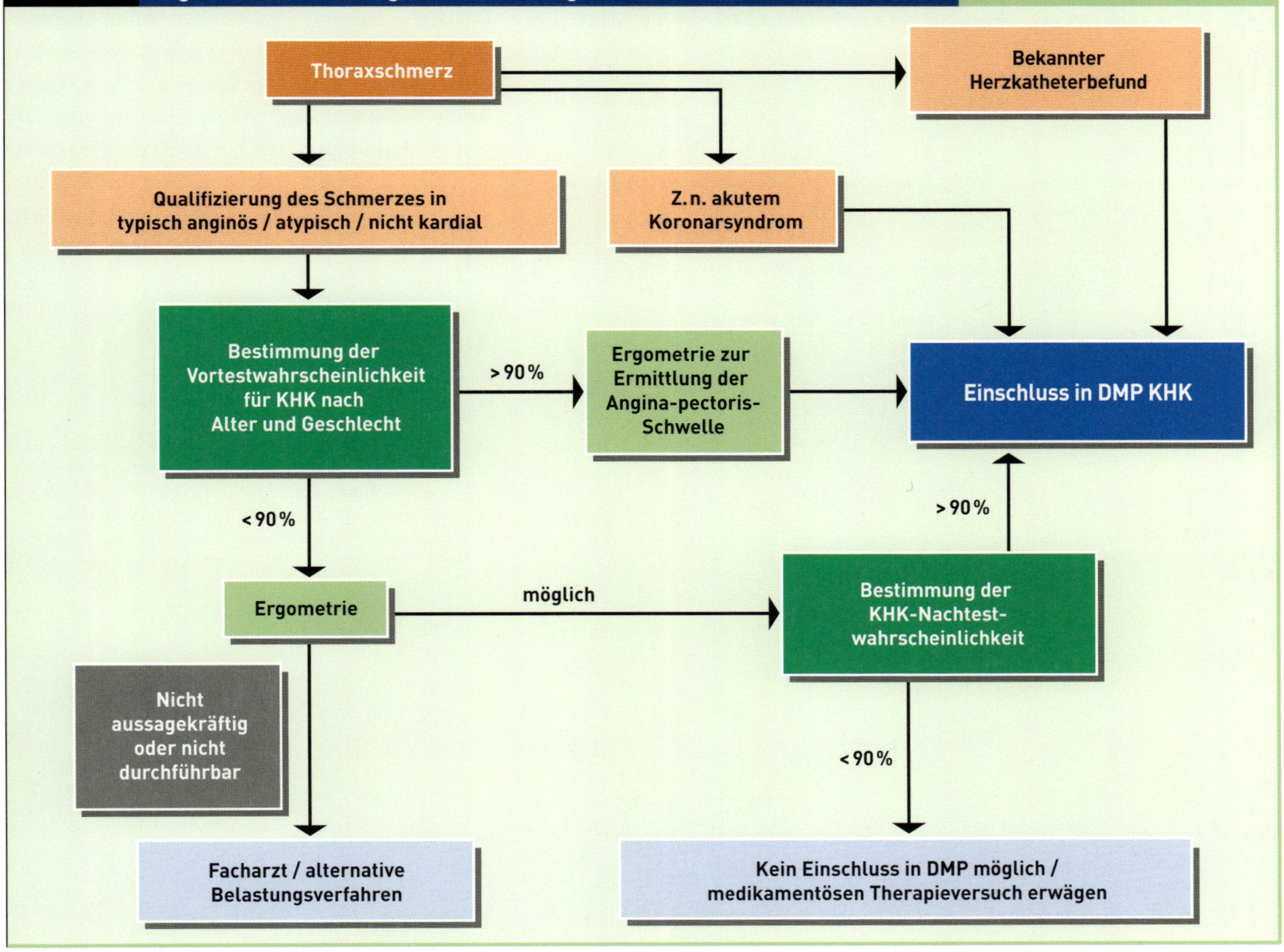

Therapieversuch mit einem Betablocker akzeptiert. Der Rückgang der Angina pectoris könnte dann ein weiteres Argument für eine KHK sein.

Wenn keine Ergometrie möglich ist

Wenn kein Belastungs-EKG möglich ist, kommen Stress-Echokardiographie und Myokardszintigraphie infrage

Bei etwa 5 bis 10 % der Patienten ist eine Ergometrie nicht durchführbar (Kniegelenkprobleme, extremer Kleinwuchs etc.) oder hat keine verwertbaren Ergebnisse (z. B. Linksschenkelblock). Solche Patienten können mit alternativen Belastungsmethoden (z. B. Stress-Echokardiographie, Myokardszintigraphie) untersucht werden. Hierzu ist in der Regel die Überweisung an einen dafür qualifizierten Facharzt notwendig.

Patienten mit „alter Diagnose KHK“

Neben den drei im RSAV-Text vorgesehenen und unter Punkt ❶ bis ❸ erläuterten Möglichkeiten für die Einschreibung wird der Hausarzt immer wieder auf Patienten treffen, die seit Jahren unter der Diagnose KHK behandelt werden, ohne dass dafür die genannten Kriterien erfüllt wären. Hinzu kommen Patienten, die eine antianginöse Therapie seit Jahren erhalten und (deshalb?) keine Angina pectoris haben.

Will der Hausarzt die vermutete Diagnose KHK bestätigen, kann eine sorgfältig dokumentierte Anamnese mit Angabe des typischen Angina-pectoris-Schmerzes zum Zeitpunkt X und das dokumentierte Belastungs-EKG eine Diagnosestellung auch im Nachhinein rechtfertigen.

Kann der Hausarzt nicht auf entsprechend dokumentierte Befunde zurückgreifen, kann erwogen werden, die antianginöse Therapie zunächst auszusetzen.

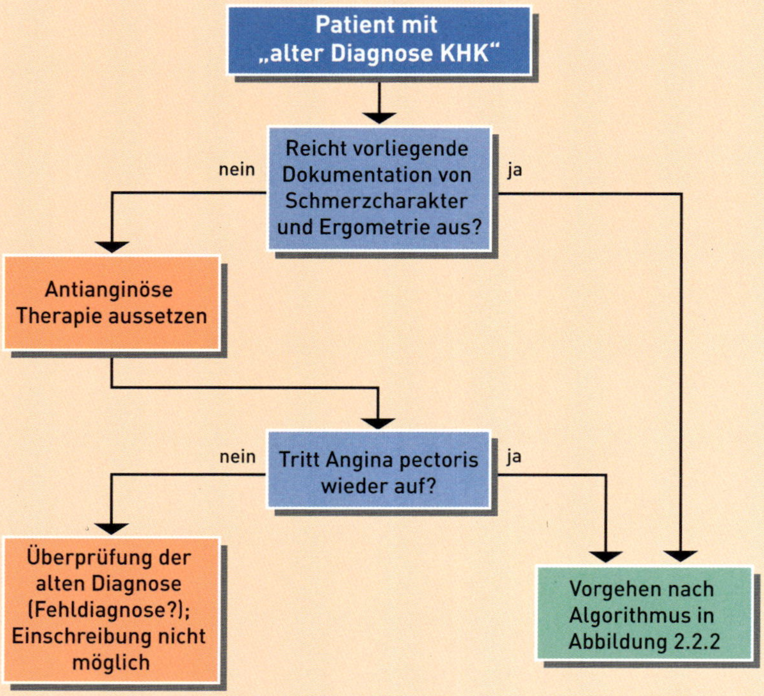

❸ Ein positiver Katheterbefund liegt vor

Ein Herzkatheterbefund liegt vor, der Gefäßstenosen zeigt. Es handelt sich dabei um Patienten, bei denen in der Vergangenheit aus irgendeinem Grund eine Herzkatheteruntersuchung durchgeführt wurde und die vom Hausarzt weiterbehandelt werden. Diese können mit gesicherter Diagnose eingeschlossen werden.

Fazit

Neben dem stattgehabten Koronarsyndrom ist es im Wesentlichen der Umgang mit der Differentialdiagnose des Thoraxschmerzes, der die Diagnose „KHK“ erlaubt. Mag es auf den ersten Blick bürokratisch anmuten, den Schmerz mit Alter und Geschlecht in eine Wahrscheinlichkeitsziffer zu pressen, so ist es doch eine gute Hilfe für den Hausarzt, den Grad der Sicherheit der Diagnose in Zahlen auszudrücken. Für den Patienten transparenter lassen sich Therapieversuche und Unsicherheiten besser begründen, der Patient kann in die Entscheidungen einbezogen werden. Die Herzkatheterdiagnostik als Motiv zur Einschreibung ist unsinnig und belastet den Patienten durch ein unvertretbares Risiko und auch den Hausarzt durch inadäquate Diagnostik.

Literatur zum Thema

1. Diamond GA, Forrester JS. Analysis of probability as an aid in the clinical diagnosis of coronary artery disease. N Engl J Med 1979;300:1350–8.
2. ACC/AHA 2002 Guideline Update for Exercise Testing.
3. Arbeitsgruppe „Praktische evidenz-basierte Medizin“, St. Franziskus Hospital Köln: Entscheidungsgrundlage zur evidenzbasierten Diagnostik und Therapie für die KHK.
4. Evidenzbasierte Entscheidungsgrundlagen zur Diagnostik und Therapie bei Disease Management Programmen: http://www.dmp-aok.de/bund/rd/114.htm

Norbert Donner-Banzhoff, Christiane Muth, Julia Rohe, Martin Beyer

Häufige Begleit- und Folgeerkrankungen

Je älter die Menschen sind, desto häufiger leiden sie an koronarer Herzkrankheit (KHK). Da derselbe Zusammenhang auch für Hypertonie, Diabetes mellitus Typ 2, chronisch-obstruktive Lungenerkrankung und andere wichtige chronische Krankheiten gilt, finden wir bei älteren Patienten hausärztlicher Praxen oft mehrere chronische Erkrankungen gleichzeitig. Meist ist mehr als ein Spezialgebiet berührt; so fällt dem Hausarzt die Aufgabe zu, für eine einheitliche und abgestimmte Behandlung zu sorgen.

Dabei sind die Wechselwirkungen zwischen der KHK und anderen Erkrankungen zu bedenken. Bei der Vielzahl der heute verfügbaren Medikamente stellen gerade auch die Wechselwirkungen verschiedener Dauermedikationen für den Hausarzt eine Herausforderung dar.

Hypertonie

Die Behandlung eines Patienten mit KHK und Hypertonie wird dadurch erleichtert, dass die jeweils indizierten Medikamente zu einem großen Teil identisch sind. In Tabelle 2.3.1 sind die vier wichtigen Gruppen antihypertensiver Substanzen aufgeführt, wobei im Zusammenhang mit der KHK einschlägige Therapieziele ebenfalls genannt sind.
Vergleichende Untersuchungen einzelner Antihypertensiva haben insgesamt keine relevanten Unterschiede in Bezug auf klinische Endpunkte nachweisen können (1). Die Auswahl der vier genannten Gruppen kann deshalb nach individueller Verträglichkeit und KHK-relevanten Koindikationen getroffen werden, wobei den Betablockern wegen ihrer günstigen prognostischen Wirkung nach Myokardinfarkt eine besondere Bedeutung zukommt. Wichtig ist eine ausreichende Blutdrucksenkung auf 140/90 mmHg; die Mehrzahl der Patienten benötigt dazu erfahrungsgemäß eine Kombination mehrerer Substanzen. Kalziumantagonisten sind wegen ihrer negativ inotropen Wirkung bei Herzinsuffizienz zu vermeiden.
Strittig ist, ob ACE-Hemmer über die Blutdrucksenkung hinaus bei Hochrisikopatienten (z.B. KHK) die Prognose positiv beeinflussen. Nachdem die HOPE-Studie (2) dies zunächst zu demonstrieren schien, ist der postulierte Effekt inzwischen wieder infrage gestellt: Langzeitmessungen einer Untergruppe ergaben im Vergleich zur Kontrollgruppe deutliche Blutdrucksenkungen während der Nacht (3). Jedenfalls sollte durch die Auswahl geeigneter Substanzen (lange Wirkdauer, eine Dosis/Tag) und Messmethoden (Selbstmessung, Langzeitblutdruck) sichergestellt werden, dass der Blutdruck rund um die Uhr im Zielbereich liegt.
Die synergistische Wirkung vieler Substanzen bei Hypertonie und KHK hat ihre Parallele bei Verhaltensmodifikationen. Eine Gewichtsreduzierung bei Adipösen durch Diät und ausrei-

Der Hausarzt hat bei multimorbiden Patienten die Aufgabe, für eine einheitliche und abgestimmte Therapie zu sorgen

Tab. 2.3.1 Antihypertensiva

Gruppe	Indikationen bei KHK und deren Folgeerkrankungen
Diuretika	Herzinsuffizienz
Betablocker	Angina pectoris, Z.n. Myokardinfarkt, Herzinsuffizienz, tachykarde Rhythmusstörungen
ACE-Hemmer (AT_1-Blocker)	Herzinsuffizienz
Kalziumantagonisten	Angina pectoris, tachykarde Rhythmusstörungen (Verapamil)

An Rhythmusstörungen denken bei
- Synkope
- Schwindel
- Müdigkeit, Leistungsknick
- Palpitationen
- Dyspnoe

Bei Vorhofflimmern genügt meist die Kontrolle der Kammerfrequenz

chende körperliche Bewegung bei allen Betroffenen sorgen bei beiden Erkrankungen für verbessertes Wohlbefinden; außerdem kann hier von (sekundär-)präventiven Effekten ausgegangen werden. Allerdings sollte bei Patienten mit KHK der o.g. Zielblutdruck zügig erreicht werden und nicht zu lange auf das Greifen nichtmedikamentöser Maßnahmen gewartet werden. Ggf. kann die antihypertensive Medikation nach einer deutlichen Gewichtsabnahme des Patienten wieder reduziert werden.

Herzrhythmusstörungen

Bei Patienten mit KHK sind Herzrhythmusstörungen relevant, weil sie Ursache von lästigen oder unangenehmen Symptomen sein können. Außerdem stellen bestimmte Arrhythmien einen Risikofaktor für Thromboembolien, koronare Ereignisse oder Tod dar.
Die berühmte CAST-Studie (4) zwang zum kritischen Überdenken der antiarrhythmischen Behandlung. Bei dieser Untersuchung zeigte sich nämlich, dass unter antiarrhythmischer Therapie die Sterblichkeit kardialer Hochrisikopatienten höher war als in der Kontrollgruppe unter Plazebo. Dieses Ergebnis war umso irritierender, als sich die Befunde im Langzeit-EKG unter den antiarrhythmischen Medikamenten eindeutig gebessert hatten!
Diese Studienergebnisse warfen ein kritisches Licht nicht nur auf zwei antiarrhythmische Substanzen, sondern auf unsere Herangehensweise an Rhythmusstörungen insgesamt. Seitdem ist zu fordern, dass Diagnostik und therapeutische Maßnahmen ihren Nutzen in kontrollierten Studien mit klinisch relevanten Endpunkten unter Beweis stellen müssen.
Gleichzeitig werden wir Zeugen einer rasanten technischen Entwicklung völlig neuartiger Behandlungsverfahren. Dazu gehören immer ausgefeiltere Herzschrittmacher, die Hochfrequenzablation von Leitungsbündeln und implantierbare Defibrillatoren (ICD), die maligne ventrikuläre Tachykardien unterbrechen. Der genaue Stellenwert dieser Maßnahmen, die nicht nur extreme Kosten verursachen, sondern auch große Beeinträchtigungen für den Patienten zur Folge haben können, ist allerdings in keinem Gesundheitssystem befriedigend geklärt.

Symptome

Folgende Symptome sollten beim Hausarzt differentialdiagnostische Überlegungen in Bezug auf Herzrhythmusstörung veranlassen; angegeben sind außerdem wichtige und in der Praxis häufigere Differentialdiagnosen:
- Synkopen (DD vagale oder orthostatische Synkope);
- Schwindel (DD idiopathischer Schwindel);
- Müdigkeit, Leistungsknick (DD Depression);
- Palpitationen, d.h. die subjektive Wahrnehmung eines abnormen Herzschlages (DD Somatisierung, Angststörung);
- Dyspnoe, Ödeme (DD Herzinsuffizienz bei normalem Rhythmus).

Eine körperliche Untersuchung und ein Ruhe-EKG sind in diesen Situationen auf jeden Fall indiziert. Da jedes dieser Symptome vieldeutig ist, d.h. eine relevante und therapeutisch beeinflussbare Rhythmusstörung nur in einer Minderzahl der Fälle vorliegt, sollte die weitere Diagnostik von der individuellen Situation abhängig gemacht werden (Langzeit-EKG, Echokardiographie, invasive elektrophysiologische Testung). Dazu ist vielfach die Überweisung zum Kardiologen sinnvoll.

Aufgaben des Hausarztes

Zusammen mit dem Kardiologen muss der Hausarzt kritisch abschätzen, ob ein Symptom oder ein Befund tatsächlich auf eine Rhythmusstörung zurückzuführen ist. (Sind die im Langzeit-EKG nachgewiesenen Bradykardien tatsächlich die Ursache des Schwindels bei der 83-jährigen Patientin, die außerdem noch einen Diabetes und eine Altersdepression hat?) Die Entscheidung über den Beginn einer antiarrhythmischen Behandlung wird der Hausarzt meist dem Kardiologen überlassen. Eine Ausnahme kann das häufige Vorhofflimmern darstellen. Allerdings wird der Hausarzt Wirkung und Nebenwirkung einer vom Kardiologen begonnenen Behandlung unabhängig von der Teilnahme des Patienten am DMP KHK regelmäßig kontrollieren müssen. Hausärztliche Aufgabe – ebenfalls unabhängig von der Teilnahme des Patienten an dem DMP KHK – ist es ferner, behebbare spezifische Ursachen von Rhythmusstörungen zu identifizieren (z.B. Elektrolytstörungen, Hyperthyreose, Anämien).

Therapie

Mögliche Therapieoptionen ergeben sich aus:
- einer fühlbaren Beeinträchtigung des Patienten oder
- der Möglichkeit, die Prognose günstig zu beeinflussen.

Ein Beispiel für die erste Situation wäre ein jüngerer Mensch, der durch Vorhofflimmern in seiner körperlichen Belastbarkeit eingeschränkt ist; hier ist tatsächlich eine Rhythmisierung anzustreben. Bei einem älteren Menschen mit entsprechenden Risikofaktoren (s. u.), der durch die Rhythmusstörung nicht unmittelbar beeinträchtigt ist, dient dagegen eine Antikoagulation der Prävention von Schlaganfällen, d. h. der Besserung der Prognose (siehe Kasten.)

Herzinsuffizienz

Die chronische Herzinsuffizienz ist eine der schwer wiegenden Folgen der KHK: Etwa jeder zehnte Patient nach Herzinfarkt ist davon betroffen und die häufigste Ursache für eine Herzinsuffizienz ist die KHK (8). Neue Therapien können die Prognose der Herzinsuffizienz, die Symptome und die Lebensqualität substantiell beeinflussen und erfordern darum die rechtzeitige Diagnosestellung.
Andere wichtige Ursachen für eine Herzinsuffizienz:
- **Hypertonie;**
- **Kardiomyopathie;**
- **valvuläre und kongenitale Ursachen (Mitralis- und Aortenklappe, Vorhof-/Ventrikelseptumdefekt);**
- **toxisch: Alkohol, Medikamente;**
- **Hyperthyreose;**
- **Anämie.**

Symptome und klinische Zeichen

Die häufigsten Symptome der Herzinsuffizienz sind Dyspnoe, Müdigkeit, Belastungsintoleranz und Flüssigkeitsretention (Ödeme, Nykturie), ohne dass diese jedoch zuverlässig mit der Schwere der Herzinsuffizienz korrelieren würden. Vielfach werden auch Anorexie, abdominelle Beschwerden, Obstipation und zentralnervöse Symptome wie Schwindel, Verwirrtheitszustände und Gedächtnisstörungen angegeben (10).

Entscheidungen über die Therapie bei Herzrhythmusstörungen anhand von Fallbeispielen

› Beispiel 1: Vorhofflimmern

Diese Rhythmusstörung ist nicht nur häufig, sondern wir können auch ihre Auswirkungen therapeutisch beeinflussen. Durch neue Studienergebnisse haben sich die Vorgaben für die Behandlung in der Praxis geändert.

– Frequenzkontrolle oder Rhythmisierung?

In mehreren randomisierten kontrollierten Studien (5, 6) sind zwei Strategien verglichen worden: a) Überführung in den Sinusrhythmus mit Medikamenten und/oder elektrischer Kardioversion oder b) die Frequenzkontrolle mit Digitalis, Betablockern bzw. Kalziumantagonisten. Dabei hat sich gezeigt, dass die Rhythmisierung der Frequenzkontrolle weder in Bezug auf die Symptomatik noch auf die Prognose überlegen war. Zumindest für die in den aktuellen Studien untersuchten Patientengruppen (nichtvalvuläres Vorhofflimmern, ältere Menschen, normale linksventrikuläre Funktion) genügt deshalb eine Frequenzkontrolle. Allerdings wurde die Indikation zur Antikoagulation in den Studien großzügig gestellt. Der Versuch der Überführung in einen Sinusrhythmus ist seit diesen Studien nur noch bei störenden Symptomen indiziert.

– Antikoagulation

Vorhofflimmern ist ein Risikofaktor für Embolien im arteriellen System, v. a. Schlaganfälle. Durch eine Antikoagulation (z. B. mit Phenprocoumon, Ziel: INR 2,0–3,0) ist hier eine relative Risikoreduktion von über 60 % zu erreichen (7). Allerdings setzt sich dieser Effekt nur bei Menschen mit einem hohen Risiko in eine bedeutsame absolute Risikoreduktion um. Dieses lässt sich mit folgendem Schema bestimmen (CHADS$_2$-Score, deutsch: HIDAS$_2$):
1 Punkt wird für jeweils die folgenden Bedingungen gegeben:
Hypertonie; Herzinsuffizienz; D. mellitus; Alter ≥ 75;
2 Punkte für TIA oder Schlaganfall in der Anamnese.
Daraus ergeben sich folgende Wahrscheinlichkeiten für einen künftigen Schlaganfall:

HIDAS$_2$-Punkte	Schlaganfall-Risiko pro Jahr (% gerundet)	Absolute Risikoreduktion (%)
0	2	1
1	3	2
2	4	3
3	6	4
4	8,5	6
5	12,5	8
6	18	12

Entsprechend der relativen Risikoreduktion von 60 % sind vom Schlaganfallrisiko jeweils zwei Drittel zu subtrahieren: Diese Patienten profitieren. So würde bei vier Punkten das absolute Risiko für einen Schlaganfall 8,5 % pro Jahr betragen. Ungefähr sechs von diesen Ereignissen könnten durch die Antikoagulation verhindert werden, d. h. sechs von 100 Patienten dieser Risikoklasse profitieren von der Antikoagulation (absolute Risikoreduktion). Voraussetzung ist allerdings, dass alle 100 Personen das Mittel einnehmen! Dabei beträgt das Risiko für zusätzliche intrakranielle Blutungen unter Antikoagulation 0,2 % pro Jahr. Idealerweise sollten die berechneten Therapieeffekte dem Patienten anschaulich demonstriert und eine gemeinsame Entscheidung von Patient und Arzt getroffen werden.

› Beispiel 2: Ventrikuläre Arrhythmien

Hochrisikopatienten (v. a. solche nach einem Myokardinfarkt) haben unter einem Betablocker eine verbesserte Prognose; die Verhütung maligner ventrikulärer Tachykardien ist sicher ein entscheidender Wirkmechanismus. Jeder Hausarzt sollte deshalb bei seinen Post-Infarkt-Patienten prüfen, ob die Dauermedikation einen Betablocker beinhaltet.
Die Behandlung spezifischer ventrikulärer Rhythmusstörungen ist jedoch als die Aufgabe des Kardiologen anzusehen. Eine besondere Aufmerksamkeit gilt den Überlebenden eines Herzstillstandes durch eine ventrikuläre Tachykardie oder Flimmern. Hier ist u. U. ein ICD zu diskutieren; Medikamente werden in dieser Situation wegen ihres arrhythmogenen Potenzials heute wesentlich zurückhaltender eingesetzt als früher.

Ein klinischer Verdacht auf Herzinsuffizienz sollte echokardiographisch bestätigt werden

Viele klinische Untersuchungsbefunde zeigten in Studien schlechte Sensitivität und Spezifität, wie z. B. basale pulmonale Rasselgeräusche (Sensitivität 13 %, Spezifität 35 %); auch ein dritter Herzton war wenig spezifisch. Als bester Indikator mit 66 %iger Sensitivität und 99 %iger Spezifität konnte ein pathologischer Herzspitzenstoß (verbreitert und/oder verlagert) ermittelt werden. Ein erhöhter Jugularvenendruck ist nur selten anzutreffen, ist jedoch ebenfalls hoch spezifisch (11). Insgesamt steigt die Wahrscheinlichkeit für das Vorliegen einer Herzinsuffizienz beim Auftreten mehrerer Zeichen und Symptome, sodass eine genaue Anamnese und gründliche körperliche Untersuchung in einem systematischen Review in 70 % der Fälle eine korrekte Diagnose erbrachten (11).

Stadien der Herzinsuffizienz

Die Stadieneinteilung der chronischen Herzinsuffizienz in der Klassifikation der New York Heart Association (NYHA-Stadien) (9) folgt funktionellen Aspekten, wobei jedoch allen Stadien eine Einschränkung der linksventrikulären Funktion zugrunde liegt:

- I Asymptomatische Herzinsuffizienz (Herzerkrankung ohne körperliche Einschränkung);
- II Herzerkrankung mit leichter Einschränkung der körperlichen Leistungsfähigkeit, keine Beschwerden in Ruhe;
- III Herzerkrankung mit höhergradiger Einschränkung der Leistungsfähigkeit, keine Beschwerden in Ruhe;
- IV Herzerkrankung mit Beschwerden bei allen körperlichen Aktivitäten und in Ruhe.

Nichtpharmakologische Maßnahmen

Bei Herzinsuffizienz: gegen Grippe und Pneumokokken impfen!

Während es zur Pharmakotherapie eine große Zahl klinischer Studien gibt, sind die Effekte von Maßnahmen, die den Lebensstil beeinflussen, nur ungenügend untersucht worden. Es herrscht jedoch breiter Konsens darüber, mit dem Rauchen aufzuhören und den Alkoholverbrauch zumindest einzuschränken (Arrhythmien, Flüssigkeitsbelastung).

Die Regulierung des Flüssigkeitshaushaltes spielt eine zentrale Rolle. Eine maximale Flüssigkeitsaufnahme von 2 Liter/Tag und bei schwerer Herzinsuffizienz 1,5 bis 1 Liter/Tag bei gleichzeitiger Salzrestriktion auf maximal 3 Gramm/Tag werden in verschiedenen Leitlinien empfohlen (9, 10, 18). Beides ist schwer umsetzbar, da unter Diuretika häufig verstärktes Durstgefühl einsetzt und gleichzeitig andere Medikamente das Geschmacksempfinden einschränken; dies wiederum lässt die Patienten ihre Speisen stärker salzen. Neben der Information über diese Zusammenhänge spielen praktische Verhaltenstipps eine wichtige Rolle. Dazu können Anleitungen zum Messen der Einfuhr, bewährte Tricks, die auch Dialysepatienten zur Überwindung des Durstgefühls einsetzen (Lutschen von Eiswürfeln, Zitronenscheiben o. ä.) und individuelle Ernährungsberatungen beitragen.

Der mortalitäts- und morbiditätsreduzierende Effekt körperlichen Trainings konnte in Studien ausreichend belegt werden (12). Patienten mit stabiler chronischer Herzinsuffizienz sollten zu einer regelmäßigen moderaten dynamischen Betätigung wie Radfahren oder Laufen ermuntert werden. Körperliche Schonung und Bettruhe sind nur bei fortgeschrittener Herzinsuffizienz mit Ruhedyspnoe indiziert.

Akute Dekompensationen der Herzinsuffizienz nehmen häufig ihren Ausgang von Atemwegsinfekten. Zur Vermeidung schwerer Infektionen insbesondere der Lunge, sollten dem Patienten Präventionsmaßnahmen wie Grippeschutzimpfung und Pneumokokkenimpfung ermöglicht werden (10, 17, 18).

Selbstmonitoring

Das zentrale Element ist die tägliche Gewichtskontrolle des Patienten. Gewichtszunahmen von mehr als 1 kg in 24 Stunden oder mehr als 2 kg pro Woche sollten ihn dazu veranlassen, umgehend den Hausarzt zu konsultieren (9, 10, 18).

Pharmakotherapie

In der medikamentösen Therapie der Herzinsuffizienz kommen zwei unterschiedliche Therapieziele zum Tragen. Einige Pharmaka, wie z. B. ACE-Hemmer und Betablocker, senken die Sterblichkeit und verbessern die Prognose. Demgegenüber können z. B. Diuretika nur die Symptome beherrschen. Prognoseverbessernde Medikamente sollten bei Fehlen von Kontraindikationen (siehe Tab. 2.3.2) keinem Patienten mit Herzinsuffizienz vorenthalten werden. Symptomverbessernde Therapien finden je nach Situation im Einzelfall statt, wenngleich Diuretika fast immer erforderlich sind.

Therapie mit prognoseverbesserndem Effekt

Alle Patienten mit einer echokardiographisch nachgewiesenen eingeschränkten linksventrikulären Funktion sollten bei Fehlen von Kontraindikationen mit einem ACE-Hemmer (13) und einem Betablocker (14) behandelt werden (wobei asymptomatische Patienten keine statistisch signifikante Lebensverlängerung erwarten können [15]). Beide Substanzgruppen wiesen in klinischen Studien synergistische positive Effekte auf die Sterblichkeit, den progredienten Verlauf und die Rate an Krankenhauseinweisungen auf. Dabei sollte zunächst ein ACE-Hemmer gegeben werden, beginnend mit niedrigen Anfangsdosen und allmählicher Auftitrierung bis zum Erreichen der Ziel- bzw. maximal tolerierten Dosis.

Zum ACE-Hemmer ist zumeist ein Diuretikum zur Therapie der Flüssigkeitsretention erforderlich. Bei Normovolämie und Fehlen von Kontraindikationen ist in ebenso einschleichender Dosierung der Betablocker einzusetzen, vorzugsweise Carvedilol, Metoprolol oder Bisoprolol, weil nur bei diesen ein lebensverlängernder Effekt nachgewiesen ist. Je schwerer die Herzinsuffizienz ist, desto vorsichtiger ist die Initiierung beider Substanzen vorzunehmen; andererseits profitierten Patienten mit mäßiger bis schwerer Herzinsuffizienz am meisten von dieser Therapie. Bei Problemen bei der Einstellung sollte der Rat eines Spezialisten eingeholt werden oder eine stationäre Einstellung erwogen werden.

Trockener Husten als Folge der Therapie mit einem ACE-Hemmer trat in den Studien nur sehr selten auf und führte nicht bei allen Patienten zum Therapieabbruch. Andere Ursachen des Hustens wie die Herzinsuffizienz selbst oder eine begleitende COPD waren wesentlich häufiger und viele Patienten waren bereit, den Husten zu akzeptieren, wenn sie über die Ungefährlichkeit aufgeklärt wurden und sie über den Nutzen der Therapie informiert waren. Bei quälendem Husten oder anderen Intoleranzen kann auf Angiotensin-II-Antagonisten (AT_1-Blocker) gewechselt werden, deren günstige Effekte auf Mortalität und Morbidität zwar gezeigt werden konnten, jedoch inkonsistenter sind. Auch ist bislang ungeklärt, ob sie die gleichen starken Effekte auf die Outcomes haben wie ACE-Hemmer (16).

Tab. 2.3.2 Wichtige Kontraindikationen für Medikamente bei Herzinsuffizienz

> **Kontraindikationen für ACE-Hemmer:**
bilaterale Nierenarterienstenosen, Angioödem oder andere Intoleranzreaktionen in der Anamnese, Stenosen im Ausflusstrakt (hypertrophe obstruktive Kardiomyopathie [HOCM] und hämodynamisch bedeutsame valvuläre Stenosen), Schwangerschaft, Lipidelektrophorese mit Dextran-Sulfat-Membranen.
Bei Hyperkaliämie >5 mmol/l, Niereninsuffizienz mit Serumkreatinin >2 mg/dl keine Therapie mit einem ACE-Hemmer beginnen → Überweisung zum Spezialisten oder stationäre Einstellung.

> **Kontraindikationen für Betablocker:**
symptomatische Bradykardie und Hypotonie, AV-Blockierungen II. oder III. Grades ohne Schrittmacherversorgung, kürzlich erfolgte i.v.-Therapie mit positiv inotropen Substanzen.
COPD ist nur eine relative Kontraindikation! Versuch mit kardioselektiven Betablockern.

Für eine weitere Substanz konnte ein prognoseverbessernder Effekt demonstriert werden: Niedrigdosiertes Spironolacton (25 mg/d) zeigte bei Patienten mit NYHA III und IV bei gleichzeitig bestehender Standardtherapie (s. o.) einen zusätzlichen mortalitätssenkenden Effekt. Hier sind jedoch engmaschige Kontrollen von Kreatinin und Kalium erforderlich, weil diese regelhaft unter Therapie ansteigen und unkontrolliert z. B. zu lebensbedrohlichen hyperkaliämischen Bradyarrhythmien führen können.

Therapie mit symptomverbesserndem Effekt

Dazu zählen verschiedene Diuretika bei Patienten mit Zeichen der Flüssigkeitsretention (NYHA II bis IV). Bei der gleichzeitigen Verwendung kaliumsparender Diuretika und ACE-Hemmer muss auf Elekrolytverschiebungen geachtet werden. Thiazide sind bei Serumkreatininwerten oberhalb 1,8 mg/dl bzw. einer Kreatininclearance unter 30 ml/min (17) nicht mehr wirksam und es sollte auf Schleifendiuretika umgestellt werden.

Digitalisglykoside haben sich bei Männern mit Sinusrhythmus, die unter einer Vierertherapie (ACE-Hemmer/AT_1-Blocker, Diuretikum, Betablocker, Spironolacton) symptomatisch bleiben, als wirksam erwiesen, ebenso bei Vorhofflimmern und schneller Überleitung. Zu beachten sind die geringe therapeutische Breite und die teilweise erheblichen Wechselwirkungen mit anderen Pharmaka zur Therapie der Herzinsuffizienz.

ACE-Hemmer und Betablocker verbessern die Prognose bei Herzinsuffizienz

Bei Herzinsuffizienz Vorsicht mit Medikamenten, die folgende Effekte auslösen:

- Flüssigkeitsretention (z. B. NSAR, Kortikoide, Minoxidil; Lakritze);
- negative Inotropie (z. B. Antiarrhythmika, Kalziumantagonisten, Carbamazepin, trizyklische Antidepressiva, Itraconazol);
- Laktatazidose (Metformin bei NYHA III oder IV vermeiden)

Sulfonylharnstoffe werden bei Diabetikern mit KHK kontrovers diskutiert

ISDN wird empfohlen bei Patienten mit Kontraindikationen/Intoleranzen für ACE-Hemmer und AT_1-Blocker, insbesondere bei Niereninsuffizienz und schwerer Hypotonie. Die Evidenzlage ist jedoch aufgrund mangelhafter Studienqualität unzureichend.

Medikamente, die bei Herzinsuffizienz vermieden werden sollten

Nichtsteroidale Antirheumatika (NSAR) sollten wegen der Abschwächung der prognoseverbessernden Wirkung von ACE-Hemmern vermieden werden, insbesondere bei eingeschränkter Nierenfunktion. Negativ inotrope Substanzen wie viele Antidepressiva, Verapamil und weitere Antiarrhythmika sollten ebenso wie rasche parenterale Volumenzufuhr vermieden werden. Darüber hinaus sind die unter chronischer Herzinsuffizienz veränderte Stoffwechsellage für zahlreiche Pharmaka und signifikante Wechselwirkungen zu berücksichtigen (17, 19). Niedrigdosierte Acetylsalicylsäure interferiert nicht mit der Wirkung von ACE-Hemmern.

Patienten sollten darauf hingewiesen werden, dass eine Reihe frei verkäuflicher Präparate bei Herzinsuffizienz nicht angewendet werden darf und dass weitere wie z. B. Johanniskraut enthaltende Zubereitungen (Induktion des Cytochrom-P450-Systems) die Wirksamkeit anderer Medikamente reduzieren können. Lakritze sollte aufgrund der damit verbundenen Flüssigkeitsretention ebenfalls vermieden werden (19).

Depression

Eine Depression ist bei KHK wie auch anderen chronischen Erkrankungen nicht nur sehr häufig anzutreffen, sie stellt auch einen negativen prognostischen Faktor für Morbidität und Mortalität dar.

Die hausärztliche Langzeitbetreuung zielt durch Hilfen zur Krankheitsbewältigung und Krankheitsüberzeugungen darauf, eine Depression zu verhindern. Andererseits muss eine vorhandene Depression sicher erkannt und behandelt werden. (Siehe dazu auch Kapitel 2.10.)

Medikamentöse Behandlung

Gerade bei ausgeprägter depressiver Symptomatik kann eine Überweisung zur psychiatrischen bzw. psychotherapeutischen Behandlung erforderlich sein. Beim Einsatz von Medikamenten ist zu beachten, dass Trizyklika Rhythmusstörungen verursachen können.

Diabetes mellitus Typ 2

Bei Diabetikern ist das Risiko einer koronaren Herzkrankheit zwei- bis sechsfach höher als in der Normalbevölkerung (25). Es kann geschätzt werden, dass 10–20 % der Patienten im DMP KHK zusätzlich an Diabetes mellitus Typ 2 erkrankt sind. Die KHK und auch akute Myokardinfarkte verlaufen bei Diabetikern häufiger asymptomatisch und die Morbidität und Mortalität bei Diabetikern nach akutem Herzinfarkt sind höher als bei Herzinfarktpatienten ohne Diabetes (26).

Bei Patienten mit Diabetes mellitus Typ 2 und KHK steht die Behandlung der KHK und ggf. einer arteriellen Hypertonie im Vordergrund. Dazu gehören die medikamentösen und nichtmedikamentösen Therapien (siehe Kapitel 2.5 und 2.6) inklusive Lebensstilveränderung (Rauchen und Ernährung). Die Behandlung der Hyperglykämie bei Diabetikern mit KHK erfolgt prinzipiell nach den gleichen Grundsätzen wie bei herzgesunden Diabetikern. Im Folgenden werden vor allem die Besonderheiten der Behandlung des Typ-2-Diabetes bei KHK-Patienten dargestellt.

Die blutzuckersenkende Therapie sollte mit den nichtmedikamentösen Maßnahmen – Gewichtsreduktion und Steigerung der körperlichen Aktivität – begonnen werden. Dies hat bei Berücksichtigung der körperlichen Belastbarkeit auch positive Effekte auf die KHK und die Herzinsuffizienz. Werden die individuellen Therapieziele nach drei bis sechs Monaten nicht erreicht, sollte jedoch die medikamentöse Therapie eingeleitet werden.

Der klinische Nutzen von Metformin, Glibenclamid, Humaninsulin und Schweineinsulin konnte hinsichtlich Blutzuckersenkung, Morbidität und Mortalität in Studien an herzgesunden Patienten belegt werden. Bei Patienten mit koronarer Herzkrankheit besteht jedoch Unsicherheit darüber, ob orale Antidiabetika mehr nutzen als schaden. Es gibt – teilweise widersprüchliche – Hinweise darauf, dass Sulfonyl-

harnstoffe das Myokard bei einer möglichen Ischämie vulnerabler machen (Verhinderung des „Preconditioning“) (27, 28).
Bei übergewichtigen Patienten kann Metformin als Therapie der ersten Wahl eingesetzt werden (sofern keine Kontraindikationen vorliegen). Können die Therapieziele nach etwa drei Monaten nicht erreicht werden, sollte eine Insulintherapie begonnen werden. Eine Kombinationstherapie mit Metformin und Glibenclamid sollte vermieden werden, da sie möglicherweise mit einer Erhöhung des kardialen Risikos verbunden ist (29).
Bei normalgewichtigen Patienten mit KHK ist man deshalb im Zweifelsfall mit Insulin auf der sicheren Seite. Außerdem zeigte eine intensivierte Insulinbehandlung gegenüber der üblichen Therapie (u.a. mit oralen Antidiabetika) bei Patienten nach akutem Herzinfarkt eine Reduktion der Mortalität (30). Es wird daher nach einem akuten Herzinfarkt die Behandlung mit Insulin empfohlen (31, 32).
Alle anderen oralen Antidiabetika sowie die Insulinanaloga konnten bisher nur ihre blutzuckersenkende Wirkung, jedoch keine Verringerung von Morbidität oder Mortalität zeigen.
Für weitere Details der Behandlung der Typ-2-Diabetiker stehen unter anderem das Hausarzt Handbuch (33) zum DMP Diabetes mellitus Typ 2 und die Entscheidungsgrundlage (32) zur evidenzbasierten Diagnostik und Therapie zur Verfügung.

Weitere Erkrankungen

Asthma bronchiale/COPD und pAVK

Betablocker bessern bei Patienten mit durchgemachtem Myokardinfarkt nachweislich die Prognose; dies gilt nach aktuellen systematischen Übersichtsarbeiten (35, 36) auch für solche, die gleichzeitig unter Asthma bronchiale bzw. einer COPD leiden. Ein kardioselektiver Betablocker darf dieser Gruppe von Patienten deshalb nicht vorenthalten werden; allerdings sollte das Medikament unter Beachtung der respiratorischen Symptomatik und Belastbarkeit einschleichend dosiert werden (ggf. geringere Dosis oder Absetzen).
Ähnliches gilt bei der peripheren arteriellen Verschlusskrankheit. Die hier oft indizierte antihypertensive Therapie kann grundsätzlich zu einer passageren Verschlechterung der Symptomatik führen, so auch ein Betablocker. Letztere sollten deshalb nach Myokardinfarkt verschrieben werden (einschleichende Dosierung) und nur bei langfristiger Verschlechterung (z.B. kürzere Gehstrecke) abgesetzt werden (37).

Nach einem akuten Herzinfarkt
wird die Behandlung mit Insulin empfohlen

Obstruktive Lungenerkrankungen und pAVK:
Betablocker grundsätzlich erlaubt

Fazit

Die koronare Herzkrankheit ist oft von anderen chronischen Erkrankungen begleitet wie Hypertonie, Herzrhythmusstörungen, Herzinsuffizienz, Depression, Diabetes mellitus Typ 2 oder chronisch-obstruktiven Lungenerkrankungen. Da oft Ärzte verschiedener Fachrichtungen in die Therapie dieser Patienten involviert sind, kommt dem Hausarzt die Aufgabe zu, für eine einheitliche und abgestimmte Behandlung zu sorgen. Dies betrifft auch die medikamentöse Therapie, wobei es insbesondere gilt, Kontraindikationen für Medikamente aufgrund von Begleiterkrankungen sowie Wechselwirkungen zu beachten.

Literatur zum Thema

1. The ALLHAT Officers and Coordinators for the ALLHAT Collaborative Research Group. Major outcomes in high-risk hypertensive patients randomized to angiotensin-converting enzyme inhibitor or calcium channel blocker vs diuretic: The Antihypertensive and Lipid-Lowering Treatment to Prevent Heart Attack Trial (ALLHAT). JAMA 2002; 288: 2981–2997.
2. Yusuf S, Sleight P, Pogue J, Bosch J, Davies R, Dagenais G. Effects of an angiotensin-converting-enzyme inhibitor, ramipril, on cardiovascular events in high-risk patients. The Heart Outcomes Prevention Evaluation Study Investigators. N Engl J Med 2000; 342: 145–153.
3. Svensson P, de Faire U, Sleight P, Yusuf S, Ostergren J. Comparative effects of ramipril on ambulatory and office blood pressures: a HOPE Substudy. Hypertension. 200; 38: E28–32.
4. Echt DS, Liebson PR, Mitchell LB et al. Mortality and Morbidity in Patients Receiving Encainide, Flecainide, or Placebo. The Cardiac Arrhythmia Suppression Trial. N Engl J Med 1991; 324: 781–788.
5. Wyse DG, Waldo AL, DiMarco JP, Domanski MJ, Rosenberg Y, Schron EB et al. A comparison of rate control and rhythm control in patients with atrial fibrillation. N Engl J Med 2002; 347: 1825–1833.
6. Hohnloser SH, Kuck KH, Lilienthal J. Rhythm or rate control in atrial fibrillation – Pharmacological Intervention in Atrial Fibrillation (PIAF): a randomised trial. Lancet 2000; 356: 1789–1794.
7. Hart RG, Benavente O, McBride R, Pearce LA. Antithrombotic Therapy To Prevent Stroke in Patients with Atrial Fibrillation: A Meta-Analysis. Ann Intern Med 1999; 131: 492–501.
8. Akuter Myokardinfarkt, Kapitel 5. 2 [Gesundheitsbericht für Deutschland 1998] http://www.gbe-bund.de.
9. Hoppe UC, Erdmann E. Leitlinien zur Therapie der chronischen Herzinsuffizienz. Z Kardiol 2001; 90: 218–237.
10. NICE 2003: The National Collaborating Centre for Chronic Conditions: Chronic Heart Failure. National clinical guideline for diagnosis and management in primary and secondary care. NICE Guideline No. 5. National Institute for Clinical Excellence 2003; ISBN: 1-84257-324-1. http://www.nice.org.uk.
11. Khunti K, Baker R, Grimshaw G. Diagnosis of patients with chronic heart failure in primary care: usefulness of history, examination, and investigations. British Journal of General Practice 2000; 50: 50–54.
12. Piepoli MF, Davos C, Francis DP, Coats AJ; ExTraMATCH Collaborative. Exercise training meta-analysis of trials in patients with chronic heart failure (ExTraMATCH). BMJ 2004; doi:10.1136/bmj.37938.645220.EE. BMJ. 2004; 328: 189.
13. Flather MD, Yusuf S, Kober L, Pfeffer M, Hall A, Murray G et al. Long-term ACE-inhibitor therapy in patients with heart failure or left-ventricular dysfunction: a systematic overview of data from individual patients. ACE-Inhibitor Myocardial Infarction Collaborative Group. Lancet 2000; 355: 1575–1581.
14. Brophy JM, Joseph L, Rouleau JL. Beta-blockers in congestive heart failure. A Bayesian meta-analysis. Ann Intern Med 2001; 134: 550–560.
15. Effect of enalapril on mortality and the development of heart failure in asymptomatic patients with reduced left ventricular ejection fractions. The SOLVD Investigattors. N Engl J Med 1992; 327: 685–691.
16. Jong P, Demers C, McKelvie RS, Liu PP. Angiotensin receptor blockers in heart failure: meta-analysis of randomized controlled trials. J Am Coll Cardiol 2002; 39: 463–470.
17. Department of Veterans Affairs & Veterans Health Administration. The Pharmacologic Management of Chronic Heart Failure. Washington, DC: Pharmacy Benefits Management Strategic Healthcare Group and the Medical Advisory Panel, Veterans Health Administration, Department of Veterans Affairs. April 2001; Updated December 2002. PBM-MAP Publication No. 00-0015. http://www.oqp.med.va.gov/cpg/CHF/CHF_Base.htm.
18. American College of Cardiology/American Heart Association. ACC/AHA Guidelines for the Evaluation and Management of Chronic Heart Failure in the Adult. Journal of heart and lung transplantation 2002; 21: 189–203.
19 Amabile CM & Spencer AP. Keeping Your Patient With Heart Failure Safe. A Review of Potentially Dangerous Medications. Arch Intern Med 2004; 164: 709–719.
20. Frasure-Smith N, Lespérance F, Talajic M. Depression Following Myocardial Infarction. Impact on 6-Month Survival. JAMA 1993; 279: 1819–1825.
21. Whooley MA, Avins AL, Miranda J, Browner WS. Case-finding instruments for depression. Two questions are as good as many. J Gen Intern Med 1997; 12: 439–445.
22. Faumann MA. Study Guide to DSM-IV. Washington DC: American Psychiatric Press; 1994.
23. RITA-2 trial participants. Coronary angioplasty versus medical therapy for angina: the second Randomised Intervention Treatment of Angina (RITA-2) trial. Lancet 1997; 350: 461–8
24. Glassman AH, O'Connor CM, Califf RM et al. Sertraline Treatment of Major Depression in Patients With Acute MI of Unstable Angina. JAMA 2002; 288: 701–709.
25 Kannel WB, McGee DL. Diabetes and cardiovascular disease: the Framingham Study. JAMA 1979; 241: 2035–2038.
26. Haffner SM, Lehto S, Ronnemaa T, Pyörälä K, Laasko M. Mortality from coronary heart disease in subjects with type 2 diabetes and in nondiabetic subjects with and without prior myocardial infarction. N Engl J Med 1998; 339: 229–234.
27. Connaughton M, Webber J. Diabetes and coronary artery disease: time to stop taking the tablets? Heart 1998; 80: 108–9.
28. Meier JJ, Gallwitz B, Schmidt WE, Mügge A, Nauck MA. Is impairment of ischemic preconditioning by sulfonlyurea drugs clinically important? Heart 2004; 90: 9–12.
29. UK Prospective Diabetes Study Group. Effect of intensive blood-glucose control with metformin on complications in overweight patients with type 2 diabetes (UKPDS 34). Lancet 1998; 352: 854–865.
30. Malmberg K, Norhammar A, Wedel H, Rydén L. Glycometabolic state at admission: important risk marker of mortality in conventionally treated patients with diabetes mellitus and acute myocardial infarction: Long-term results from the diabetes and insulin-glucose infusion in acute myocardial infarction (DIGAMI) study. Circulation 1999; 99: 2626–2632.
31. Nationale Versorgungsleitlinie Diabetes mellitus Typ 2. Kurzfassung, 1. Auflage, Mai 2002.
32. Entscheidungsgrundlage zur evidenzbasierten Diagnostik und Therapie bei Disease Management Programmen für Diabetes mellitus Typ 2. Version 2. http://www.dmp-aok.de/bund/rd/114.htm (26.4.04)-
33. Deutscher Hausärzteverband e.V., AOK-Bundesverband (Hrsg.) (2003). Hausarzt Handbuch. Das Handbuch zum Disease-Management-Programm Diabetes. MED.KOMM Verlag, München.
34. Stollberger C, Finsterer J. Nonsteroidal anti-inflammatory drugs in patients with cardio- or cerebrovascular disorders. Z Kardiol. 2003; 92: 721–729.
35. Salpeter S, Ormiston T, Salpeter E, Wood-Baker R. Cardioselective beta-blockers for reversible airway disease (Cochrane Review). In: The Cochrane Library, Issue 1, 2004. Chichester, UK: John Wiley & Sons, Ltd.
36. Salpeter SS, Ormiston T, Salpeter E, Poole P, Cates C. Cardioselective beta-blockers for chronic obstructive pulmonary disease (Cochrane Review). In: The Cochrane Library, Issue 1, 2004. Chichester, UK: John Wiley & Sons, Ltd.
37. Heintzen MP, Strauer BE. Peripheral vascular effects of beta-blockers. Eur Heart J 1994; 15 Suppl C: 2–7.

Klaus Wahle

Risikostratifizierung und risikoadaptierte Therapie

Arzt und Patient sollen gemeinsam über die einzuschlagende Therapie entscheiden. Grundlage hierfür ist unter anderem das individuell ermittelte Risiko des Patienten für Komplikationen seiner koronaren Herzerkrankung. Anhand von einfach zu ermittelnden Scores kann dem Patienten seine Gefährdung anschaulich erklärt werden.

Selten ist der KHK-Patient nur und ausschließlich ein Patient mit koronarer Herzkrankheit. Häufig werden im Rahmen der Diagnostik für die Einschreibung in das Disease-Management-Programm neben der KHK weitere (Begleit-) Erkrankungen festgestellt. Neben der arteriellen Hypertonie sind dies häufig Diabetes mellitus, Fettstoffwechselstörungen und linksventrikuläre Funktionsstörungen.

Abb. 2.4.1 Risikoermittlung nach dem „SCORE-Project"

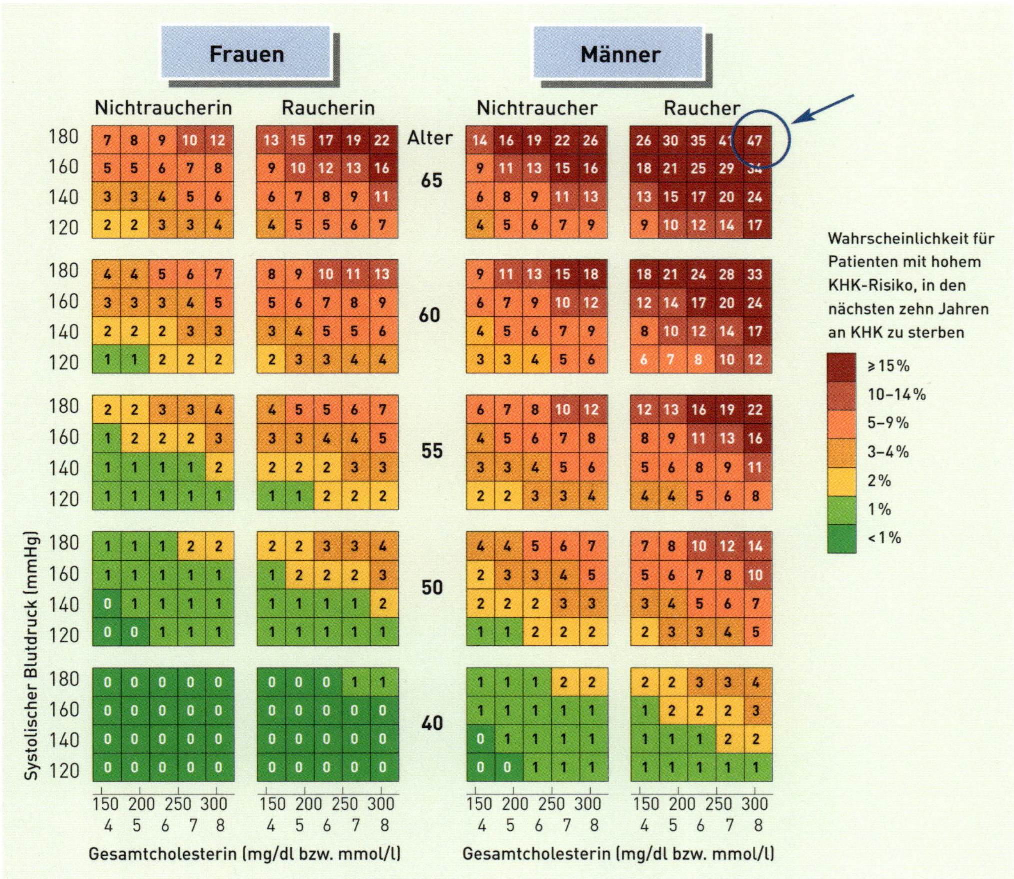

Abb. 2.4.1 **10-Jahres-Risiko für eine tödliche KHK-Erkrankung in Populationen mit hohem Risiko (wie z. B. in Deutschland) auf Grundlage des Gesamtcholesterins. Diese Tabelle sowie die Tabelle für das Verhältnis Gesamt- zu HDL-Cholesterin finden Sie auch als Beilage hinten in diesem Buch.** (Nach: Estimation of ten-year risk of fatal cardiovascular disease in Europe: the SCORE project. European Heart Journal 2003;24:987–1003)

Jeder zweite männliche Raucher über 65 Jahre
und mit einem Gesamtcholesterin über 300 mg/dl (siehe Kreis/Pfeil) stirbt in den nächsten 10 Jahren am Herzinfarkt!

Im Rahmen der Therapieplanung geht es primär darum, das individuelle Patientenrisiko auf der Grundlage der diagnostizierten Daten zu ermitteln. Hierfür stehen dem Hausarzt unterschiedliche Tools zur Verfügung, die geeignet sind, das Risiko, ein kardiales Ereignis – in der Regel einen Herzinfarkt – zu erleiden, zu ermitteln.
Zwei besonders gut validierte und für die Hausarztpraxis geeignete Scores sollen hier vorgestellt werden: das europäische **SCORE-Project** und der **PROCAM-Score**.
Das europäische SCORE-Project (**S**ystemic **Co**ronary **R**isk **E**valuation) hat einen Score entwickelt, der die wesentlichen Patientenrisiken erfasst und auf dieser Datenbasis das Risiko, in den kommenden zehn Jahren ein (fatales) kardiales Ereignis zu erleiden, ermittelt (siehe Abb. 2.4.1 sowie die dem Buch beiliegende Karte).

Daneben bietet sich insbesondere auch der PROCAM-Score an, der zusätzlich noch Risiken wie Zigarettenkonsum, Diabetes mellitus und die Familienvorgeschichte erfasst. Dieser Score ermittelt das Risiko, in den nächsten zehn Jahren einen (tödlichen oder nichttödlichen) Herzinfarkt zu erleiden (siehe Abb. 2.4.2). Der PROCAM-Score ist auch im Internet als Risikorechner aufrufbar, der das Risiko online ermittelt (Abb.2.4.3; http://www.chd-taskforce.com). Der PROCAM-Score wird auch im DMP Diabetes mellitus Typ 2 angewendet.
Im Sinne einer Standardisierung sollte der Hausarzt nach Möglichkeit für die beiden DMP-Programme den gleichen (PROCAM-)Score nutzen. Damit wird es möglich, auch einem multimorbiden Patienten seine individuellen Risiken darzustellen.

Der PROCAM-Score
wird auch im DMP Diabetes mellitus Typ 2 verwendet

Abb. 2.4.2 Risikoermittlung nach dem „PROCAM-Score"

Koeffizienten für einzelne Risikofaktoren im PROCAM-System:

Risikofaktor	Koeffizient
Alter in Jahren	
35–39	0
40–44	6
45–49	11
50–54	16
55–59	21
60–65	26
LDL-Cholesterin in mg/dl	
<100	0
100–129	5
130–159	10
160–189	14
≥190	20
HDL-Cholesterin in mg/dl	
<35	11
34–44	8
45–54	5
≥55	0
Triglyzeride in mg/dl	
<100	0
100–149	2
150–199	3
≥200	4
Raucher	
Nein	0
Ja	8
Diabetes mellitus	
Nein	0
Ja	6
Familienanamnese für Infarkt	
Nein	0
Ja	4
Systolischer Blutdruck in mmHg	
<120	0
120–129	2
130–139	3
140–159	5
≥160	8

Die Summe der Koeffizienten der einzelnen Risikofaktoren ergibt den PROCAM-Score.
Daraus lässt sich das 10-Jahres-Risiko für ein akutes koronares Ereignis (tödlich und nichttödlich) ablesen*:

Score	Risiko (%)	Score	Risiko (%)	Score	Risiko (%)	Score	Hohes Risiko (%)
≤20	≤1,0	31	2,5	42	7,4	54	21,7
21	1,1	32	2,9	43	8,0	55	22,2
22	1,2	33	3,3	44	8,8	56	23,8
23	1,3	34	3,5	45	10,2	57	25,1
24	1,4	35	4,0	46	10,5	58	28,0
25	1,6	36	4,2	47	10,7	59	29,4
26	1,7	37	4,5	48	12,8	≥60	≥30,0
27	1,8	38	5,1	49	13,2		
28	1,9	39	5,7	50	15,5		
29	2,3	40	6,1	51	16,8		
30	2,4	41	7,0	52	17,5		
				53	19,6		

* Der PROCAM-Score wurde aus den Daten von 35- bis 65-jährigen Männern abgeleitet. Die Anzahl der in der PROCAM-Studie aufgetretenen Herzinfarkte bei Frauen erlaubt noch nicht die Ableitung eines Scores speziell für Frauen. Erste Auswertungen zeigen aber, dass für 45- bis 65-jährige Frauen nach den Wechseljahren das Risiko „nur" ein Viertel des Risikos eines gleichaltrigen Mannes beträgt. Daher errechnet sich der Gesamt-Score für Frauen analog zum Vorgehen bei Männern aus den Risikopunkten für die einzelnen Risikofaktoren. Das entsprechende Globalrisiko wird jedoch durch 4 geteilt.
Bitte beachten, dass diese Risikoabschätzung nur für 45- bis 65-jährige Frauen nach den Wechseljahren gilt.
(Nach Assmann, Cullen, Schulte. Circulation 2002;105:310–315)

Abb. 2.4.3 PROCAM-Risikorechner, Beispiel

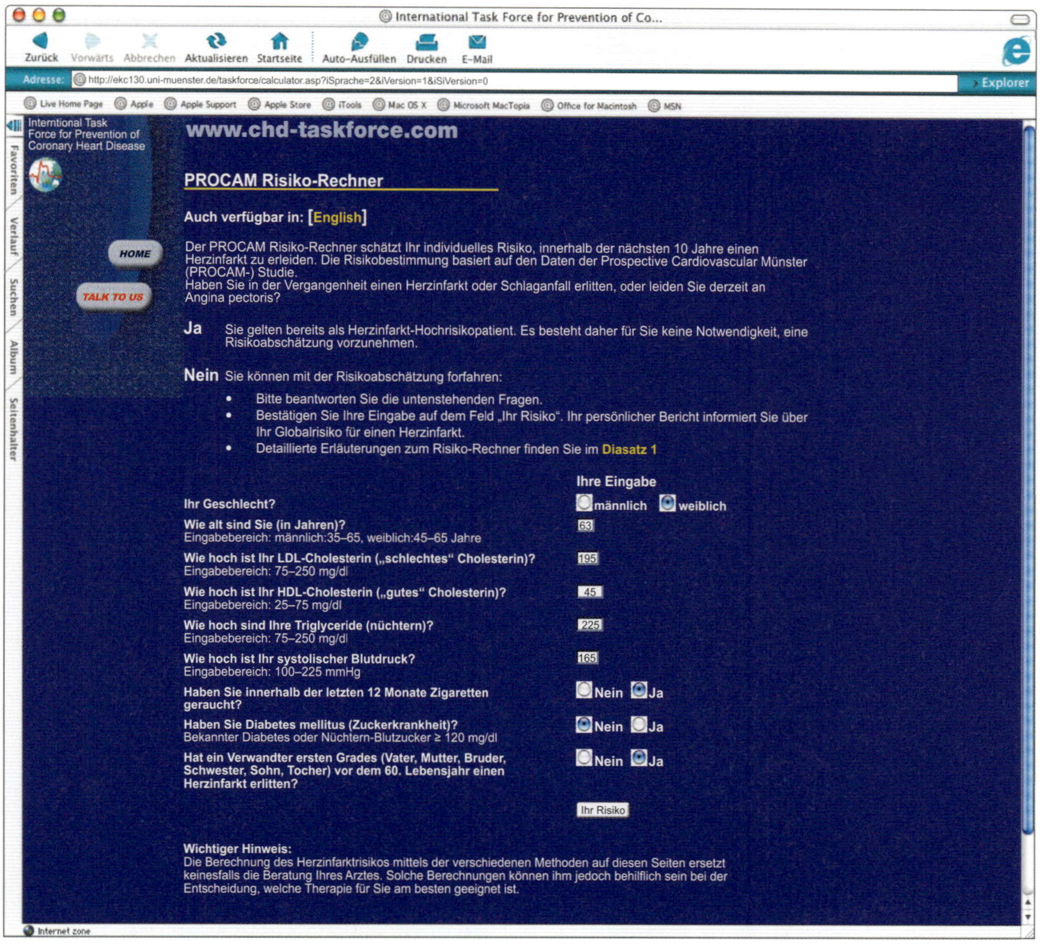

Eingabe einer Risikoabfrage (oben) und Ergebnis (unten) auf dem PROCAM-Risikorechner (http://www.chd-taskforce.com)

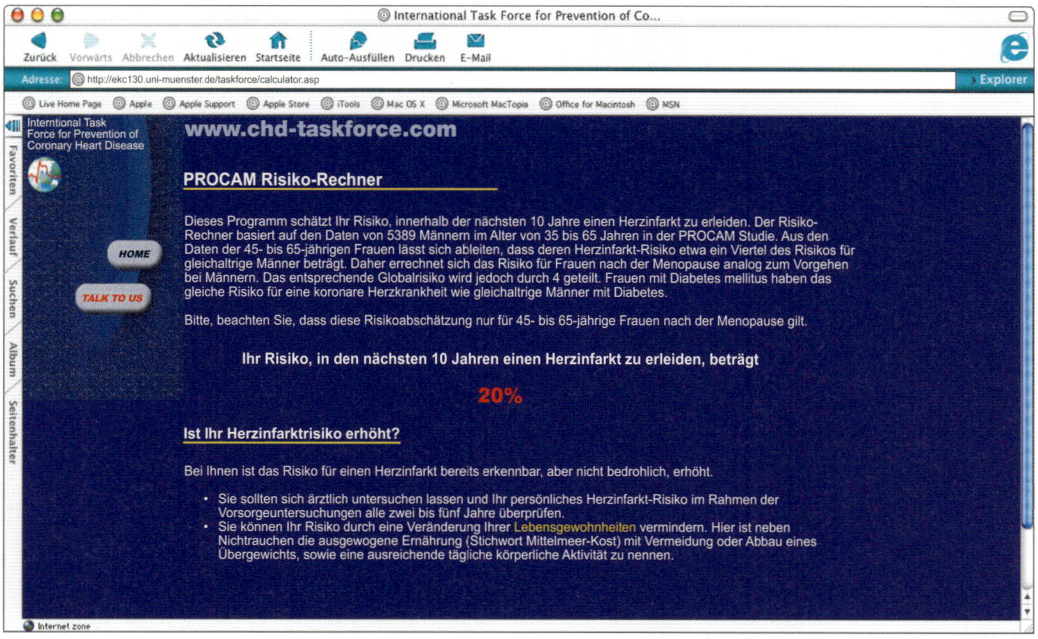

Der PROCAM-Risiko-rechner extrapoliert die Risikowerte für Frauen aus den Daten für Männer

Als Nichtraucherin hätte die Patientin in diesem Beispiel **nur ein halb so hohes Infarktrisiko (12%)!**

Das individuell ermittelte Risiko ist Grundlage für die Therapieentscheidung

Besonders sinnvoll erscheint die Benutzung eines Scores bei der jährlich sich wiederholenden Risikoermittlung; Abweichungen, etwa zu Ungunsten des Patienten, werden rechtzeitig beobachtet und entsprechende therapeutische Interventionen sind frühzeitig möglich.

Risikoadaptierte Therapie

Auf der Basis der individuellen Risikoermittlung erfolgt dann die entsprechende risikoadaptierte Therapie. Hier sieht das DMP KHK zunächst einmal nichtmedikamentöse und allgemeine Maßnahmen wie etwa die Ernährungsberatung und die Raucherberatung sowie die Steigerung und Förderung körperlicher Aktivitäten vor. Zu den nichtmedikamentösen Behandlungsverfahren zählen auch die psychische, psychosomatische und die psychosoziale Betreuung.
Im Rahmen der medikamentöse Therapie stehen dem Hausarzt die unterschiedlichen allseits bekannten Pharmaka zur Verfügung. Dies sind im DMP insbesondere Thrombozytenaggregationshemmer, Betablocker, Nitrate und lang wirkende Kalziumantagonisten, Statine und ACE-Hemmer.
Darüber hinaus wird mit dem Patienten gemeinsam die Entscheidung zur invasiven Diagnostik/Intervention auf der Basis der indivi-

Abb. 2.4.4 Beispiel für den Treadmill-Score für Patienten mit Merkmalen für ein hohes Risiko

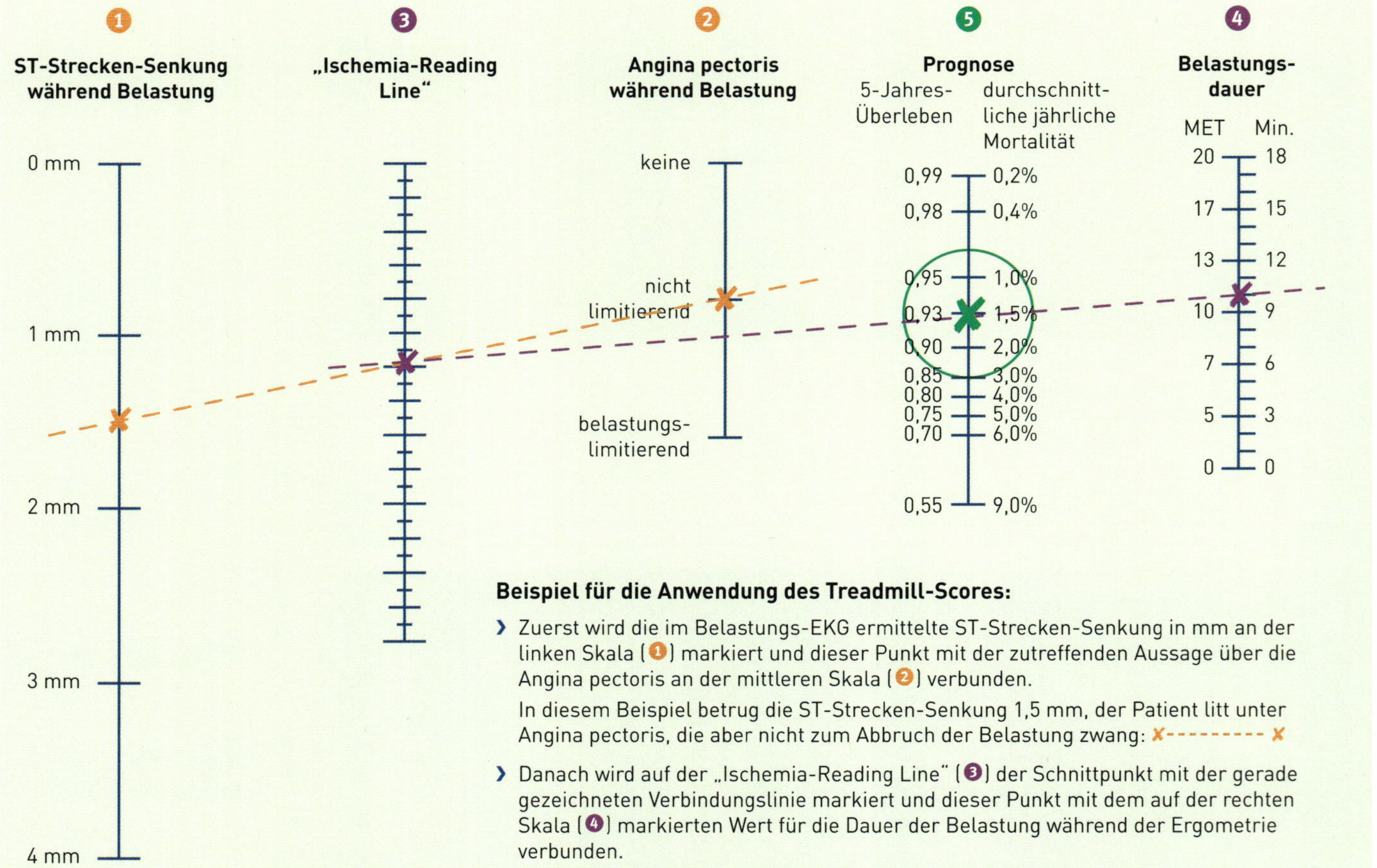

Beispiel für die Anwendung des Treadmill-Scores:

- Zuerst wird die im Belastungs-EKG ermittelte ST-Strecken-Senkung in mm an der linken Skala (1) markiert und dieser Punkt mit der zutreffenden Aussage über die Angina pectoris an der mittleren Skala (2) verbunden.
  In diesem Beispiel betrug die ST-Strecken-Senkung 1,5 mm, der Patient litt unter Angina pectoris, die aber nicht zum Abbruch der Belastung zwang: x--------- x
- Danach wird auf der „Ischemia-Reading Line" (3) der Schnittpunkt mit der gerade gezeichneten Verbindungslinie markiert und dieser Punkt mit dem auf der rechten Skala (4) markierten Wert für die Dauer der Belastung während der Ergometrie verbunden.
  In diesem Beispiel betrug die tolerierte Belastungsdauer 10 Minuten: x--------- x
- Schließlich wird am Schnittpunkt dieser gezeichneten Linie mit der Prognose-Skala (5) die 5-Jahres-Überlebenswahrscheinlichkeit bzw. die durchschnittliche Mortalität abgelesen.
  In diesem Beispiel (x) ergab sich eine 5-Jahres-Überlebenswahrscheinlichkeit von etwa 93% bzw. eine durchschnittliche jährliche Mortalität von rund 1,5%.

duellen Nutzen- und Risikoabschätzung vorgenommen werden.

Fallbeispiel:
Herr W. ist 53 Jahre alt und Ihnen als Hausarzt seit vielen Jahren bekannt. Sie wissen von ihm, dass er übergewichtig ist mit einem Body Mass Index (BMI) von 28 kg/m², dass er raucht und dass er auch seit etwa fünf Jahren an arterieller Hypertonie leidet, die Sie erfolgreich mit einem Betablocker behandeln. Seit dieser Zeit kommt Herr W. regelmäßig alle zwei Jahre zur Checkup-Untersuchung und seither wissen Sie auch, dass sein Gesamtcholesterin (283 mg/dl) und sein LDL-Cholesterin (153 mg/dl) deutlich erhöht sind. Vor etwa zwei Jahren wurde bei Herrn W. wegen linksthorakaler Beschwerden eine Koronarangiographie durchgeführt, bei der in unterschiedlichen Versorgungsgebieten eindeutige etwa 60- bis 70%ige Stenosierungen festgestellt wurden; eine interventionelle Therapie schien jedoch nicht erforderlich zu sein.
Auch Herrn W. haben Sie angeschrieben, weil Sie ihn in das DMP KHK aufnehmen möchten. Nun sitzt der Patient vor Ihnen und erwartet von Ihnen entsprechende Vorschläge.
Anhand des PROCAM-Scores ermitteln Sie zunächst einmal das individuelle Risiko Ihres Patienten, in den nächsten zehn Jahren ein kardiovaskuläres Ereignis zu erleiden. Entsetzt müssen nicht nur ihr Patient, sondern auch Sie erkennen, dass das individuelle Patientenrisiko mit 26,9 % als „sehr hoch" eingestuft werden muss. Natürlich taucht sofort die Frage auf, wie dieses hohe Risiko verringert werden kann. Der Nikotinkonsum und die Fettstoffwechselstörung machen hauptsächlich das Risiko dieses Patienten aus. Allerdings würde der Patient z. B. durch das Aufgeben des Rauchens nicht unmittelbar das (viel niedrigere) Risiko eines Patienten erreichen, der nie geraucht hat; das Risiko von Ex-Rauchern nähert sich erst nach Jahren dem Risiko von Nie-Rauchern an. (Vgl. dazu auch in Kapitel 1.2 die Passage zu „Risikofaktoren und Kausalität".)
Mit einer am PC durchgeführten Simulationsrechnung können Sie Ihrem Patienten verdeutlichen, dass allein das Aufgeben des Rauchens das Risiko um 11,9 % senken würde; die entsprechende Behandlung der Fettstoffwechselstörung könnte das Risiko um weitere 15 % senken.
Sie haben Herrn W. von der Notwendigkeit zur Intervention überzeugt. Doch gibt er zu bedenken, dass er bereits mehrfach versucht habe, sich das Rauchen abzugewöhnen, doch bisher ohne jeden Erfolg. Außerdem habe er gehört, dass die Medikamente, mit denen man das Cholesterin senken könne, ja nicht gerade ungefährlich seien. Hat es da nicht vor wenigen Jahren einen großen Skandal gegeben?
Nach Abwägen der einzelnen Argumente entscheidet sich Herr W. für einen weiteren Versuch, das Rauchen einzustellen. Natürlich bieten Sie ihm Ihre Hilfe an, verweisen auf verschiedene Schulungsangebote zur Raucherentwöhnung und nicht zuletzt auch auf mögliche pharmakologische Unterstützungen.

Fazit

Wesentlich ist also, das individuelle Patientenrisiko auf der Basis der erhobenen Befunde zu ermitteln, um auf dieser Basis eine entsprechende risikoadaptierte Therapie mit dem Patienten zu planen und einzuleiten. Hier stehen neben den nichtmedikamentösen Verfahren die Pharmakotherapie und die Koronarrevaskularisation (interventionell oder Bypassoperation) zur Verfügung.

Sabine Ludt, Claudia Küver, Diethard Sturm, Ferdinand M. Gerlach

Nichtmedikamentöse Maßnahmen – Lebensstilveränderungen

Die Prognose von Patienten mit KHK lässt sich durch nichtmedikamentöse Maßnahmen bzw. Lebensstilveränderungen deutlich verbessern. Die Effekte sind – insbesondere bei konsequentem Nikotinverzicht – sogar stärker als die mancher medikamentösen Therapie. Hausärzte sollten betroffenen Patienten daher insbesondere zu den Themen Rauchen, Ernährung und Bewegung eine klar strukturierte professionelle Beratung anbieten können.

Beeinflussbare Lebensstilfaktoren und koronare Herzerkrankung

Lebensstilfaktoren (wie Rauchen, Ernährung, Bewegung) haben unterschiedlich starke Einflüsse auf die Entstehung und Progression der KHK. Dabei stellt der Nikotinverzicht den größten beeinflussbaren Risikofaktor dar; es konnte z. B. gezeigt werden, dass die Mortalitätsrate bei Patienten nach Myokardinfarkt durch den Rauchstopp reduziert wird (1). Auch für bestimmte Ernährungsformen wie die „mediterrane Diät" ist eine Reduktion der Mortalität belegt (2). Ebenso führt regelmäßige körperliche Aktivität mittlerer Intensität zu einer Reduktion des Sterblichkeitsrisikos (3). Weniger eindeutig ist die Evidenzlage bezüglich der Gewichtsreduktion sowie der Behandlung psychosozialer Risikofaktoren.

Die Ansätze und Ressourcen für Verhaltensänderungen liegen im Patienten selbst

Da es bekanntermaßen nicht einfach ist, meist über lange Zeit entstandene „schlechte" Verhaltensweisen zu verändern, kommt dem Hausarzt die entscheidende Aufgabe zu, seinen Patienten hier professionelle Hilfestellung zu geben. In diesem Kapitel werden Hintergrundwissen und Handwerkszeug zur wirksamen hausärztlichen Lebensstilberatung praxisorientiert aufbereitet.

Effektive Beratung zur Verhaltensänderung

Obwohl der Nutzen von Lebensstilveränderungen wie Nikotinverzicht, gesunde Ernährung oder regelmäßige körperliche Aktivität klar erwiesen ist, stellt deren Realisierung gleichermaßen Wunsch und Problem für Arzt wie Patient dar: Nicht selten fehlt die langfristige Motivation, Ziele zu vereinbaren, Veränderungen umzusetzen und zu dokumentieren sowie das Wunschverhalten beizubehalten.

Da die Ansätze und Ressourcen für Verhaltensveränderungen großenteils im Patienten selbst liegen, ist es Aufgabe des Beraters, diese gezielt zu erkennen und zu mobilisieren. Aus einer stabilen gesundheitlichen und psychosozialen Situation heraus ist die Bereitschaft, das eigene bisherige Verhalten infrage zu stellen, sehr gering. In Phasen der Labilisierung durch Erkrankung, nachhaltige Erlebnisse, Änderung des sozialen Umfeldes etc. ist die Chance zur Verhaltensänderung auch nach vielen früheren Ablehnungen gegeben. Da Verhaltensveränderungen einen Lernprozess darstellen, in dem bestimmte Phasen der Veränderungsbereitschaft durchlaufen werden, stellen die Erfassung der Veränderungsbereitschaft und individuelle phasenspezifische Interventionen wichtige Beratungsstrategien dar. Nach dem transtheoretischen Modell von Prochaska und Di Clemente (4, 5) vollzieht sich die Verhaltensänderung in fünf Stufen:

- **Absichtslosigkeit,**
- **Absichtsbildung,**
- **Vorbereitung,**
- **Handlung,**
- **Aufrechterhaltung,**

wobei diese Stufen einzeln durchlaufen werden und Rückfälle möglich sind (Abb. 2.5.1).

Erst die Erkennung einer Veränderungsbereitschaft ermöglicht es, Beratungsstrategien patientenzentriert gezielt anzupassen, und führt ressourcenschonend zu höheren Erfolgsraten. Es macht aus dieser Sichtweise beispielsweise keinen Sinn, einem Raucher im Stadium der Absichtslosigkeit eine Nikotinersatztherapie zu verordnen, da dieser noch nicht zu einer Änderung seines Verhaltens bereit ist.

Eine einfache und praktikable Beratungsstrategie, welche die Veränderungsbereitschaft berücksichtigt, stellt das **5A-Konzept** (Tab. 2.5.1) dar, das zunächst als Leitfaden für die Beratung zum Nikotinausstieg entwickelt und evaluiert wurde. Die „Canadian Task Force on Preventive Health" schlägt bereits vor, diese Strategie als einen generellen Ansatz für die Beratung zu Verhaltensänderungen zu nutzen (7).

Dieses Modell bildet ein Grundgerüst für Beratungsaktivitäten, die hierdurch strukturiert und nachvollziehbar dokumentiert werden können. Im zeitlichen Verlauf der Patientenbetreuung erlaubt es ferner, den Fokus auf gezielte Strategien zu legen, die ein Fortschreiten der Verhaltensänderungsbereitschaft von einer Stufe auf die nächste unterstützen sollen.

Die Strategien der einzelnen Schritte erfordern nicht mehr als eine jeweils drei- bis zehnminütige Behandlungszeit. Einzelne Strategien, die ein Fortschreiten der Verhaltensänderung in Richtung des Wunschverhaltens unterstützen können, könnten z. B. in einem Maßnahmenkatalog zusammengestellt werden, um diese bei Bedarf zeitsparend an den Patienten weiterzugeben.

Rauchen

Rauchen stellt den beeinflussbaren Risikofaktor mit der größten Auswirkung auf die Entstehung kardiovaskulärer Ereignisse bei bestehender koronarer Herzerkrankung dar (9–11). In Beobachtungsstudien konnte gezeigt werden, dass die 5-Jahres-Sterblichkeitsrate nach Myokardinfarkt bei Rauchern höher ist als bei Nichtrauchern (9, 11). Der Nikotinausstieg führt innerhalb von etwa drei Jahren zu einer deutlichen Risikoverminderung bei Patienten nach Myokardinfarkt (4, 9). Daher sollten alle Patienten mit koronarer Herzerkrankung zum Nikotinausstieg beraten werden.

Änderungsvorschläge
müssen auf einen änderungsbereiten Patienten treffen

Mögliche Strategien sind (9, 12):

- **ärztliche Kurzberatung;**
- **individuell zugeschnittene Selbsthilfematerialien;**
- **Verhaltenstherapie.**

Die Erfolgsaussichten sind allerdings gering.

Abb. 2.5.1 Modell der phasenspezifischen Intervention des Beraters im Lernzyklus des Patienten

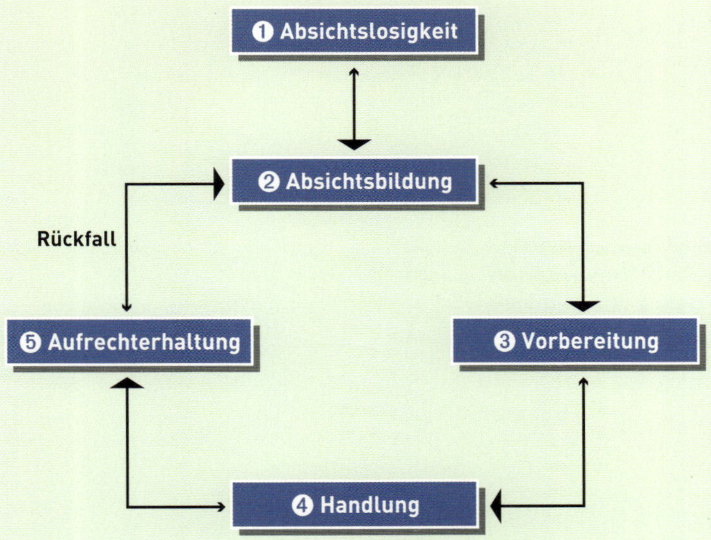

Phasenspezifische Interventionen des Beraters helfen, den Lernzyklus des Patienten in Gang zu setzen und aufrechtzuerhalten (modifiziert aus [6])

Zu ❷: **Handlungsbereitschaft und Probehandeln fördern:**
Was heißt das für Sie?
Was könnten Sie tun, wozu wären Sie bereit?

Zu ❸: **Umsetzung in den Alltag fördern:**
Wie könnten Sie Ihre Absicht umsetzen?
Welche Probleme sehen Sie voraus?

Zu ❹: **Unterstützung mobilisieren:**
Welche Unterstützung haben Sie?
Welche Hilfestellung brauchen Sie?

Zu ❺: **Rückschlag bewältigen und Recycling fördern:**
Was haben Sie erlebt?
Was können Sie anders machen?
Wie wollen Sie weitermachen?

Tab. 2.5.1	Das 5A-Konzept
› Ask	**Systematische Erfassung des Risikoverhaltens bei jeder Konsultation:** – Die Praxissoftware oder -dokumentation sollte sicherstellen, dass der Status des Risikoverhaltens bei jedem Patienten erfragt wird.
› Advise	**Direkte dringliche Empfehlung zur Verhaltensänderung:** – Patienten sollten in einer klaren, bestimmten und persönlichen Art aufgefordert werden, ihre Problemverhalten einzustellen.
› Assess Willingness/ Agree	**Erkennung von Patienten mit Ausstiegsbereitschaft:** – Die Bereitschaft zur Veränderung des Problemverhalten sollte bei jedem Patienten erfragt werden. – Nicht änderungsbereite Patienten sollten Motivationshilfen erhalten, um die Änderungsbereitschaft zu fördern (5R-Konzept, siehe Tab. 2.5.2).
› Assist	**Anbieten von Hilfestellungen bei änderungsbereiten Patienten:** – Erstellung eines Veränderungsplans – Bereitstellung medikamentöser Therapie – Bereitstellung weiterer unterstützender Hilfsangebote wie Literatur, Selbsthilfegruppen, Übungsgruppen, Angebote der Krankenversicherer usw.
› Arrange	**Vereinbarung von Folgekontakten:** – Persönlich oder auch telefonisch – Verstärkung des Wunschverhaltens, Rückfallprophylaxe – Steigerung des Problembewusstseins bei nicht änderungsbereiten Patienten

Quelle: modifiziert aus (8)

Tab. 2.5.2	Das 5R-Konzept
› Relevance	– Aufzeigen, warum eine Verhaltensänderung für den Patienten persönlich wichtig ist
› Risks	– Aufzeigen von Risiken, die sich durch das Verhalten ergeben – Darstellung von Kurzzeit- und Langzeitkonsequenzen – Potenzierung mit anderen Risikofaktoren, Aufstellung eines persönlichen Risikoprofils
› Rewards	– Diskussion über die Vorteile einer Verhaltensänderung
› Roadblocks	– Diskussion von Umständen, die eine Verhaltensänderung verhindern – Erarbeitung von Lösungsmöglichkeiten oder Gegenstrategien
› Repetition	– Wiederholung der motivierenden Botschaften und Herausstellung der Vorteile einer Verhaltensänderung

Nikotinausstieg zahlt sich schon nach wenigen Jahren aus

Die ärztliche Kurzberatung zum Nikotinausstieg sollte sich zur Auswahl der individuell geeigneten Therapieoption an dem 5A-Schema orientieren (13–18). Für nicht änderungsbereite Raucher, also diejenigen, die nicht vorhaben, ihren Nikotinkonsum in den nächsten 30 Tagen einzustellen, können Motivationshilfen eingesetzt werden, welche die Änderungsbereitschaft fördern. Diese werden als 5R-Strategie zusammengefasst (13, 19; siehe Tab. 2.5.2).

Körperliche Aktivität

Regelmäßige moderate körperliche Aktivität senkt bei Patienten nach Herzinfarkt die kardiale Mortalität sowie die Gesamtmortalität signifikant. Des Weiteren verbessert sie die allgemeine Belastbarkeit von KHK-Patienten und verringert den Schweregrad der Angina-pectoris-Symptomatik und der Luftnot (21–25). Zur Definition körperlicher Aktivität siehe Tabelle 2.5.3.

Beurteilung der Belastbarkeit eines KHK-Patienten durch den Hausarzt (23, 28)

Die Beurteilung der Belastbarkeit des KHK-Patienten sollte vor Aufnahme der körperlichen Aktivität durch den Hausarzt erfolgen. Bei geplanter moderater körperlicher Aktivität und Patienten mit einem geringen bis moderaten Risiko ist eine klinische Beurteilung mit Anamnese, Untersuchung, Ruhe-EKG und eine Bestimmung der maximalen Herzfrequenz bzw. der empfohlenen Trainingsherzfrequenz nötig. Diese lassen sich zumeist aus dem letzten Belastungs-EKG ableiten.

Bei Hochrisikopatienten (siehe Tab. 2.5.4) oder Patienten, die eine hohe körperliche Aktivität anstreben, werden ein aktuelles Belastungs-EKG und eventuell weitere diagnostische Maßnahmen zur Abschätzung der Belastbarkeit empfohlen. Es existiert keine generelle Empfehlung zur Durchführung eines Belastungs-EKGs bei Patienten, die mit einem körperlichen Training mäßiger Intensität beginnen (29). Bei Hochrisikogruppen wird die Ausübung körperlicher Aktivität unter medizinischer Aufsicht empfohlen (28).

Inhalte und Struktur der empfohlenen körperlichen Aktivität

Es gibt keinen evidenzbasierten Standard für die Art, Häufigkeit und Intensität der körperlichen Aktivität bei KHK-Patienten. Die Häufigkeit, Intensität und Dauer der Bewegung kann variiert werden, um den gewünschten Trainingseffekt zu erreichen und dem unterschiedlichen Alter, Trainingszustand, Krankheitsschweregrad, Risikofaktorenprofil sowie der Medikation der jeweiligen Patienten gerecht zu werden. Es sollten jedoch die in Tabelle 2.5.5 genannten Minimalanforderungen berücksichtigt werden, damit die

durchgeführte Aktivität zu einer KHK-Risikoreduktion führt (21, 23, 24, 26, 28, 29):
Mit Hilfe der Borg-Skala (siehe Tab. 2.5.6, Seite 67) soll es dem Patienten ermöglicht werden, selbständig die Intensität der körperlichen Aktivität zu beurteilen und zu verändern. Ist z. B. eine moderate körperliche Aktivität angestrebt, sollte während der Belastung noch gesprochen werden können und die Trainingsherzfrequenz sollte nicht weniger als 60 % und nicht mehr als 75 % der maximalen Herzfrequenz betragen.
„Herzgruppen" sind ärztlich betreute und begleitete Selbsthilfegruppen, in denen die „Eigenverantwortung" des Patienten geweckt und gestärkt werden soll. Die Teilnahme an einer Herzgruppe wird vom Hausarzt verordnet (40 bis 90 Einheiten) und der jeweiligen Krankenkasse zur Genehmigung vorgelegt. Die Verantwortung für die gesamte Therapie jedes Teilnehmers liegt beim behandelnden Arzt.
Zum Erlernen der richtigen Aktivität sowie der eigenen Einschätzung ist die Teilnahme an einer Herzgruppe, die von sachkundigen Trainern geleitet und prinzipiell ärztlich begleitet ist, zweckmäßig (siehe Adressen in Kapitel 3.2).

Ernährung

Die so genannte „KHK-spezifische Ernährung" ist in der Literatur nicht eindeutig definiert. Eine Übersicht mit allgemein gehaltenen Empfehlungen zu der Frage, was wie oft von einem KHK-Patienten verzehrt werden sollte, gibt Abbildung 2.5.2.
Es konnte in mehreren Studien gezeigt werden, dass die Kombination der einzelnen empfohlenen Nahrungsbestandteile effektiver war als die Aufnahme einzelner Bestandteile. Die „Lyon Diet Heart Study" hat z. B. gezeigt, dass die so genannte **mediterrane Ernährung** (viel Obst und Gemüse, Verwendung pflanzlicher Öle, geringer Anteil an Fleisch und tierischen Produkten, mindestens zweimal pro Woche Fisch) die kardiale Mortalität signifikant reduzieren konnte (2, 31).
Alkohol:
Moderater Alkoholgenuss ist unproblematisch. Die Angaben zur maximalen Menge pro Tag liegen bei 30 g Alkohol für Männer und 20 g für Frauen, entsprechend z. B. 600 ml Bier für Männer und 400 ml Bier für Frauen oder 300 ml Wein für Männer und 200 ml Wein für Frauen (23).

Tab. 2.5.3 Definition der körperlichen Aktivität*

- **Geringe bis moderate körperliche Aktivität:**
  Herzfrequenz: **50–75 % der maximalen Herzfrequenz** (diese sollte individuell durch einen Belastungstest bestimmt werden. Die Formel 220 minus Lebensalter sollte zur Berechnung nicht angewendet werden, weil der Krankheitsschweregrad hierbei nicht berücksichtigt wird).
  Grad 11–14 auf der BORG-Skala** (es besteht eine Korrelation zwischen der gemessenen Herzfrequenz und der vom Patienten selbst beobachteten Anstrengung nach Borg [siehe Tabelle 2.5.6]).
- **Hohe körperliche Aktivität:**
  Herzfrequenz: **75–85 % der maximalen Herzfrequenz** (individuelle Bestimmung, s. o.)
  Grad 15–20 auf der BORG-Skala** (27)

* Cave: Bei Patienten unter Therapie mit Betablockern/Verapamil ist die Methode nicht valide!
** Die Borg-Skala (siehe Tabelle 2.5.6) reicht von 6 bis 20 und dient zur subjektiven Einschätzung der Anstrengung, wobei Grad 11 bis 14 eine geringe bis moderate körperliche Aktivität beschreibt.
Quelle: (26)

Tab. 2.5.4 Merkmale von Hochrisikopatienten

- Z. n. Myokardinfarkt mit nachfolgender Herzinsuffizienz, kardiogenem Schock und/oder komplexen ventrikulären Rhythmusstörungen
- Angina pectoris oder Dyspnoe bei geringer Belastung
- ST-Strecken-Senkung mehr als 1 mm im Ruhe-EKG
- Vorliegen anderer kardialer Erkrankungen, wie z. B. schwere Aortenstenose oder hypertrophe Kardiomyopathie

Quelle: (23)

Tab. 2.5.5 Minimalanforderungen an körperliche Aktivität

- **Art der Aktivität:**
  - Aerobes Training, z.B. Fahrradfahren, Walking, Jogging, Rudern, Golf, Tanzen oder Gymnastik je nach Patientenpräferenz.
  - Auch alltägliche Aktivitäten, wie z.B. Fensterputzen, Staubsaugen, Teppichklopfen oder Autowaschen sind zu berücksichtigen.
- **Häufigkeit und Dauer:**
  - Je nach Trainingszustand Beginn mit mehreren kurzen Übungseinheiten am Tag. Langsame Steigerung auf drei bis fünf 30- bis 45-minütige Übungseinheiten pro Woche (hierbei ist es auch möglich, diese in drei bis vier Einheiten von zehn Minuten pro Tag einzuteilen).
- **Intensität (24):**
  - Geringe bis moderate Belastung, die mindestens einem Mehrverbrauch von 1000 kcal/Woche entspricht, kann allein zuhause, im Sportverein oder im Rahmen einer Herzgruppe durchgeführt werden.
  - Hohe Belastung, nur bei trainierten Patienten nach vorheriger Überprüfung der Belastbarkeit und unter medizinischer Aufsicht (z.B. im Rahmen von Herzgruppen) empfohlen. (Adressen siehe Kapitel 3.2)
- **Dokumentation des Belastungsgrades durch den Patienten:**
  - Pulsmessung mittels Pulsuhren (Pulsselbstzählung während einer Übungseinheit zu ungenau)
  - Beobachteter Erschöpfungsgrad (Borg-Skala). Den Patienten sollte vermittelt werden, wie die Belastungsintensität dem beobachteten Erschöpfungsgrad angepasst werden kann (siehe Tab. 2.5.6)

Abb. 2.5.2 Generelle Empfehlung zur KHK-spezifischen Ernährung

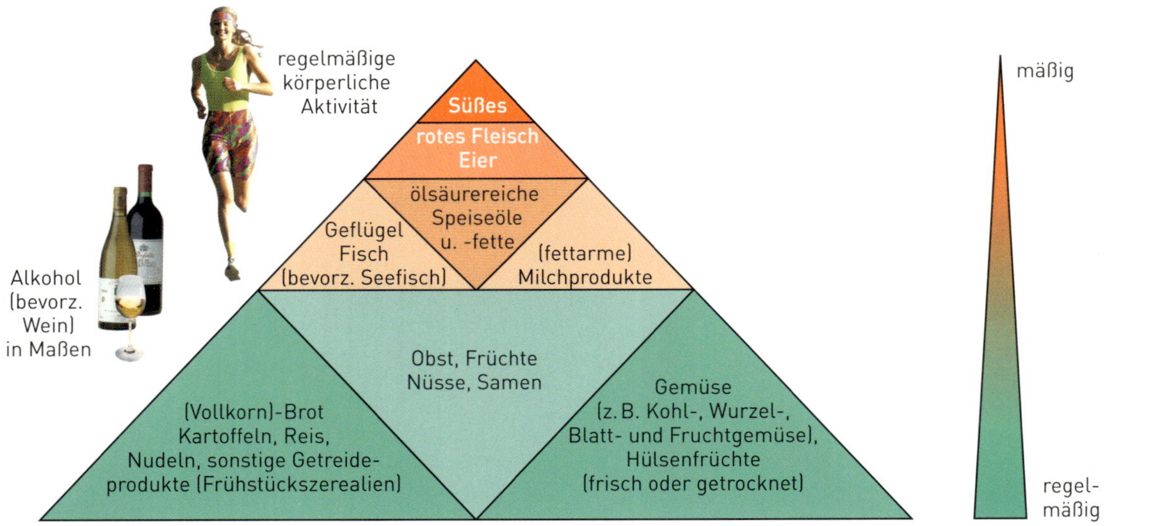

Quelle: modifiziert nach (37)

Nahrungsbestandteil	Empfehlung zur Häufigkeit des Verzehrs	Tagesbeispiele
Gemüse, Salat und Obst	Mind. 5 Portionen pro Tag	1. Morgens: Obst im Müsli oder Tomate oder Gurke zum Vollkornbrot 2. Zwischenmahlzeit: 1 Stück Obst oder Obstsaft 3. Mittags: gekochtes Gemüse 4. Dessert: frisches Obst 5. Abends: Salat oder anderes Gemüse
Vollkornprodukte	Ca. 3–6 Portionen pro Tag (Menge richtet sich nach Körpergewicht und körperlicher Aktivität)	1. Morgens: Müsli, Haferflocken oder Vollkornbrot 2. Mittags: Vollkornnudeln, Vollkornreis 3. Abends: Vollkornbrot
Pflanzliche **Öle** und Brotaufstriche, Nüsse und Samen	Ca. 3 Portionen pro Tag (Menge richtet sich nach Körpergewicht und körperlicher Aktivität)	1. Morgens: Nüsse im Müsli 2. Mittags: Kochen mit pflanzlichem Öl (z.B. Oliven-, Soja-, Raps- und Maiskeimöl) 3. Abends: Brotaufstriche mit ungesättigten Fettsäuren
Milchprodukte mit reduziertem Fettgehalt	2–3 Portionen pro Tag	1. Morgens: Milch im Kaffee oder Tee, Milch im Müsli 2. Dessert: Joghurt oder Quark mit frischen Früchten 3. Abends: Käse als Brotbelag
Fisch, **Geflügel** ohne Haut, getrocknete oder frische Hülsenfrüchte, mageres **Fleisch**	2 Portionen Fisch pro Woche (Seefisch oder fette Fische wie Hering, Makrele, Sardinen, Thunfisch, Lachs etc.) Getrocknete oder frische Hülsenfrüchte 4–5 Portionen pro Woche. Je nach Körpergewicht und körperlicher Aktivität mageres Fleisch: Die Angaben schwanken zwischen 1 Portion pro Tag und 1 Portion pro Woche.	

Quelle: (38, 39)

Tab. 2.5.6 Zusammenhang zwischen Intensität der körperlichen Aktivität und der vom Patienten selbst beobachteten Erschöpfung

Intensität der körperlichen Aktivität	Beobachtete Erschöpfung: Borg-Skala (27)	Beobachtete Atemfrequenz	Trainingsherzfrequenz als prozentualer Anteil der max. Herzfrequenz
	Grad 6: keine Belastung		
	Grad 7–10: sehr leichte Belastung		
Gering	Grad 11–12: eher leichte Belastung	Singen ist möglich	50–60 %
Moderat	Grad 13–14: eher anstrengende Belastung	Sprechen ist möglich	60–75 %
Hoch	Grad 15–20: schwere bis maximale Belastung	Kurzatmigkeit	75–85 %

Quelle: (21)

Eine KHK-spezifische Ernährung ist nicht eindeutig definiert

Übergewicht:
Obwohl in einigen Leitlinien die Gewichtsreduktion für KHK-Patienten mit einem Body Mass Index (BMI) > 30 kg/m^2 empfohlen wird (23, 24, 32) und Übergewicht mit der Häufigkeit der KHK korreliert, gibt es keine eindeutigen Belege, dass eine Gewichtsreduktion die Mortalität bei KHK senkt.

Fazit

Durch Veränderungen des Lebensstils lässt sich die Prognose der KHK verbessern. Aufgrund der vorliegenden Evidenz konzentrieren sich die Bemühungen auf drei Bereiche:

- **Rauchen:**
  - **Unterstützende Kurzberatung mit regelmäßiger Bekräftigung,**
  - **Nikotinersatztherapie;**
- **Ernährung:**
  - **Steigerung des Frucht- und Gemüsekonsums auf fünf Portionen täglich,**
  - **Steigerung des Verzehrs an Omega-3-Fettsäuren (fetter Fisch oder Rapssamenöl),**
  - **Ersatz von gesättigten durch ungesättigte Fettsäuren (z. B. Oliven- oder Rapsöl);**
- **Bewegung:**
  - **Regelmäßige Bewegung niedriger oder mäßiger Intensität drei- bis fünfmal wöchentlich.**

Literatur zum Thema

1. Wilson K, Gibson N, Willan A, Cook D. Effect of Smoking Cessation on Mortality After Myocardial Infarction: Meta-analysis of Cohort Studies. Arch Intern Med 2000; 160(7):939–944.
2. de Lorgeril M, Salen P, Martin JL, Monjaud I, Delaye J, Mamelle N. Mediterranean diet, traditional risk factors, and the rate of cardiovascular complications after myocardial infarction: final report of the Lyon Diet Heart Study. Circulation 1999; 99(6):779–785.
3. Wannamethee SG, Shaper AG, Walker M. Physical activity and mortality in older men with diagnosed coronary heart disease. Circulation 2000; 102(12):1358-1363.
4. European Society of Cardiology (ESC). Prevention of coronary heart disease in clinical practice. Eur Heart J 1998; 19(10): 1434–1503.
5. Keller S, Kalkuza G, Basler HD. Motivierung zur Verhaltensänderung, Prozessorientierte Patientenedukation nach dem Transtheoretischen Modell der Verhaltensänderung. Psychmed 2001; 13:101–111.
6. Grüninger U.J. Gesprächsführung und Beratung: Lernen und Lehren in der Sprechstunde. In: Springer Loseblatt Systeme, editor. Präventivmedizin. 1996: 1–43.
7. Elford RW, MacMillan HL, Wathen CN, with the Canadian Task Force on Preventive Health Care. Counseling For Risky Health Habits: A Conceptual Framework for Primary Care Practitioners. 2001. London, Canadian Task Force.
8. Whitlock EP, Orleans CT, Pender N, Allan J. Evaluating primary care behavioral counseling interventions: an evidence-based approach. Am J Prev Med 2002; 22(4):267–284.
9. Scottish Intercollegiate Guidelines Network (SIGN). Management of Stable Angina. Scottish Intercollegiate Guidelines Network (SIGN). 2001.
10. Canadian Cardiovascular Society (CCS). Consensus Conference on the Evaluation and Management of Chronic Ischemic Heart Disease. Canadian Cardiovascular Society. 1997.
11. American College of Cardiology (ACC/AHA/ACP-ASIM). Guidelines for the Management of Patients with Chronic Stable Angina. J Am Coll Cardiol 1999; 33(7):2092–2197.
12. Centre for Health Services Research UoNuT. The primary care management of stable angina. The North of England Evidence Based Guideline Development Project; 2001. 2001.
13. Fiore C, Bailey W, Cohen S, Dorfman S, Goldstein M, Gritz E et al. Treating Tobacco Use and Dependence: A Clinical Practice Guideline. 2000. Rockville, Maryland, U.S Department of Health and Human Services.
14. Arzneimittelkommission der Deutschen Ärzteschaft (AKDÄ). Arzneiverordnung in der Praxis - Tabakabhängigkeit. 1. Auflage ed. 2001. (http://www.akdae.de/35/10Hefte/90_Tabakabhaengigkeit_2001_1Auflage.pdf, oder Kurzfassung: http://www.akdae.de/35/10Hefte/90_Tabakabhaengigkeit_2001_1Auflage_K.pdf)
15. Silagy C, Stead LF. Physician advice for smoking cessation. Cochrane Database Syst Rev 2001;(2):CD000165.
16. McNeil A, Raw M, West R. Smoking cessation - An evidence-based approach. European Journal of Public Health 2000; 10(3 Supplement):15–19.
17. Lancaster T, Stead LF. Individual behavioural counselling for smoking cessation. Cochrane Database Syst Rev 2002;(3): CD001292.
18. West R, McNeill A, Raw M. Smoking cessation guidelines for health professionals: an update. Thorax 2000; 55(12):987–999.
19. National Health Committee. Guidelines for Smoking Cessation. Update 2002. 1999. Wellington, New Zealand, National Advisory Committee On Health And Disability.
20. Raw M, McNeill A, West R. Smoking Cessation Guidelines for Health Professionals – A guide to effective smoking cessation interventions for the health care system. Thorax 1998; 53 (90005):1S–18.
21. Goble AJ, Worcester MU. Best practice guidelines for cardiac rehabilitation and secondary prevention. The Heart Research Centre, on behalf of Department of Human Services Victoria. 1999.
22. Jolliffe JA, Rees K, Taylor RS, Thompson D, Oldridge N, Ebrahim S. Exercise-based rehabilitation for coronary heart disease. Cochrane Database Syst Rev 2001;(1):CD001800.
23. New Zealand Guidelines Group. Best Practice Evidence-based Guideline: Cardiac Rehabilitation. New Zealand Guidelines Group . 2002.
24. Scottish Intercollegiate Guidelines Network (SIGN). Cardiac Rehabilitation. Scottish Intercollegiate Guidelines Network (SIGN). 2002.
25. US Department for Health and Human Services.Agency for Health care Policy and Research (AHCPR). Cardiac Rehabilitation. AHCPR Publication 96-0672, editor. Clinical Guideline Number 17. 1995.
26. American College of Cardiology/American Heart Association Task Force on Practice Guidelines. ACC/AHA Guidelines for the Management of Patients With Acute Myocardial Infarction. American College of Cardiology/American Heart Association. 2002.
27. Borg G. Borg's perceived exertion and pain scales. Champaign (IL) Human Kinetics, editor. 1998.
28. Fletcher GF, Balady GJ, Amsterdam EA, Chaitman B, Eckel R, Fleg J et al. Exercise Standards for Testing and Training: A Statement for Healthcare Professionals From the American Heart Association. Circulation 2001; 104(14):1694-1740.
29. Thompson PD, Buchner D, Pina IL, Balady GJ, Williams MA, Marcus BH et al. Exercise and physical activity in the prevention and treatment of atherosclerotic cardiovascular disease: a statement from the Council on Clinical Cardiology (Subcommittee on Exercise, Rehabilitation, and Prevention) and the Council on Nutrition, Physical Activity, and Metabolism (Subcommittee on Physical Activity). Circulation 2003; 107 (24):3109–3116.
30. Hu FB, Willett WC. Optimal diets for prevention of coronary heart disease. JAMA 2002; 288(20):2569–2578.
31. de Lorgeril M, Renaud S, Mamelle N, Salen P, Martin JL, Monjaud I et al. Mediterranean alpha-linolenic acid-rich diet in secondary prevention of coronary heart disease. Lancet 1994; 343(8911):1454–1459.
32. Dietz R, Rauch B. Leitlinie zur Diagnose und Behandlung der chronischen koronaren Herzerkrankung. Deutsche Gesellschaft für Kardiologie - Herz- und Kreislaufforschung (DGK), editor. 2003.
33. Anonymus. Abnehmen: Mehr Schaden als Nutzen? arznei-telegramm 1999;(12):121–123.
34. Pignone MP, Ammerman A, Fernandez L, Orleans CT, Pender N, Woolf S et al. Counselling to Promote a Healthy Diet in Adults: A Summary of the Evidence for the U.S. Preventive Services Task Force. American Journal of Preventive Medicine 2003; 24(1):84–101.
35. Rozanski A, Blumenthal JA, Kaplan J. Impact of psychological factors on the pathogenesis of cardiovascular disease and implications for therapy. Circulation 1999; 99(16):2192–2217.
36. Berkman LF, Blumenthal J, Burg M, Carney RM, Catellier D, Cowan MJ et al. Effects of treating depression and low perceived social support on clinical events after myocardial infarction: the Enhancing Recovery in Coronary Heart Disease Patients (ENRICHD) Randomized Trial. JAMA 2003; 289(23): 3106–3116.
37. Dietary Guidelines for Americans. http://www.fda.gov.
38. New Zealand Guidelines Group (NZGG). New Zealand Heart Foundation (2002) Evidence-Based Best Practice Guideline. Cardiac Rehabilitation. http://www.nzgg.org.nz/.
39. Scottish Guideline Intercollegiate Network (SIGN) (2002) Cardiac Rehabilitation. A National Clinical Guideline. SIGN Publication No. 41. http://www.sign.ac.uk

Hans-Rüdiger Dreykluft, Andreas von Maxen

Medikamentöse Therapie bei KHK

Die medikamentöse Prophylaxe bei KHK-Patienten ist zumindest mit einigen Substanzen seit Jahren in ihrem Nutzen unbestritten. Dennoch werden nach den Daten von EuroASPIRE nur 86 % der KHK-Patienten mit Thrombozytenaggregationshemmern und nur zwei Drittel mit Betablockern behandelt.
Mit welchen Argumenten können wir uns als Ärztinnen und Ärzte und damit vor allem auch unsere Patienten von dem Nutzen überzeugen?

Insbesondere im Gespräch mit dem Patienten um die einzuleitende oder zu modifizierende Therapie bei der Behandlung seiner koronaren Herzkrankheit wird der Arzt sehr kompetent die Notwendigkeit der Einnahme von verschiedenen und zudem nicht wenigen Medikamenten zu begründen haben. In diesem Zusammenhang ist noch einmal ausdrücklich darauf hinzuweisen, dass die Kenntnisse des Therapeuten über Nutzen und Gefahren der Therapie nicht unmittelbar bedeuten, dass der Patient diesen Vorstellungen entsprechen muss, sondern dass dieser mit seinen eigenen Präferenzen und Wertvorstellungen in dem gemeinsamen Prozess antworten kann.
In den Gesprächen über die Therapie ist es von eminenter Wichtigkeit, dass der Arzt die Chancen und die Risiken einer Therapie in verständlicher Form dem Patienten nahe bringen kann. Wir werden in diesem Beitrag die Begriffe der evidenzbasierten Medizin von absolutem Risiko, absoluter Risikoreduktion, relativer Risikoreduktion und Number-needed-to-treat (NNT) verwenden. Wir wollen darauf hinweisen, dass die Darstellung in absoluten Zahlen („von 1000 Patienten versterben ohne Therapie in 5 Jahren 10 Patienten") für die Verständigung im Gespräch mit dem Patienten besser geeignet sein kann (1).

Strategien der medikamentösen Therapie

Die medikamentöse Behandlung bei KHK verfolgt zwei Ziele:

1. Beschwerdeminderung bzw. -freiheit („symptomatische" Behandlung)

Hier müssen individuelle Therapieziele mit den Patienten vereinbart werden, allgemein gültige Empfehlungen sind problematisch. Jüngere aktive Patienten streben in aller Regel eine völlige Beschwerdefreiheit mit weitgehend unbeeinträchtigter Aktivität an. Für ältere Menschen mit schwerer Angina pectoris kann bereits eine Beschwerdeminderung und Ermöglichung eingeschränkter Alltagsaktivitäten einen therapeutischen Erfolg bedeuten.

Die Therapie der KHK soll Symptome lindern und die Prognose verbessern

2. Verbesserung der Prognose (Reduktion der Infarktrate und der Mortalität)

Patienten mit manifester KHK bzw. nach Herzinfarkt gelten als Hochrisikopatienten bezüglich kardiovaskulärer Ereignisse und sollten in jedem Fall etablierte Therapien erhalten, die das Risiko senken. Die Hinweise zur Verbesserung der Prognose stehen im Mittelpunkt der weiteren Empfehlungen.

Prognosemodifizierende Therapie

Thrombozytenaggregationshemmer

Datenlage: Zwei aktuelle Metaanalysen zur Anwendung von Thrombozytenaggregationshemmern bei Patienten mit manifester KHK oder hohem Risiko für ein vaskuläres Ereignis (2, 3) belegen den Nutzen von Acetylsalicylsäure bezüglich der Prognose: Günstige Effekte sind auf Reinfarktrate, vaskulär bedingte Todesfälle, Insultrate und auf die Gesamtmortalität zu erzielen. Das Risiko für ein akutes vaskuläres Ereignis (Herzinfarkt, Schlaganfall oder vaskulärer Todesfall) wird sowohl bei Patienten mit vorangegangenem Herz-

Abb. 2.6.1 Nutzen von Thrombozytenaggregationshemmern

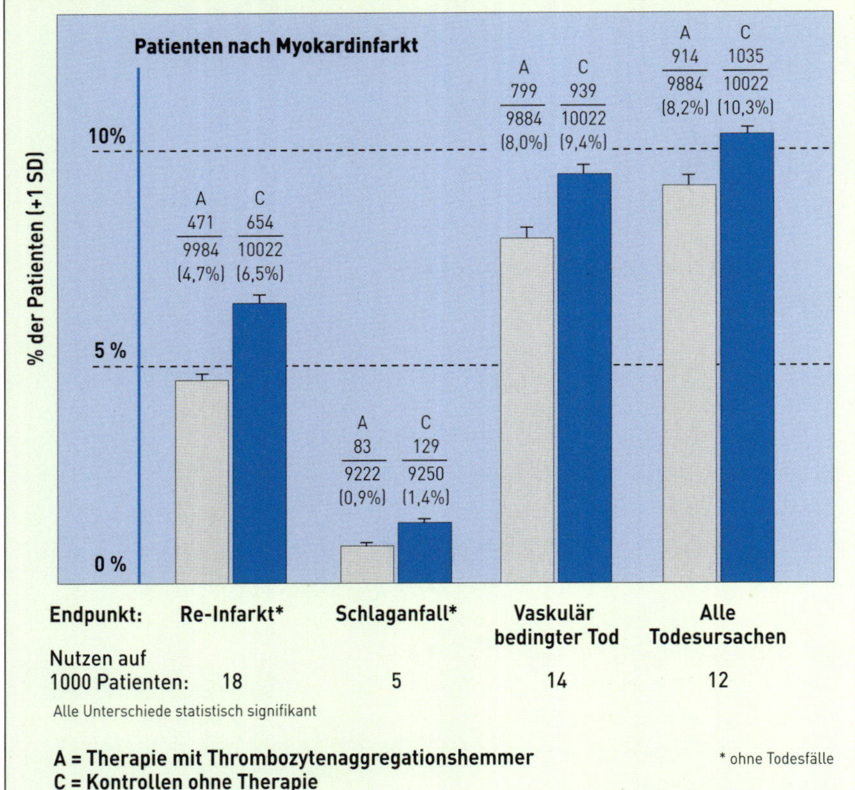

Quelle: Clinical evidence 2003:9;204

Thrombozytenaggregationshemmer senken
die Mortalität um ein Zehntel

infarkt als auch bei Patienten, die „nur" ein hohes Risiko besitzen, innerhalb von zwei Jahren um ca. ein Viertel gesenkt. Bei Patienten mit koronarer Herzkrankheit und stabiler Angina pectoris sinkt das Risiko um ca. ein Drittel. In der zitierten Metaanalyse sank die Rate an vaskulären Ereignissen von 14 % auf 10 % (ARR = 4 %). Das heißt: 25 Patienten mussten zwei Jahre lang mit ASS behandelt werden, um ein Ereignis zu verhindern (NNT*). Oder: 40 von 1000 Patienten profitieren in diesem Zeitraum von einer Behandlung mit ASS bezüglich einer Senkung der Rate vaskulärer Ereignisse. Die Gesamtmortalität kann um ein Zehntel gesenkt werden. In der Metaanalyse (4) ergibt sich eine Senkung von 10,3 auf 9,1 %, ARR = 1,2 %, NNT = 83 über zwei Jahre oder: 12 von 1000 Patienten profitieren in zwei Jahren (siehe Abb. 2.6.1).

Hinweise zur Anwendung: Dosen von 75 bis 325 mg/Tag scheinen vergleichbar effektiv zu sein, für geringere Dosen ist die Evidenzlage schwächer.

Unerwünschte Wirkungen: Die Behandlung mit Thrombozytenaggregationshemmern ist nicht risikolos – ein bis zwei Patienten von 1000 bekommen eine intrakraniale Blutung pro Jahr –, die Gesamtrate der Insulte sinkt jedoch statistisch signifikant in klinisch relevantem Ausmaß wegen des günstigen Einflusses auf ischämische zerebrale Ereignisse.

Das Risiko für gastrointestinale Blutungen verdoppelt sich, d.h. ein bis zwei pro 1000 Behandelten sind betroffen (NNH 350). Insgesamt wiegt der Nutzen einer Behandlung die Risiken in aller Regel deutlich auf.

Thienopyridine: Alternativen zu ASS?

Die alternative Gabe von anderen Thrombozytenaggregationshemmern wie Ticlopidin bzw. Clopidogrel ist bezüglich der Reduktion der Gesamtmortalität einer Gabe von Acetylsalicylsäure nicht überlegen (5). Lediglich bei dem Kombinationsendpunkt Herzinfarkt + Insult + vaskuläre Todesfälle ließ sich in einer Studie (6) ein kleiner, allerdings fraglich relevanter Vorteil gegenüber ASS nachweisen: Reduktion der Ereignisrate von 5,83 % auf 5,32 %/Jahr. Weitere Studien zum Vergleich von Thienopyridinderivaten mit ASS bei Patienten mit stabiler Angina pectoris liegen nicht vor.

Die Rate von intra- bzw. extrakraniellen Blutungen ist bei beiden Substanzklassen gleich, mit einer statistisch signifikanten Tendenz zur Reduktion von gastrointestinalen Blutungen unter Clopidogrel/Ticlopidin. Ticlopidin verursacht jedoch häufiger schwere Blutbildveränderungen. Aus dieser Sicht ergibt sich keine Begründung für die bevorzugte Gabe von Thienopyridinen, außer der verringerten Rate von gastrointestinalen Blutungen bei entsprechenden Risikopatienten und gegebenenfalls bei bestehenden Kontraindikationen bzw. Unverträglichkeiten gegen ASS. Für die Kombination von Thienopyridinen mit ASS bei stabiler KHK ist die Datenlage für eine Empfehlung nicht ausreichend.

Abschließende Empfehlung: ASS in Dosen von 75 bis 350 mg/Tag ist Mittel der Wahl bei KHK. Bei Kontraindikationen oder Unverträglichkeiten kommt Clopidogrel als Alternative infrage.

* Die Berechnung einer NNT aus Metaanalysen ist problematisch, sie sollen daher nur als Annäherung verstanden werden

Betablocker

Datenlage: Betablocker sind seit langem fester Bestandteil der Therapie der KHK. Bei Postinfarktpatienten ist in allen bisher veröffentlichten Studien und Metaanalysen ihr Nutzen nachgewiesen worden. Eine Senkung der Mortalität lässt sich erreichen (NNT 50 bezogen auf ein Jahr). Dabei ist das Ergebnis bezogen auf die Mortalität bei kardioselektiven und nicht selektiven Betablockern gleich.

Obwohl chronisch obstruktive Lungenerkrankungen, Diabetes mellitus und hohes Alter als relative Kontraindikationen gelten, profitieren diese Patienten sogar überdurchschnittlich von der Behandlung, v. a. wegen des höheren Ausgangsrisikos. Diabetes mellitus und chronisch obstruktive Lungenerkrankungen stellen also keine absoluten Kontraindikationen dar. Die Datenlage für Patienten, die keinen Infarkt in der Anamnese haben, ist schlechter, aber es gibt Hinweise für eine ähnliche Wirksamkeit auf die Prognose (Tab. 2.6.1).

Hinweise zur Anwendung: Die Gabe eines selektiven Betablockers ist bei Patienten mit chronisch obstruktiver Lungenerkrankung und bei Patienten mit Diabetes mellitus zu bevorzugen. Die Ruhefrequenz sollte in der Regel auf 55 bis 60/min gesenkt werden. Plötzliches Absetzen ist zu vermeiden, auch vor evtl. Operationen sollen Betablocker nicht abgesetzt werden.

Nebenwirkungen: Verschlechterung einer Asthmasymptomatik bzw. pAVK ist möglich; diese gelten jedoch nicht als absolute Kontraindikationen. Die bradykardisierende Wirkung ist prinzipiell erwünscht, in Einzelfällen kann es jedoch zu schweren Bradykardien und Blockbildern kommen.

Abschließende Empfehlung: Alle Patienten mit KHK sollten, sofern bei ihnen keine absoluten Kontraindikationen vorliegen (akute Linksherzdekompensation, Sick-Sinus-Syndrom, höhergradiger AV-Block), mit Betablockern behandelt werden.

CSE-Hemmer

Datenlage: Die Sekundärprävention der koronaren Herzkrankheit mit Lipidsenkern vom Typ der „Statine“ bei einem hohen Gesamt- bzw. LDL-Cholesterin ist aufgrund guter Langzeitdaten schon lange unbestritten (8). Allerdings war die Frage nach dem Nutzen dieser Therapie bei Frauen, bei Menschen im höheren Lebensalter (über 70 Jahre) und bei wenig erhöhtem oder normalem Gesamt- und LDL-Cholesterin nicht gut belegt.

Die in den letzten Jahren veröffentlichten Studien (9–11) zeigen nun, dass auch bei den genannten Personengruppen eine cholesterinsenkende Therapie mit Statinen von Nutzen ist. In allen guten Studien zeigt sich eine relative Risikoreduktion der koronaren Morbidität und Mortalität um ein Drittel bis ein Viertel.

Dies gilt entgegen früheren Befürchtungen auch bei älteren Patienten, die mit ihrem höheren Ausgangsrisiko von einer Statintherapie besonders profitieren können. Bezogen auf die Laufzeit der jeweiligen Studien beträgt die NNT für koronare Ereignisse bei alten Menschen 30 auf 3,2 Jahre (11), bei jüngeren Hochrisikopatienten 32 auf 5,5 Jahre (9).

Der Nutzen dieser Therapie zeigt sich erst nach längerer Behandlungszeit, sodass bei der Therapieentscheidung die Durchführbarkeit und die Compliance für eine längere Therapiedauer erwogen werden müssen. Bei alten Patienten muss eine evtl. Komorbidität bei der Therapieentscheidung berücksichtigt werden. Insulte lassen sich durch Statinbehandlung bei ihnen nicht verhindern.

Anwendung: Die Substanzen mit der breitesten Datenbasis sind Simvastatin (20 bis 40 mg/Tag) und Pravastatin (40 mg). Obgleich in evidenzbasierten Leitlinien eine Therapie empfohlen wird, wenn das Gesamtcholesterin durch diätetische Maßnahmen nicht unter 5 mmol/l gesenkt werden kann, spricht nach Datenlage vieles dafür, dass die absolute Höhe des Cholesterinaus-

Betablocker nicht vor einer Operation absetzen

Diabetes und chronisch obstruktive Lungenerkrankungen sind keine absoluten Kontraindikationen für Betablocker

Tab. 2.6.1 Betablocker und 2-Jahres-Mortalität nach Herzinfarkt

Untergruppe	Mortalitätsrisiko ohne Betablocker	Mortalitätsrisiko mit Betablocker	NNT/1 Jahr
Patienten ohne Komplikationen	24 %	14 %	22
80 Jahre oder älter	33 %	23 %	20
Bekannte COPD	27 %	17 %	18
Diabetes mellitus	27 %	17 %	20
Keine Herzinsuffizienz	19 %	12 %	26
Schwere Herzinsuffizienz	35 %	24 %	18

Nach (7)

Statine sollten prinzipiell zur Verbesserung der Prognose erwogen werden

Nitrate lindern Symptome, verbessern aber die Prognose nicht

gangsspiegels für den Nutzen der Therapie nachrangig ist.

Nebenwirkungen: Transaminasenerhöhungen auf mehr als das Dreifache des oberen Normwertes treten unter Studienbedingungen bei bis zu 2 % der Patienten auf, was ein Absetzen erforderlich macht. In Einzelfällen kann es zu lebensbedrohlichen Leberschädigungen kommen. Ebenfalls in Einzelfällen können Rhabdomyolysen auftreten. Insbesondere bei Kombination mit Fibraten, Makrolidantibiotika und Azolantimykotika steigt das Risiko. Ein erhöhtes Krebsrisiko ließ sich in den Studien nicht nachweisen.

Abschließende Empfehlung: Statine (insbesondere Simvastatin und Pravastatin) sollten bei Patienten mit KHK zur Verbesserung der Prognose prinzipiell erwogen werden. Aufgrund der guten Evidenz sollten diese Substanzen keinem KHK-Patienten nur aus Budgetgründen vorenthalten werden.

ACE-Hemmer

Datenlage: Die Behandlung von Konorarpatienten mit symptomatischer und asymptomatischer linksventrikulärer Dysfunktion mittels ACE-Hemmern ist gut untersucht und in die Therapie eingeführt (NNT 17 auf 2 Jahre für die Reduktion der Gesamtmortalität bzw. NNT 43 auf 2 Jahre für das Auftreten eines Rezidivinfarktes [12]). Bei Zustimmung des Patienten und guter Verträglichkeit sollte ein ACE-Hemmer wie Ramipril gegeben werden. Bei diesen Patienten konnten schwere vaskuläre Ereignisse (Herzinfarkt, Insult oder vaskulärer Tod) von 17,8 % auf 14 % in 4 Jahren reduziert werden (NNT 27 auf 4 Jahre).

Hinweise zur Anwendung: Positive Studiendaten liegen für Captopril, Enalapril, Lisinopril, Ramipril und Trandolapril vor. Die Initialdosis ist bei schwer herzinsuffizienten oder exsikkierten Patienten niedrig (halbe Erhaltungsdosis) zu wählen.

Nebenwirkungen: ACE-Hemmer-Husten ist häufig (NNH 18 auf 4 Jahre). Da die Datenlage für die alternative Verwendung eines AT_1-Blockers nicht konsistent ist, sollte man auf eine Substitution verzichten, zumal in mehreren Studien die Subgruppe herzinsuffizienter Patienten, die gleichzeitig Betablocker und AT_1-Blocker erhielten, eine erhöhte Mortalität aufwiesen (14, 15). Angioneurotische Ödeme stellen seltenere (0,1 bis 0,5 % der Anwender), aber potenziell bedrohliche Komplikationen einer ACE-Hemmertherapie dar, können aber ebenfalls unter. AT_1-Blockern auftreten.

Abschließende Empfehlung: Eine Indikation für ACE-Hemmer besteht bei eingeschränkter linksventrikulärer Funktion.

Antianginöse Therapie

Betablocker, Nitrate und Kalziumantagonisten

Die obligate präventive Behandlung eines Koronarpatienten mit Betablockern (siehe oben) ist gleichzeitig eine gut untersuchte und dokumentierte Therapie der Angina-pectoris-Symptome (16). Oftmals wird mit **Nitraten** kombiniert, deren pharmakologische Wirkungen (Verminderung der Vorlast) eine gute Ergänzung zur Wirkung der Betablocker sind. Für Nitrate ist ein Einfluss auf das Langzeit-Outcome nicht belegt! Ein nitratfreies Intervall (acht bis zwölf Stunden) ist in der Langzeittherapie zur Vermeidung einer Tachyphylaxie einzuhalten.

Kurzwirkende Nitrate sollten symptomatischen Patienten prinzipiell zur Anfallskupierung verschrieben werden (Einweisung in die Handhabung erforderlich).

Bei Unverträglichkeit von Betablockern ist die Therapie mit einem **Kalziumantagonisten** vom **Diltiazem-Typ** zu erwägen. Der Effekt auf Morbidität und Mortalität ist jedoch unklar. Postinfarktpatienten profitieren diesbezüglich wohl, wenn sie keine linksventrikuläre Dysfunktion aufweisen. Die Kombination von Diltiazem/Verapamil mit Betablockern kann zu ausgeprägten Bradykardien führen und sollte vermieden werden. **Langwirkende bzw. retardierte Dihydropyridine** (Kalziumantagonisten vom Nifedipin-Typ) stellen ebenfalls eine Alternative oder Ergänzung zur Betablockerbehandlung dar. **Kurzwirkende Kalziumantagonisten** vom Nifedipin-Typ sind wegen der Reflextachykardie ungünstig (Erhöhung der kardialen Ereignisse) und sollen nicht eingesetzt werden (Nisoldipin, unretardiertes Nifedipin). Für die gesamte Stoffgruppe gilt: Das Risiko für Linksherzdekompensation steigt. Bei Patienten mit linksventrikulärer Dysfunktion ist daher Zurückhaltung angebracht.

Besonderheiten in der Therapie bei Patienten mit zusätzlichen Erkrankungen

Patienten mit KHK und Diabetes mellitus

Auch die Behandlung eines Diabetikers mit KHK orientiert sich an den oben genannten Prinzipien – umso mehr, als diese Patienten ein höheres Ausgangsrisiko haben und von den Interventionen besonderen Nutzen erfahren. Hingewiesen sei noch einmal auf den dokumentierten Nutzen der Behandlung mit Betablockern (NNT 20 /Jahr).

Patienten mit KHK und linksventrikulärer Dysfunktion

Die Therapie mit ACE-Hemmern bei Patienten mit linksventrikulärer Dysfunktion ist gut etabliert und der Nutzen ausreichend dokumentiert. Patienten, die eine klinisch oder echokardiographisch nachgewiesene myokardiale Funktionsstörungen haben, sollten daher einen ACE-Hemmer erhalten. Es sei darauf hingewiesen, dass die Studien mit relativ hohen Zieldosen (z.B. 3-mal 50 mg Captopril, 2-mal 10 mg Enalapril) durchgeführt wurden.

In gleicher Weise ist die Gabe von Betablockern (gute Datenlage für Carvedilol, Metoprolol und Bisoprolol) bei Patienten mit linksventrikulärer Dysfunktion inzwischen etabliert; ihre Rolle in der Prävention von koronaren Komplikationen wurde oben schon diskutiert.

Patienten mit KHK und Hypertonie

Im Gegensatz zu der Situation bei Typ-2-Diabetes, in der der Nutzen einer Blutdrucksenkung zur Vermeidung makrovaskulärer Ereignisse gut belegt ist (17), ist die Evidenzlage bei KHK-Patienten mit arterieller Hypertonie schwächer. Hinweise auf den Nutzen einer Blutdrucksenkung ergeben sich indirekt:

- **Eine Beobachtungsstudie (18) zeigt, dass erhöhte Blutdruckwerte bei Patienten nach Myokardinfarkt mit einer langfristig erhöhten Mortalität assoziiert sind.**
- **In zahlreichen Hypertoniestudien waren auch Patienten mit subklinischer oder manifester KHK eingeschlossen, die in ähnlichem Maße wie Patienten ohne KHK von einer Blutdrucksenkung profitieren.**

Die Kombination von Diltiazem oder Verapamil mit Betablockern kann schwere Bradykardien verursachen

Entscheidungen über medikamentöse Therapie anhand von Fallbeispielen

Beispiel 1:

Ein 58-jähriger Mann hatte vor vier Jahren einen Hinterwandinfarkt. Der Patient fühlt sich wohl, ist gut belastbar. Bei der klinischen Untersuchung unauffällig, insbesondere keine Zeichen einer links- (und auch rechts-)ventrikulären Stauung. Der Blutdruck wurde vor der Konsultation gemessen: 135/85 mmHg, normofrequent. Der Patient raucht noch, hat ein Gesamtcholesterin von 213 mg/dl, ein HDL-Cholesterin von 40 mg/dl; kein Hinweis auf einen Diabetes bzw. eine diabetische Stoffwechsellage.

Medikamente: ASS 100 mg pro Tag, Bisoprolol 5 mg pro Tag, Simvastatin 40 mg pro Tag.

Frage: Soll noch ein ACE-Hemmer eingesetzt werden?

Beratung: Der Patient hat eher ein niedriges Risiko: < 15%ige Wahrscheinlichkeit einer vaskulären Komplikation oder des Todes innerhalb der nächsten fünf Jahre. Unter der Behandlung mit einem ACE-Hemmer (HOPE, 18) gibt es eine relative Risikosenkung um 21 % (absolut von 17,8 auf 14,0 %), d.h. eine NNT von 38 auf 5 Jahre; somit könnten in dieser Konstellation in 5 Jahren von 15 wahrscheinlichen Ereignissen (pro 100 Patienten) 3 vermieden werden.

Ergebnis: Der Patient beschließt, kein weiteres Medikament zu nehmen. Wenn sich das Risiko erhöht, z.B. wegen einer beginnenden linksventrikulären Dysfunktion, wollen Arzt und Patient die Frage erneut diskutieren.

Beispiel 2:

Ein 72-jähriger Mann mit einem Myokardinfarkt vor drei Jahren, Nichtraucher, subklinischer Diabetes, keine Zeichen der linksventrikulären Dysfunktion. Blutdruck vor der Konsultation gemessen: 130/80 mmHg, leicht bradykard, Gesamtcholesterin: 235 mg/dl, HDL-Cholesterin: 42 mg/dl.

Medikamente: ASS 150 mg pro Tag, Metoprolol 100 mg pro Tag, Enalapril 10 mg pro Tag, zusätzlich ein Alpha-Blocker vom Urologen wegen BPH.

Frage: Soll dem Patienten noch ein Lipidsenker empfohlen werden?

Beratung: Der Patient hat ein Risiko von ca. 20 %, in den nächsten drei Jahren eine gefäßbedingte Komplikation zu erleiden oder kardiovaskulär bedingt zu sterben. Unter Therapie mit Pravastatin sinkt das Risiko um 20 % (PROSPER); das ist eine NNT von 23 auf 3 Jahre; d.h. in 3 Jahren bekommen von 100 Patienten in jedem Fall 17 ein Ereignis, 4 davon können durch diese Therapie profitieren.

Ergebnis: Der Patient hat einer Medikation mit Simvastatin zugestimmt. Bei guter Verträglichkeit nimmt er den CSE-Hemmer regelmäßig ein.

Tab. 2.6.2 Pharmakologische Optionen bei stabiler Angina pectoris

Prognosemodifizierende Arzneimittel	
› Thrombozytenaggregationshemmer – Acetylsalicylsäure (ASS) als Mittel der Wahl für die meisten Patienten, – Thienopyridine (Clopidogrel, Ticlopidin) Reservemittel bei Unverträglichkeit gegenüber ASS	**› CSE-Hemmer („Statine")** – Prinzipiell bei KHK-Patienten in Abhängigkeit vom **Morbiditätsrisiko** erwägen – Höhe des Cholesterin-Ausgangswertes vermutlich nicht entscheidend – Zur individuellen Risikoabschätzung siehe z. B. www.chd-taskforce.de
› Betarezeptorenblocker – Standardtherapie bei KHK zur Anfallsprophylaxe und Prognoseverbesserung – Dosierung gemäß Herzfrequenz (55–60/min)	**› ACE-Hemmer** – Indikation bei eingeschränkter linksventrikulärer Funktion

Symptomatisch wirkende Arzneimittel	
› Nitrate – Geeignet zur symptomatischen Therapie – Beeinflussung der Prognose nicht gesichert	**› Kalziumantagonisten** – Bei Kontraindikation gegenüber Betablockern z.B. Diltiazem – In Kombination mit Betablockern senken langwirkende oder retardierte Kalziumantagonisten vom Nifedipin-Typ die Anfallsfrequenz

KHK-Patienten sollten daher im Rahmen der Sekundärprävention (Betablocker, ACE-Hemmer) auch eine ausreichende Blutdrucksenkung erfahren (z. B. durch Dosisanpassung). Ob weitere Medikamente (z. B. Diuretika) eingesetzt werden sollen, muss den Präferenzen von Patient und Arzt überlassen bleiben.

Fazit

Das pharmakotherapeutische Repertoire bei der KHK ermöglicht neben einer Linderung der Symptome auch eine Besserung der Prognose. Den Nutzen medikamentöser Interventionen kann man für den einzelnen Patienten benennen und ihm eine Option ermöglichen. Die Verträglichkeit im Einzelfall wird nach Therapiebeginn zu beachten sein, ebenso kann eine Hierarchisierung der Wirkstoffe bei Multimorbidität notwendig werden.

Literatur zum Thema

1. Hoffrage U, Kurzenhauser S, Gigerenzer G. [How can one improve the understanding and communication of the importance of medical test results?]. Z.Ärztl.Fortbild.Qualitatssich. 2000;94:713–9.
2. Collaborative meta-analysis of randomised trials of antiplatelet therapy for prevention of death, myocardial infarction, and stroke in high risk patients. BMJ 2002;324:71–86.
3. Weisman SM,.Graham DY. Evaluation of the benefits and risks of low-dose aspirin in the secondary prevention of cardiovascular and cerebrovascular events. Arch.Intern.Med. 2002;162: 2197–202.
4. Collaborative meta-analysis of randomised trials of antiplatelet therapy for prevention of death, myocardial infarction, and stroke in high risk patients. BMJ 2002;324:71–86.
5. Hankey GJ, Sudlow CLM, Dunbabin DW. Thienopyridine derivatives (ticlopidine, clopidogrel) versus aspirin for preventing stroke and other serious vascular events in high vascular risk patients . The Cochrane Library, Issue 3, 2003.Oxford: Update Software.CD001246. 2003. Ref Type: Electronic Citation.
6. A randomised, blinded trial of clopidogrel versus aspirin in patients at risk of ischaemic events (CAPRIE). CAPRIE Steering Committee. Lancet 1996;348:1329–39.
7. Gottlieb SS, McCarter RJ, Vogel RA. Effect of beta-blockade on mortality among high-risk and low-risk patients after myocardial infarction. N.Engl.J.Med. 1998;339:489–97.
8. Randomised trial of cholesterol lowering in 4444 patients with coronary heart disease: the Scandinavian Simvastatin Survival Study (4S). Lancet 1994;344:1383–9.
9. MRC/BHF Heart Protection Study of cholesterol lowering with simvastatin in 20,536 high-risk individuals: a randomised placebo-controlled trial. Lancet 2002;360:7–22.
10. Prevention of cardiovascular events and death with pravastatin in patients with coronary heart disease and a broad range of initial cholesterol levels. The Long-Term Intervention with Pravastatin in Ischaemic Disease (LIPID) Study Group. N Engl J Med 1998;339:1349–57.
11. Shepherd J, Blauw GJ, Murphy MB, Bollen EL, Buckley BM, Cobbe SM et al. Pravastatin in elderly individuals at risk of vascular disease (PROSPER): a randomised controlled trial. Lancet 2002;360:1623–30.
12. Flather MD, Yusuf S, Kober L, Pfeffer M, Hall A, Murray G et al. Long-term ACE-inhibitor therapy in patients with heart failure or left-ventricular dysfunction: a systematic overview of data from individual patients. ACE-Inhibitor Myocardial Infarction Collaborative Group. Lancet 2000;355:1575–81.
13. Effects of ramipril on cardiovascular and microvascular outcomes in people with diabetes mellitus: results of the HOPE study and MICRO-HOPE substudy. Heart Outcomes Prevention Evaluation Study Investigators. Lancet 2000;355:253–9.
14. Cohn JN,.Tognoni G. A randomized trial of the angiotensin-receptor blocker valsartan in chronic heart failure. N Engl J Med 2001;345:1667–75.
15. Pitt B, Poole-Wilson PA, Segal R, Martinez FA, Dickstein K, Camm AJ et al. Effect of losartan compared with captopril on mortality in patients with symptomatic heart failure: randomised trial – the Losartan Heart Failure Survival Study ELITE II. Lancet 2000;355:1582–7.
16. Heidenreich PA, McDonald KM, Hastie T, Fadel B, Hagan V, Lee BK et al. Meta-analysis of trials comparing beta-blockers, calcium antagonists, and nitrates for stable angina. JAMA 1999;281:1927–36.
17. Tight blood pressure control and risk of macrovascular and microvascular complications in type 2 diabetes: UKPDS 38. UK Prospective Diabetes Study Group. BMJ 1998;317:703–13.
18. Flack JM, Neaton J, Grimm R, Jr., Shih J, Cutler J, Ensrud K et al. Blood pressure and mortality among men with prior myocardial infarction. Multiple Risk Factor Intervention Trial Research Group. Circulation 1995;92:2437–45.
18. The Heart Outcomes Prevention Evaluation (HOPE) study investigators. Effects of an angiotensin-converting-enzyme inhibitor, ramipril, on cardiovascular events in high-risk patients. N Engl J Med 200;342:145-53

Eberhard Jennen

Koronare Revaskularisation

Der erwartete Nutzen ist das Motiv für jede Intervention

Akutes Koronarsyndrom: Schnelligkeit siegt!

Ein verengtes oder verschlossenes Koronargefäß kann mittels Herzkathetertechnik aufgedehnt oder per Bypasschirurgie überbrückt werden. Solche Revaskularisationen verbessern aber nicht generell die Prognose des Patienten. Fragen, die Arzt und Patienten interessieren, sind: Wird ein Herzinfarkt vermieden, wenn ein verengtes Gefäß dilatiert wird? Wie hoch ist die Gefahr, durch eine Koronarintervention einen Schaden davonzutragen? Gibt es Alternativen in der Therapie?

Der Hausarzt diagnostiziert bei einem 55-jährigen Patienten an Hand von Alter, Art der Thoraxschmerzen und Belastungs-EKG eine KHK und stellt fest, dass der Patient bereits bei einer Belastung von 50 Watt Angina pectoris bekommt. Die medikamentöse Therapie erscheint dem Hausarzt ausgeschöpft. Er will dem Patienten zu einer perkutanen koronaren Intervention (PCI), d.h. der Revaskularisation im Rahmen einer Herzkatheteruntersuchung, raten. Der Patient stellt die Fragen: Wie funktioniert eine Herzkatheteruntersuchung und -aufdehnung? Was nutzt sie mir? Was kann mir passieren?

Irrtümer und Verwirrungen

Ein hoch wahrscheinlicher Nutzen durch die geplante Revaskularisation führt zum Herzkatheter und nicht die Neugierde, ob es sich um eine KHK handelt. Die Einleitung einer Revaskularisationstherapie muss immer diesen Nutzen – am besten in Prozentangabe – zum Ziel haben. Ist kein Nutzen oder sogar ein Schaden zu erwarten, nutzt es weder Arzt noch Patient, im Bild zu sehen, dass die Koronarien wirklich eng sind. Diese lapidar anmutende Forderung ist in der Praxis oftmals schwer umzusetzen. Verunsicherung führt zu einer Vielzahl von nutzlosen Herzkatheteruntersuchungen.

Die Dilatation eines stenosierten Koronargefäßes vermeidet nicht notwendigerweise einen Herzinfarkt. Die Entstehung eines Herzinfarktes infolge des Einreißens einer instabilen Koronarplaque hat in der Regel nichts mit der chronisch verkalkten Koronarstenose zu tun. Die Argumentation, dass man durch Dilatation einer solchen Koronarstenose den Patienten vor einem Herzinfarkt schützt, ist schon pathophysiologisch nicht plausibel und klinisch unzutreffend. In Kenntnis der möglichen Komplikationen muss der mögliche Nutzen der invasiven Behandlung dem Patienten dargestellt werden. Was also kann mit einer PCI oder der chirurgischen Alternative erreicht werden?

Nutzen einer Herzkatheteruntersuchung mit PCI

› Im Falle eines akuten Koronarsyndroms:
Das akute Koronarsyndrom ist der Oberbegriff für folgende Ereignisse: den transmuralen oder ST-Hebungs-Infarkt, den intramuralen oder Nicht-ST-Hebungs-Infarkt sowie die instabile Angina pectoris. Hier heißt die Devise:
– schnell erkennen (Klinik, EKG),
– schnell einweisen (RTW, Notarzt).

Für jede verlorene Stunde nach Schmerzbeginn eines ST-Hebungs-Infarktes steigt die Mortalität um 0,16 %! Noch nach 15 Jahren besteht ein Überlebensvorteil für Patienten mit ST-Hebungs-Infarkt, deren Infarktgefäß durch Fibrinolyse wieder eröffnet wurde (ARR 15 %).
Fibrinolyse und PCI sind je nach Verfügbarkeit äquivalente Methoden. Auch Patienten mit Nicht-ST-Hebungs-Infarkt oder mit instabiler Angina pectoris mit positivem Troponin-Test profitieren von einer Dilatation (ARR 2,5 %).

› Bei limitierender Angina pectoris trotz optimaler antianginöser Therapie (häufig CCS-Klasse III und IV):

Für den o.g. Patienten mit stabiler Angina gilt der Grundsatz: Die PCI ist hier ein symptomatisches Therapeutikum! Bei solchen Patienten ist also zunächst das Belastungsniveau zu ermitteln, bis zu dem keine Angina auftritt. Hierzu können Angaben des Patienten dienen („Brustschmerzen immer nach zwei Etagen"), besser noch das Belastungs-EKG.

Da es bei der Klärung des Nutzens einer Koronarintervention nicht mehr um die Diagnosestellung geht, ist es nicht sinnvoll – wie oft praktiziert – das Belastungs-EKG ohne antianginöse Therapie durchzuführen, sondern vielmehr unter Ausschöpfung der pharmakologischen Möglichkeiten, d.h. Betablocker + ggf. Nitrate + ggf. Kalziumantagonisten. Zu bewerten ist dabei in erster Linie das Auftreten von Angina pectoris. Die so ermittelte Belastungsschwelle im Zusammenhang mit den Angaben des Patienten darüber, wie häufig er eine derartige Belastung im Alltag erlebt, spiegelt den möglichen symptomatischen Nutzen einer Katheterintervention wider.

In einer Studie (7) waren nach sechs Monaten 67 % der medikamentös behandelten und 79 % der mittels PCI behandelten Patienten in Ruhe oder bei mäßiger Belastung beschwerdefrei (NNT/sechs Monate = 9, siehe Tab. 2.7.1). Ein darüber hinaus gehender prognostischer Nutzen (wie Vermeiden von Herzinfarkten, Senken der Mortalität) besteht nicht. Folglich profitieren also insbesondere die Patienten, deren Angina pectoris trotz ausgeschöpfter medikamentöser Therapie bei geringer körperlicher Belastung auftritt.

› Bei Patienten mit Hochrisikomerkmalen bei der nichtinvasiven Vortestung unabhängig von der Schwere ihrer Angina pectoris:

Diese Formulierung aus der RSAV lässt zunächst Fragen aufkommen. Was sind Hochrisikomerkmale und wie kann man sie erkennen?

Hochrisikomerkmale sind die schwere systolische Dysfunktion mit einer linksventrikulären Ejektionsfraktion (EF) < 35 % im Echokardiogramm, ein hoher Treadmill-Score (siehe Kapitel 2.2), eine belastungsinduzierte Pumpschwäche oder ein Blutdruckabfall beim Belastungs-EKG. **Hinweise zur Weiterleitung an den Facharzt** wegen eines möglichen Hochrisikomerkmals ergeben sich demzufolge aus:

- **klinischen Zeichen für eine Herzinsuffizienz wie Flüssigkeitsretention, geringer Belastbarkeit, Dyspnoe;**
- **EKG-Hinweisen auf eine Herzinsuffizienz wie R-Verluste als Hinweise auf Infarktnarben oder breiten Linksschenkelblock;**
- **geringer körperlicher Belastbarkeit – dieser konsistent als prognostisch bedeutsam interpretierte Faktor wird allerdings beeinflusst von Alter, Geschlecht, Körpergröße, Begleitkrankheiten und psychischer Verfassung;**
- **der Tiefe der ST-Strecken-Senkung im Belastungs-EKG und dem Verhalten von Blutdruck und Puls während der Belastung.**

› Bei Patienten, die einen Herzstillstand oder eine lebensbedrohliche ventrikuläre Arrhythmie überlebt haben:

Bevor über eine Implantation eines antitachykarden Schrittmachersystems entschieden wird,

Therapieziel:
Angina pectoris verringern

Einteilung der stabilen Angina pectoris nach der Canadian Cardiovascular Society (CCS)-Klassifikation

› Grad 1	Normale körperliche Aktivität wie Gehen oder Treppensteigen verursacht keine Angina. Angina bei starker körperlicher Anstrengung oder während der Erholung nach Anstrengung.
› Grad 2	Geringe Einschränkung bei normaler körperlicher Aktivität wie schnellem Gehen oder Treppensteigen, Bergaufgehen, Treppensteigen nach dem Essen, in der Kälte, bei Gegenwind oder unter emotionalem Stress oder in den frühen Morgenstunden. Treppensteigen von mehr als einer Etage oder Gehen einer Strecke von mehr als zwei Straßen lösen Angina aus.
› Grad 3	Deutliche Einschränkung der normalen körperlichen Aktivität. Treppensteigen von einer Etage oder Gehen einer Strecke von ein bis zwei Straßen lösen Angina aus.
› Grad 4	Unfähigkeit zu jedweder körperlicher Anstrengung ohne Angina und Ruheangina.

Tab. 2.7.1 Ereigniswahrscheinlichkeit bei stabiler Angina pectoris nach PCI oder rein medikamentöser Therapie über einen Zeitraum von 2,7 Jahren

Ereignis	PCI (AR)	medikamentös	NNH
Tod	2,2 %	1,4 %	n. s.
überlebter Herzinfarkt	4,2 %	1,9 %	n. s.
Tod oder Herzinfarkt	6,3 %	3,3 %	33
Nach 6 Monaten noch beschwerdefrei	**79 %**	**67 %**	**NNT = 9**

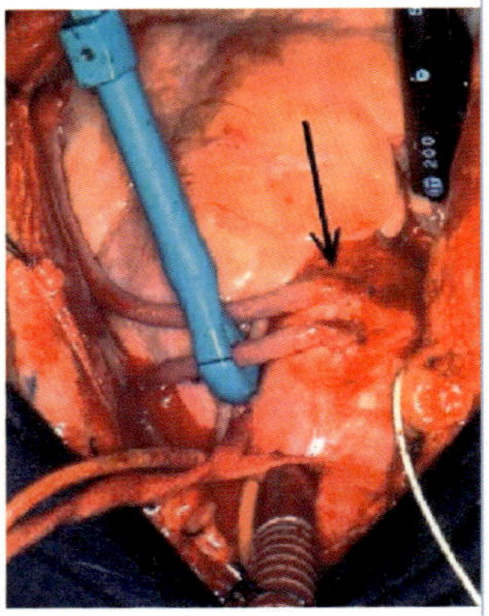

Bypassoperation

Die Echokardiographie – der Goldstandard der Diagnostik einer systolischen Dysfunktion

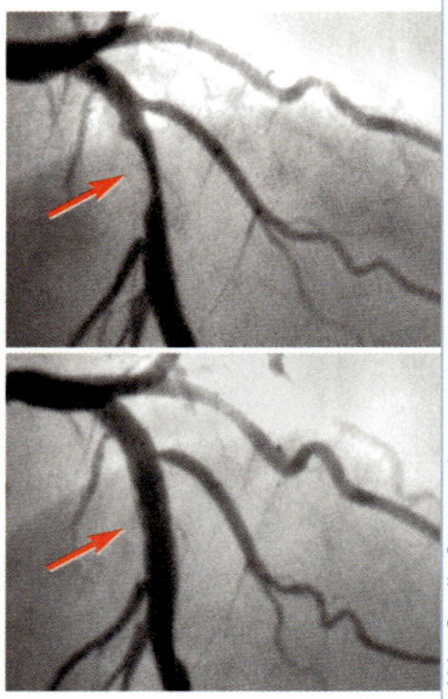

Abb.: Cordis Corporation

Dilatation einer Koronarstenose

ist es üblich, nach einer primär kardiovaskulären Ursache zu suchen und diese ggf. zu behandeln. Dieses Vorgehen lässt sich aber nicht mit Zahlen belegen.

› Bei Patienten mit Angina pectoris und Symptomen der Herzinsuffizienz:
Die Mortalität von Patienten mit systolischer Dysfunktion ist viel höher als mit normaler linksventrikulärer Funktion. Obwohl nach Bypassversorgung das relative Risiko zu versterben bei guter und schlechter LV-Funktion ähnlich ist, profitieren herzinsuffiziente Patienten von einer Revaskularisation auf Grund ihres hohen Basisrisikos stärker.

› Keine Indikation zur invasiven Diagnostik liegt vor:

- **als Routinekontrolle nach PCI,**
- **als Screeningmethode bestimmter Berufsgruppen,**
- **bei fehlender Bereitschaft des Patienten zu einer Intervention,**
- **bei begleitender, die Lebenserwartung deutlich reduzierender Erkrankung.**

Durchführung der PCI

Unter dem Oberbegriff der perkutanen Koronarintervention (PCI) werden die nichtchirurgischen Eingriffe an den Herzkranzgefäßen mittels Kathetertechnik verstanden. Dies sind die einfache Aufdehnung (PTCA), der zusätzliche Einsatz einer Gefäßbrücke im Lumen (Stent) und weitere Kathetertechniken, die hier nicht weiter aufgeführt werden sollen.
Nach Punktion eines arteriellen Gefäßes, üblicherweise der A. femoralis unterhalb des Leistenbandes, wird ein flexibler, vorgebogener Plastikschlauch so durch den Aortenbogen geschoben, dass die Katheterspitze im Ostium des jeweiligen Kranzgefäßes zu liegen kommt. Appliziertes Kontrastmittel flutet in dem dargestellten Kranzgefäß an und macht Gefäßengstellen erkennbar. Ein mit einem Ballon an der Spitze versehener Katheter wird über einen Führungsdraht in die Engstelle platziert und mit Flüssigkeit aufgebläht. Ein über den Ballon gestülptes Drahtgeflecht (Stent) kann bei Komplikationen wie einer Gefäßdissektion oder bei einem schlechten Dilatationsergebnis durch seine mechanischen Eigenschaften die Gefäßlichtung stabilisieren.

Durchführung der Bypassoperation

Bei der Bypassoperation wird entweder ein arterielles Blutgefäß – in der Regel die A. mammaria oder A. thoracica interna – oder ein venöses Gefäß, das üblicherweise den Unter- bzw. Oberschenkeln entnommen wird, mit der Aorta ascendens einerseits und dem Koronargefäß distal der Stenose andererseits anastomosiert.

Vergleich PCI versus Bypass

Eine Koronargefäßstenose ist identifiziert. Welche Vorinformationen könnten dem Patienten jetzt nützlich sein? Die Auskunft hierüber muss der Patient vorher und von seinem Hausarzt erhalten!
Die Art der Revaskularisation ist nach der Sichtung der Gefäßstenosen vom Patienten in der Regel nicht frei wählbar, sondern wird ihm von dem Arzt, der die Herzkatheteruntersuchung durchführt, empfohlen. Die Kenntnis der Langzeitergebnisse ist daher im Vorfeld der Patientenberatung bereits zu vermitteln. Die Häufigkeit erneuter Herzkathetereingriffe ist der gravierendste Unterschied zwischen der PCI und der Bypassoperation. Aber auch die Angina pectoris lässt sich durch Bypassoperation häufiger vermeiden. Anders ist dies beim Diabetiker. Hier hat die Wahl der Methode auch Einfluss auf die Prognose, denn die Mortalität wird durch Bypassoperation im Vergleich zur PCI deutlich gesenkt (niedrige NNT von 7; siehe Tab. 2.7.2).

Komplikationen von PCI und Bypassoperation

Um überproportionale Ängste des Patienten abzubauen und eine bewusste Einwilligung in die geplante PCI möglich zu machen, ist die Kenntnis möglicher Komplikationen unabdingbar (Tab. 2.7.3).
Die Gefahr einer Komplikation bei der PCI hängt stark vom Zustand des Patienten ab (z. B.

Alter, Konstitution, Vorerkrankungen, Ventrikelfunktion) und davon, ob es sich um eine Notfallsituation handelt. Dies gilt auch für die häufig bagatellisierte vaskuläre Läsion, meist in der Leiste. Das Risiko einer Läsion im Bereich der Einstichstelle oder im weiteren Gefäßverlauf, hängt auch von Alter, Geschlecht, Körpergewicht und Vorerkrankungen ab (siehe Tab. 2.7.4). Das bedeutet, dass z. B. bei vorbestehender Niereninsuffizienz das Risiko, eine Gefäßkomplikation im Rahmen der PCI zu erleiden, bei 7,7 % liegt und damit 1,9fach erhöht ist; bei über 70-Jährigen beträgt es allein aufgrund des Alters 5,1 % und ist damit nahezu verdreifacht. Die Komplikationsraten nach Bypassoperation sind in Tabelle 2.7.5 wiedergegeben.

Voruntersuchungen

Vor geplanter PCI sind für den Hausarzt folgende Aspekte von Bedeutung: Nimmt der Patient orale Antikoagulanzien? Welche Laborwerte müssen bestimmt werden? Wie ist mit ASS oder Clopidogrel zu verfahren?
Unterhalb eines INR von 1,8 ist das Blutungsrisiko gering, sodass eine Intervention problemlos durchführbar ist. Aber auch im therapeutischen Bereich vieler Patienten unter Antikoagulation (häufig INR 2–3) ist eine Katheterintervention ohne gesteigerte vaskuläre Komplikationsrate möglich. Hierzu ist allerdings aus praktischen Gründen die Rücksprache mit dem Herzkatheterlabor nötig.

Notwendige Laborwerte vor PCI:

- Serumkreatinin (ältere Patienten: Kreatinin-Clearance),
- basales TSH,
- aktuelle Gerinnungswerte,
- Blutbild.

Die Bestimmung der Nierenfunktion ist wichtig, weil das Kontrastmittel (KM) bei eingeschränkter Nierenfunktion nicht genügend eliminiert wird und es zur dialysepflichtigen Niereninsuffizienz kommen kann. Ein normales TSH schließt eine Hyperthyreose aus. Bei einer fakultativen Hyperthyreose (euthyreote Autonomie mit supprimiertem TSH, aber normalem fT_3 und fT_4) muss die Schilddrüsenfunktion vor Jodkontamination durch das KM blockiert werden. Bei einer manifesten Hyperthyreose (TSH supprimiert, fT_3/fT_4 erhöht) ist eine KM-Gabe kontraindiziert.
Eine Thrombozytopenie im Blutbild und eine Veränderung der Gerinnungsparameter kann eine verlängerte Blutung zur Folge haben. Besteht ein Hinweis auf eine verlängerte Blutungszeit, so sollte diese bestimmt werden (in Minuten und Sekunden).

Wichtig:

- **Weder ASS noch Clopidogrel behindern eine PCI. Nach Stent-Implantation ist die Kombination beider Medikamente zur Verhinderung einer frühen Stentthrombose sinnvoll, ein Nutzen dieser Kombinationstherapie ist bis zu zwölf Monaten belegt.**

Bei einer INR von 2–3 ist eine Intervention ohne gesteigerte vaskuläre Komplikationsrate möglich

Tab. 2.7.2 Mortalität und Morbidität nach Bypassoperation versus PCI nach drei Jahren

	Bypassoperation	PCI
Mortalität	4,4 %	4,6 %
Herzinfarkt und kardialer Tod	9,3 %	9,9 %
Angina pectoris > CCS 2	14,1 %	17,8 %
Zusätzliche Bypassoperation im ersten Jahr	1,0 %	17,8 %
Zusätzliche PCI oder Bypassoperation im ersten Jahr	3,3 %	33,7 %
Zusätzliche PCI oder Bypassoperation in folgenden Jahren	3,4 %	7,8 %

Tab. 2.7.3 Mögliche Komplikationen einer PCI

Bezeichnung der Komplikation	Bedeutung	Vorkommen
Dissektion	Einriss der Koronargefäßintima, kann mit Stent in der Regel kompensiert werden	Angiographisch sichtbar bis zu 30 %
Perforation	Kompletter Einriss der Koronargefäßwand	0,1 %
Herzinfarkt		2,5 %
Notfallbypassoperation		5 %
Todesfälle		1 %
Vaskuläre Komplikationen	Hämatome, arterielle Fisteln, arterielle Thrombosen, Aneurysmata spuria	bis 9 %
Restenose	Wahrscheinlichkeit kann durch Stenteinlage reduziert werden	25–40 %

Tab. 2.7.4 Vaskuläre Komplikationsrate einer PCI in Abhängigkeit von Patientenmerkmalen

Modifizierendes Merkmal	Komplikationsrate
Alter < 50 Jahre	1,46 %
Alter 50–59 Jahre	1,4 %
Alter 60–69 Jahre	2,4 %
Alter 70–79Jahre	5,1 %
Alter über 80 Jahre	6,4 %
Weibliches Geschlecht	5,1 %
Männliches Geschlecht	1,9 %
Adipositas	7,7 %
Kongestive Herzinsuffizienz	6,5 %
COPD	5,2 %
Niereninsuffizienz	7,7 %
PAVK	5,9 %
Hämorrhagische Diathese	7,4 %
Notfalleingriff	7,0 %
Herzinfarkt in den letzten drei Wochen	2,8 %
Schock	19,8 %

Tab. 2.7.5 Relevante Komplikationen nach Bypass-OP während des stationären Aufenthalts

	Komplikationsrate
Tod	1,4 %
Herzinfarkt	4,8 %
Schlaganfall	1,1 %
Kombinierter Endpunkt aus Tod, Herzinfarkt, Schlaganfall, Koma, Notfall-Re-Revaskularisation	7,0 %

Fazit

Die Entscheidung zur koronaren Revaskularisation können nur der Patient und der Arzt gemeinsam treffen und nur dann, wenn beide Kenntnisse über die Daten zu Nutzen und Risiken erhalten. In den allermeisten Fällen der ambulanten Versorgung ist die PCI ein symptomatischer Eingriff. Hinweise für Hochrisikomerkmale ergeben sich häufig aus Symptomen, EKG und dem Ergometriebefund. Für Patienten mit stabiler Angina ohne Hochrisikomerkmale ist zunächst die Ausschöpfung der medikamentösen Therapie indiziert.

Literatur

1. SIGN 32: Scottish Intercollegiate Guidelines Network. Coronary Revascularisation in the management of stable angina pectoris. SIGN Guideline No. 32; 1998.
2. Richtlinien der interventionellen Koronartherapie, Z Kardiol 86:1040–1063 (97).
3. Piper WD et al., Predicting vascular complications in percutaneous coronary interventions, AM heart J. 2003 Jun;145(6): 1022–9.
4. Pocock SJ et al. , Meta-analysis of randomised trials comparing coronary angioplasty with bypass surgery, Lancet 1995; 325:849–53.
5. ACC Guidelines Update 2002 for Exercise testing. Gibbons et al. JACC, 33:2092; 1999.
6. The Clopidogrel in Unstable angina to prevent Recurrent Events (CURE) trial programme; Eur Heart J. 2000 Dec;21(24): 2033–41.
7. RITA-2 trial participants. Coronary angioplasty versus medical therapy for angina: the second Randomised Intervention Treatment of Angina (RITA-2) trial. Lancet 1997; 350:461–8.

Gerd Bönner

Rehabilitation bei KHK

Bei chronischen Erkrankungen ist die Rehabilitation eine wertvolle Ergänzung der therapeutischen Bemühungen auf somatischer, psychischer und sozialer Ebene. In edukativen Ansätzen wird die Autonomie und die Selbstverantwortung des Patienten gefördert.

Ziel

Die Rehabilitation dient nach dem Sozialgesetzbuch dem Zweck, bei herzkranken Patienten, bei denen eine Indikation zur Rehabilitation gegeben ist, mit Hilfe eines multidisziplinären Teams die individuell bestmögliche physische und psychische Gesundheit sowie die Teilhabe am schulischen, beruflichen und gesellschaftlichen Leben wiederherzustellen und langfristig aufrechtzuerhalten. Die kardiale Rehabilitation bei koronarer Herzkrankheit ist integraler Bestandteil einer umfassenden Versorgung dieser Patienten und sollte besonders der Rente und Pflege vorgeschaltet sein und den Patienten zu einer möglichst selbständigen und unabhängigen Lebensführung befähigen.

Struktur

Die Rehabilitation bei koronarer Herzkrankheit findet ganz überwiegend in Form der Anschlussrehabilitation/Anschlussheilbehandlung statt, also nach Abschluss der akuten Krankheitsphase, und erfolgt überwiegend stationär in fachspezifischen Rehabilitationskliniken. Voraussetzung für die Durchführung einer Rehabilitation ist die medizinische Notwendigkeit. Die Rehabilitationsbedürftigkeit besteht bei KHK-Patienten, wenn über die kurative Behandlung hinaus Maßnahmen erforderlich sind, um voraussichtlich nicht nur vorübergehende Fähigkeitsstörungen, drohende oder bereits manifeste Beeinträchtigungen zu verhindern, zu beseitigen, zu vermindern oder ihre Verschlimmerung zu verhüten. Für eine stationäre Durchführung der Rehabilitation sprechen ein höherer medizinischer Schweregrad des Schadensbildes, eine geringere allgemeine Belastbarkeit, ein höheres Maß an Fähigkeitsstörungen, eine ausgeprägte Multimorbidität, ein massiv gesteigertes kardiovaskuläres Risiko, ungünstige psychosoziale Situationen sowie letztlich auch verkehrstechnische Gründe.

Je nach medizinischen und psychosozialen Gesichtspunkten kann bei gegebener Akzeptanz durch den Patienten und regional verfügbaren Rehabilitationseinrichtungen die Anschlussheilbehandlung auch ambulant durchgeführt werden. Die Ergebnisse der ambulanten kardialen Rehabilitation sind nach ersten Untersuchungen mit denen der stationären Rehabilitation vergleichbar. Voraussetzung ist das umfassende Rehabilitationsangebot wie bei der stationären Rehabilitation, die Einhaltung der Standards der Rahmenempfehlungen der Bundesarbeitsgemeinschaft für Rehabilitation (BAR) sowie die akzeptable verkehrstechnische Anbindung an das Zentrum. Für eine ambulante Rehabilitation sprechen ein geringerer medizinischer Schweregrad des Schadensbildes, eine gute allgemeine Belastbarkeit, ein geringeres Maß an Fähigkeitsstörungen, Fehlen von Multimorbidität, ein geringeres kardiovaskuläres Risiko sowie geeignete psychosoziale Umstände. Patienten, auf die diese Voraussetzungen zutreffen, sollte primär das ambulante Rehabilitationsverfahren angeboten werden.

Rehabilitation bei KHK findet überwiegend nach Abschluss der akuten Krankheitsphase statt

Indikationen für kardiale Rehabilitation: Generell gelten bei koronarer Herzkrankheit folgende Indikationen für eine kardiale Rehabilitation:

- **koronare Herzkrankheit nach akutem Koronarsyndrom mit und ohne Katheterintervention;**
- **koronare Herzkrankheit nach operativen Eingriffen wie Bypassanlage, Aneurysmektomie oder Ventrikelreduktionsplastik;**
- **koronare Herzkrankheit mit konsekutiver chronischer Herzinsuffizienz bei eingeschränkter individueller Alltagsbelastbarkeit trotz Ausschöpfung konservativer,**

Abb. 2.8.1 Formen der kardiologischen Rehabilitation

Anschlussheilbehandlung / Anschlussrehabilitation

- **stationär/teilstationär** (in Reha-Klinik)
- **ambulant** (in Reha-Zentrum / -Klinik)

Langzeitnachsorge

- Die Langzeitnachsorge kann **stationär** oder **ambulant** erfolgen
  - **Hausarzt** (ambulant)
  - **Herzsportgruppe** (ambulant)
  - **Rehabilitationsklinik** (stationär/ambulant)

interventioneller und/oder operativer Maßnahmen;

- **koronare Herzkrankheit mit stabiler Angina pectoris und dadurch bedingten, individuell limitierenden Symptomen nach Ausschöpfung konservativer, interventioneller und/oder operativer Maßnahmen, besonders bei ausgeprägter, ambulant nicht beherrschbarer Risikofaktorensituation, erhöhtem Schulungsbedarf oder individuellen Compliance-Problemen.**

Ist ein Patient rehabedürftig, ist vor Antragstellung zu prüfen, ob bei ihm die Rehabilitationsfähigkeit gegeben und eine ausreichende Rehabilitationsprognose vorauszusehen ist.
Die ambulante Langzeitnachsorge soll ergänzend zu den Rehabilitationsverfahren kontinuierlich erfolgen. Dazu gehört die regelmäßige Teilnahme an einer Herzsportgruppe mit dem Ziel, den Patienten zu einer dauerhaften Änderung des Lebensstils zu motivieren sowie sein Selbsthilfepotenzial und seine Eigenverantwortung dauerhaft zu stärken und zu fördern.

Leistungen zur stationären oder ambulanten Rehabilitation können in der Regel alle vier Jahre beantragt werden

Wege in die Rehabilitation

Die Anschlussheilbehandlung/Anschlussrehabilitation wird in der Regel durch den Sozialdienst des akut betreuenden Krankenhauses bei den Kostenträgern (Krankenversicherung, Rentenversicherungsträger) beantragt. Bei bereits entlassenen Patienten muss dieser Antrag über den Hausarzt zeitnah (d.h. meist innerhalb von 14 Tagen) zum Akutereignis erfolgen.

Die Langzeitnachsorge mittels Herzsportgruppen wird von den Krankenkassen durch eine Kostenbeteiligung unterstützt. Der Antrag muss vom Patienten und dem Hausarzt formuliert und bei den Kostenträgern (Krankenkassen/Krankenversicherungen) eingereicht werden. Eine intermittierende Rehabilitation wird in der Regel durch den Hausarzt bei den Kostenträgern beantragt.
Rehabilitationsleistungen zu Lasten der gesetzlichen Krankenversicherung werden nur erbracht, soweit sie nicht von anderen Trägern der Sozialversicherung erbracht werden können. Die Krankenkassen sind berechtigt, die Anträge zur Rehabilitation durch den Medizinischen Dienst der Krankenkassen (MDK) zu prüfen.
Bei Patienten die im Arbeitsleben stehen, übernimmt in der Regel die Rentenversicherung die Kosten der Rehabilitation. Bei den anderen Patienten kann der Antrag bei den gesetzlichen Krankenversicherungen eingereicht werden. In der Regel haben privat versicherte Patienten keinen Anspruch auf eine Rehabilitation. Hier muss die Frage einer möglichen Kostenübernahme individuell vor Antritt der Maßnahme geklärt werden.
Leistungen zur stationären oder ambulanten Rehabilitation können in der Regel alle vier Jahre neu beantragt werden. Eine vorzeitige Leistungsgewährung ist möglich, wenn dies aus medizinischen Gründen dringend erforderlich ist.

Zentrale Inhalte

Der Behandlungsansatz des Rehabilitationsverfahrens darf nicht alleine auf die primäre Schädigung (= Impairment) ausgerichtet sein, sondern hat besonders auch eine auf die Schädigung folgende **Fähigkeitsstörung** (= Disability, bei normalen alltäglichen Aktivitäten) oder eine drohende oder bereits eingetretene **Beeinträchtigung** (Handicap = Einschränkung der individuellen normalen Rolle im Alltag) in der Teilhabe am schulischen, beruflichen oder sozialen Leben zu berücksichtigen.
Die Kenntnis der körperlichen, geistig-seelischen und psychosozialen Ressourcen des Patienten, die in spezifischen rehabilitationsdiagnostischen Verfahren erfasst werden, sind bei der Erstellung des Rehabilitationsplans Grundlage. Nicht

selten ist es erforderlich, zur Umsetzung des Rehabilitationsplans noch weitere Bezugspersonen aus dem familiären, sozialen oder beruflichen Umfeld hinzuzuziehen, um das **Ziel der Wiederherstellung der Teilhabe** am schulischen, beruflichen oder sozialen Leben möglichst optimal zu erreichen.

Der Rehabilitationsplan wird durch den Arzt unter Mitwirkung des Rehabilitationsteams festgelegt und enthält Aussagen zu den individuellen Schädigungen, Fähigkeitsstörungen und Beeinträchtigungen des Patienten, zu den Rehabilitationszielen, den erforderlichen Rehabilitationsmaßnahmen und Empfehlungen zur Nachsorge. Die realistischen und alltagsrelevanten Rehabilitationsziele sind gemeinsam mit dem Patienten zu definieren, um einen möglichst großen Erfolg zu erreichen. Durch die Komplexität und Interdisziplinarität unterscheidet sich die Rehabilitation somit wesentlich von der klassischen kurativen Medizin und der konventionellen physikalischen Therapie.

Zur Beseitigung der Schädigung, der Fähigkeitsstörungen und eventueller Beeinträchtigungen stützt sich die Rehabilitation bei koronarer Herzkrankheit im Wesentlichen auf vier Behandlungsbereiche, die von einem multidisziplinären Team bearbeitet werden:

- den somatischen Bereich,
- den edukativen Bereich,
- den psychologischen Bereich,
- den sozialmedizinischen Bereich.

Im **somatischen** Bereich steht die medizinische Überwachung und ärztliche, pflegerische, diätetische, physikalische, ergotherapeutische und physiotherapeutische Betreuung im Vordergrund. Hauptziel ist die Therapie von Schädigungen und Fähigkeitsstörungen inklusive Aktivierung nach Operation, sekundärpräventive Therapieoptimierung und individuelles Training von gestörten Fähigkeiten.

Im **edukativen** Bereich wird der Schwerpunkt auf die individuelle Aufklärung, Beratung und Schulung des Patienten gelegt. Besonders durch die Schulung wird das Selbsthilfepotenzial und die Eigenverantwortung des Patienen gestärkt. Mittels des multidisziplinären Teams wird der Patient in seiner Krankheit sowie ihren Folgen umfassend behandelt. Es werden die Maßnahmen zur Sekundärprävention erläutert und eingeübt. Das körperliche Training wird individuell angepasst.

In Gruppenprogrammen oder Einzeltraining wird verhaltenstherapeutisch gegen Übergewicht, Nikotinkonsum und Stress geschult. Zudem werden spezielle therapeutische Maßnahmen in Schulungen erläutert, was besonders die Blutzuckerselbstkontrolle, die Blutdruckselbstmessung sowie die INR-Gerinnungsselbstkontrolle betrifft. Zu diesen Schulungen sollen auch die Angehörigen mit eingeladen werden, weil sie erheblich zum Langzeiterfolg der Rehabilitation bei den betroffenen Patienten beitragen können.

Information über die Krankheit und die Behandlungsmöglichkeiten

Im **psychologischen** Bereich wird besonderer Wert darauf gelegt, eine Unterstützung bei der Krankheitsverarbeitung anzubieten. Besonders wichtig erscheint es, in Test- und Screeningverfahren psychische Störungen wie Depression und Angst rechtzeitig aufzudecken und die Patienten ggf. einer psychotherapeutischen Maßnahme zuzuführen.

Oft kann in der Rehabilitation eine Psychotherapie nicht erfolgreich abgeschlossen werden. Wichtig erscheint jedoch, dass bei Problempatienten eine Bahnung für die langfristige Psychotherapie zu Hause erfolgt.

Unterstützung bei der Krankheitsverarbeitung

Im **sozialmedizinischen** Bereich steht die berufliche oder soziale Wiedereingliederung von Patienten mit koronarer Herzkrankheit ganz im Vordergrund. Hier erfolgt während der Rehabilitation eine enge Kooperation mit Zentren der beruflichen Rehabilitation, Betrieben und Betriebsärzten sowie ambulanten sozialen Einrichtungen. Bei unklaren Situationen hat es sich als extrem vorteilhaft erwiesen, schon während der medizinischen Rehabilitation mit den Rentenversicherungsträgern gemeinsam die berufliche Rehabilitation zu besprechen und gegebenenfalls notwendige Maßnahmen einzuleiten.

Erfolge der Rehabilitation sind in Studien dokumentiert

Wiedereingliederung in das Berufsleben

Die Rehabilitation unterliegt einer klaren Struktur- und Prozessqualität, die mit den Spitzenverbänden der Krankenkassen- und Rentenversicherungsträger abgestimmt wurde. Die Ergebnisqualität wird ebenfalls nach festen Vorgaben geprüft.

Nach diesen Beurteilungen und den Ergebnissen zusätzlicher wissenschaftlicher Untersuchungen ist der Erfolg der stationären Rehabilitation unbestritten gut: Es finden sich durch die Rehabilitation eine bessere Risikofaktoreneinstellung, eine gesteigerte Leistungsfähigkeit, eine geringere Depressivität, ein besseres Krankheitsverständnis, ein deutlich erhöhter Anteil von beruflichen Wiedereingliederungen sowie langfristig eine Reduktion von neuen kardiovaskulären Ereignissen oder Eingriffen.
Dies geht besonders deutlich aus einer Vergleichsstudie an Geschwisterpaaren hervor, die beide einen Herzinfarkt erlitten haben. Die Geschwister, die nach Infarkt der kardialen Rehabilitation zugeführt wurden, schnitten in ihren Langzeitergebnissen und Risikofaktorprofilen wesentlich besser ab als die Geschwister ohne kardiale Rehabilitation.
Nicht so erfolgreich stellt sich langfristig die Langzeitnachsorge dar. Die Einstellung der kardiovaskulären Risikofaktoren wird langsam wieder schlechter, die körperliche Aktivität geht zurück und die Mitarbeit des Patienten lässt mit abnehmender Krankheitseinsicht wieder nach.

Die besondere Rolle des Hausarztes

Dem Hausarzt kommt in dieser Phase der chronischen Krankheit eine besondere Bedeutung zu, weil er durch Beratung und Maßnahmen das Gesundheitsbewusstsein aufrechterhalten, die medizinisch notwendigen Therapien beibehalten und die Patienten zu Eigenaktivitäten in Herzsportgruppen fördern kann.
In besonders schwierigen Fällen sollte entsprechend der Antrag auf stationäre/ambulante Rehabilitation nicht versäumt werden.

Fazit

Rehabilitation ist integraler Bestandteil der Behandlung der Patienten mit koronarer Herzkrankheit und dient der psychischen, physischen und sozialen Verbesserung bzw. Stabilisierung des chronischen Krankheitsprozesses. Ziel aller Maßnahmen ist somit neben der Gesundheit auch die Teilhabe am schulischen, beruflichen und gesellschaftlichen Leben. Neben dem somatischen und psychischen Therapieansatz ist daher die edukative und sozialmedizinische Betreuung wichtigster Inhalt der kardiologischen Rehabilitation. In der langfristigen Betreuung ist der größte Erfolg dann zu erreichen, wenn eine enge Zusammenarbeit zwischen Patient (Herzsportgruppe), Hausarzt (Sekundärprävention) und Rehabilitationszentrum (intensive Betreuung bei Problemfällen) gewährleistet wird.

Literatur zum Thema

1. Dietz R, Rauch B: (2003) Leitlinie zur Diagnose und Behandlung der chronischen koronaren Herzerkrankung der Deutschen Gesellschaft für Kardiologie – Herz- und Kreislaufforschung (DGK). Z Kardiol 92, 429–437.
2. Bruckenberger E: (2002) Herzbericht 2001. 14. Bericht der Arbeitsgruppe Krankenhauswesen der Arbeitsgemeinschaft der obersten Landesgesundheitsbehörden der Länder (AOLG).
3. Deutsche Gesellschaft für Prävention und Rehabilitation von Herz-Kreislauferkrankungen e.V. (DGPR) (1998) Empfehlungen der DGPR: Motivation zur ambulanten Herzgruppe. Koblenz.
4. Bundesversicherungsanstalt für Angestellte (2003) Rehabilitation 2003. Der Mensch im Mittelpunkt einer zukunftsorientierten Rehabilitation. Druckerei Buck, Berlin.
5. Bundesarbeitsgemeinschaft für Rehabilitation (BAR) (2000). Rahmenempfehlungen zur ambulanten kardiologischen Rehabilitation. 2. Auflage 2001, Frankfurt.

Klaus Wahle, Wolfgang-Axel Dryden

Hausärztliche Langzeitbetreuung und Praxismanagement

Disease-Management-Programme (DMPs) machen evidenzbasierte Medizin zur Grundlage von Diagnostik und Therapie. Diese Studien rekrutieren sich aus dem internationalen Schrifttum. In der Versorgungsstruktur betreten DMPs Neuland.

Angelehnt an den § 73 SGB V, der dem Hausarzt die allgemeine und fortgesetzte ärztliche Betreuung eines Patienten zuweist, wird auch im DMP koronare Herzkrankheit grundsätzlich dem Hausarzt die Langzeitbetreuung und Dokumentation der Behandlung zugewiesen. Dabei werden Schnittstellen zur fachärztlichen Versorgungsebene beschrieben.

In der Auflistung der Überweisungskriterien finden sich für den Hausarzt selbstverständliche Kriterien, wie neu aufgetretene symptomatische Herzrhythmusstörungen, Durchführung der invasiven Diagnostik und Therapie. Bei anderen Kriterien muss der Hausarzt aus seiner Kompetenz heraus entscheiden, ob und wann er den Patienten weiterverweist. Dies gilt z. B. für Patienten mit Komorbiditäten, wie Diabetes mellitus, Hypertonie oder Depressionen. Hier schreibt die Rechtsverordnung lediglich vor, dass der Hausarzt zu prüfen hat, ob eine Überweisung zum Facharzt erforderlich ist.

In anderen Bereichen obliegt es ebenfalls dem Hausarzt, die Zeitspannen zu definieren, in denen ein Patient zu einer Routinekontrolle dem Facharzt vorgestellt wird, wie z. B. bei medikamentösen Non-Respondern. Daraus resultiert für den verantwortlichen Hausarzt kein Umstellungsbedarf zu seinen heute gängigen Gepflogenheiten, weil er sich nach Ausschöpfung seiner Mittel bei Ausbleiben eines ausreichenden Behandlungserfolges fachlicher Hilfe versichert.

Neue Aufgabenfelder

Aus den DMPs ergeben sich neue Aufgabenfelder in der ambulanten Versorgung. Stand bislang die Schulung des Diabetikers in Bezug auf den Umgang mit seiner Erkrankung im Fokus, so hat sich das Spektrum der zu schulenden Inhalte mit den DMPs Diabetes mellitus Typ 2 und KHK um die Hypertonieschulung erweitert. Im Rahmen des DMP KHK kommt das Schulungsprogramm Antikoagulation* hinzu.

Neue Regeln für die Kontrollintervalle

Daraus ergibt sich auch die Notwendigkeit, den Betroffenen diese Schulungen anzubieten. Dies zeitnah zu gestalten wird leichter, wenn sich Hausärzte zu **Schulungsgemeinschaften** zusammenschließen und hier ein umfassendes Angebot bereithalten. Wer eine Schulung abrechnen möchte, kann diese Leistung an eine Schulungsgemeinschaft delegieren, wenn er selber die Befähigung zur Schulung besitzt und in der Schulungsgemeinschaft für diese Tätigkeit qualifiziertes Personal einsetzt. So lassen sich aus verschiedenen Praxen gemeinschaftliche Schulungsgruppen zusammenstellen und ein kontinuierliches Angebot aufrechterhalten. Als Nebeneffekt solcher Schulungsgemeinschaften ergibt sich häufig auch eine Vernetzung von Hausarztpraxen für andere Aufgaben und daraus eine Arbeitserleichterung für alle. Interessierte Ärzte sollten sich auf jeden Fall vorher mit ihrer KV absprechen und beachten, dass die Regelungen der einzelnen KVen hierzu voneinander abweichen können.

Im DMP KHK werden weitere Schulungen abrechenbar

Beratungsbedarf ergibt sich auch aus dem Risikoverhalten des Patienten, z. B. durch Rauchen.

---

* für Patienten, die aufgrund der Indikationsliste einen Anspruch auf ein Selbstmessgerät haben

Für diese Gruppe sieht die Rechtsverordnung lediglich die Beratung durch den Arzt und z. B. verhaltenspsychotherapeutische Maßnahmen vor.

Bestimmung der Risikoindikatoren

Im Rahmen des DMP KHK ist eine strukturierte Dokumentation vorgesehen. Je nach Schwere der Erkrankung soll der Patient vierteljährlich oder halbjährlich wieder einbestellt und dokumentiert werden. Dabei müssen bei den eingeschriebenen Patienten nicht immer alle Risikoindikatoren untersucht werden; die RSAV sieht vor, dass manche auch nur jährlich überprüft und dokumentiert werden. Als Risikoindikatoren gelten Diabetes mellitus, Fettstoffwechselstörungen, Hypertonie, linksventrikuläre Funktionsstörungen, Rauchen oder eine genetische Disposition. Unabhängig vom Dokumentationsintervall entscheidet der behandelnde Arzt, ob der Patient bei Begleiterkrankungen oder wiederholten Beschwerden deutlich kurzfristiger zur Kontrolle wieder einbestellt werden sollte.

Wer den Recall selbst übernimmt, festigt damit die Arzt-Patienten-Bindung

Bei den Kontrollen sollte eine Zwischenanamnese der im verstrichenen Zeitraum neu aufgetretenen Probleme oder Beschwerden erhoben werden. Bei der körperlichen Untersuchung sollte die Blutdruckmessung ebenso obligat sein wie der Ausschluss von Insuffizienzzeichen des Herzens. Bei normalen Werten reicht eine jährliche Bestimmung des Gesamt- und des LDL-Cholesterin aus; sind die Werte jedoch erhöht, sollten sie viertel- bis halbjährlich überprüft werden. Das gilt auch für die laufende Therapie einer Hypercholesterinämie (vgl. Kapitel 2.6, Abschnitt „Prognosemodifizierende Therapie", CSE-Hemmer). Das EKG ist beschwerdeabhängig durchzuführen, zumindest jedoch einmal im Jahr.

EDV erleichtert den „Recall"

Aus dem Kontakt mit Patienten, die sich in ein DMP einschreiben wollten, ergibt sich die Erfahrung, dass diese möglichst alles beim Alten lassen wollen. Dazu gehört auch die Arzt-Patienten-Bindung. Es hilft, diese zu erhalten und zu festigen, wenn man den Recall in Form von Erinnerungen an Besuchstermine oder Schulungstermine selber übernimmt.

Das setzt jedoch das schriftliche Einverständnis des Patienten voraus. Hat er dieses nicht erteilt, kann er zwar an verstrichene Termine erinnert werden, dabei muss ihm aber offen gelassen werden, wo er diese Leistungen erbringen lassen will. Aus diesem Grund bietet es sich an, dem Patienten gleich mit der Einschreibung in das DMP eine zusätzliche Recall-Erklärung vorzulegen.
Recall war zu Zeiten der papiergestützten Praxis ein umständliches Verfahren mit erheblichem Organisationsaufwand. Inzwischen sind jedoch etwa 70 % der Hausarztpraxen mit Praxisverwaltungsprogrammen ausgerüstet. Praktisch alle diese Programme besitzen Recall-Tools.
Im Rahmen der DMPs verpflichtet der Gesetzgeber die Krankenkassen ebenfalls zur Übernahme von Erinnerungsfunktionen. Adressaten dieser Erinnerungen sind sowohl der behandelnde Arzt als auch der von ihm betreute Patient. Das gilt insbesondere für den Fall, dass der zwischen Arzt und Patient abgestimmte Zeitraum zur Überprüfung der individuellen Zielvereinbarung überschritten wird. Die Erinnerungen, die meist in Form von Briefen erfolgen, dienen der Sicherstellung der kontinuierlichen Betreuung.

Fazit

Das DMP KHK konkretisiert die Gliederung der Versorgungsebenen im Rahmen des Behandlungsauftrages KHK. Das Tätigkeitsspektrum des Hausarztes wird durch das DMP kaum verändert, es entsteht vielmehr Sicherheit in den Aufgabenfeldern der haus- und fachärztlichen Versorgungsebene. Außerdem können Hausärzte im Rahmen von DMPs Schulungen anbieten und abrechnen. Verschiedene Erinnerungssysteme unterstützen die Arztpraxis in organisatorischen Belangen.

Hans-Jochen Weidhaas, Diethard Sturm

Psychosomatische Betreuung bei KHK

Kummer geht zu Herzen, Sorgen bereiten Herzdrücken, und schon mancher ist am „gebrochenen Herzen" gestorben. Nur Aberglaube und überholte Sprüche? Nein, der ursächliche Zusammenhang mit Depression und Dysstress ist für die koronare Herzkrankheit gut belegt.

Der Gesetzgeber schreibt vor, dass die Behandlung der Patienten mit KHK im DMP auch die psychische, psychosomatische und psychosoziale Betreuung umfasst. In der RSAV heißt es:

„Auf Grund des komplexen Zusammenwirkens von pathophysiologischen, psychologischen, psychiatrischen und sozialen Faktoren bei der KHK ist durch den Arzt zu prüfen, inwieweit Patienten von psychotherapeutischen, psychiatrischen und/oder verhaltensmedizinischen Maßnahmen profitieren können ... Mangelnde Krankheitsbewältigung, Motivation und Compliance, fehlender sozioemotionaler Rückhalt, Probleme am Arbeitsplatz sind u. a. zu berücksichtigen. Auf Grund der häufigen und bedeutsamen Komorbidität sollte die Depression besondere Beachtung finden. Der Arzt hat zu prüfen, ob insbesondere bei entsprechenden Indikationen und Anlässen eine Überweisung/Weiterleitung zur Mitbehandlung und zur erweiterten Diagnostik und Risikostratifizierung von Patienten mit chronischer KHK zum jeweils qualifizierten Psychotherapeuten erfolgen soll."

Psychologische, psychiatrische und soziale Faktoren bei KHK

Wegen des offensichtlichen Einflusses psychosozialer Faktoren genossen Herz-Kreislauf-Erkrankungen von Anfang an eine besondere Aufmerksamkeit in der Verhaltensmedizin (9). Eine kaum noch überschaubare Anzahl von Übersichtsartikeln und Originalarbeiten wird jährlich publiziert, wobei aus verhaltensmedizinischer Sicht drei Themenschwerpunkte im Vordergrund stehen (14):

- **Identifizierung der psychosozialen Faktoren, die für die Entstehung von Herz-Kreislauf-Erkrankungen bedeutsam sind;**
- **Untersuchung der pathophysiologischen Mechanismen der Krankheitsentstehung und -entwicklung, speziell des Einflusses von psychosozialen Faktoren auf arterielle Hypertonie und Arteriosklerose;**
- **Präventions- und Interventionsstudien.**

Es ist heute allgemein anerkannt, dass neben den medizinischen Aspekten soziale und psychische Faktoren bei der Auslösung, Aufrechterhaltung und Chronifizierung der KHK eine wichtige Rolle spielen. Die Anleitung der Patienten zu einem möglichst aktiven und eigenverantwortlichen Selbstmanagement ihrer Krankheit (u. a. Coping) und zu einer Optimierung der Lebensführung (Beseitigung/Verminderung der Risikofaktoren) kann daher nicht nur die Lebensqualität verbesern, sondern optimiert auch den Behandlungsverlauf.
Wichtige verhaltensbezogene Risikofaktoren sind u. a.:

- **Nikotinkonsum,**
- **Fehlernährung und Übergewicht,**
- **Bewegungsmangel.**

Zudem tritt die KHK in unteren Sozialschichten überproportional häufig auf und ist damit Ausdruck ungleicher Gesundheitschancen (vgl. 15). Wegen des Einflusses psychosozialer Faktoren kann nur eine systematische, früh einsetzende und dauerhafte Modifikation von Risikofaktoren Morbidität und Mortalität bei KHK spürbar senken. Sie kann das Risiko der Entwicklung einer KHK erheblich reduzieren und bereits eingetretene arteriosklerotische Veränderungen stoppen oder sogar umkehren (z. B. 11, 12). Zusätzlich zu den Effekten einer medikamentösen Behandlung zeigt sich der Nutzen umfassender Veränderungen der Lebensweise:

- **Die Beendigung des Nikotinkonsums führt zu einer erheblichen Reduktion des KHK-Risikos.**

Nur eine dauerhafte Modifikation von Risikofaktoren kann Morbidität und Mortalität bei KHK senken

Depressive Symptome und Störungen sind nicht nur eine sekundäre Reaktion auf die organische Herzerkrankung

- Eine sinnvolle Ernährungsweise (Mittelmeerdiät) senkt das KHK-Risiko ebenfalls.
- Eine effektive Hochdruckbehandlung reduziert das KHK-Risiko wesentlich.
- Das gilt auch für regelmäßige körperliche Aktivität.

Im Rahmen evidenzbasierter Disease-Management-Programme können Koronarpatienten dementsprechende therapeutische Optionen angeboten werden.
In prospektiven Studien zeigte sich auch, dass depressive Symptome und Störungen als unabhängiger Risikofaktor im pathophysiologischen Prozess einer Herz-Kreislauf-Erkrankung zu bewerten sind (siehe Tab. 2.10.1). Sie können nicht nur als sekundäre emotionale Reaktion auf die kardiale Erkrankung verstanden werden. Komorbide psychische Störungen erhöhen das Kurzzeit- und Langzeitrisiko der Mortalität bei einer manifesten kardiovaskulären Erkrankung (Myokardinfarkt) sowie bei einer Angina pectoris (7).

Wann sollte man nach psychischen Veränderungen suchen?

Die hausärztliche Diagnostik im Bereich der psychischen Veränderung erfolgt aus verschiedenen Anlässen:

- Der erste Eindruck lässt eine psychische Störung vermuten, z. B. Angst, Depressivität, Unruhe, Getriebenheit, aber auch Verhaltensauffälligkeiten.
- Im Verlaufe der programmierten Diagnostik bestätigen Fragen nach der psychischen Belastung oder Beschwerdemodifizierung eine psychische Mitbeteiligung.
- Ein unklarer, nicht vorhersehbarer Verlauf wie Therapieresistenz der Beschwerden, Nichtansprechen auf somatisch orientierte Therapie.
- Auslösung von Beschwerden durch psychisch belastende Situationen oder Erwartungen.
- Suchthaftes Verhalten, insbesondere Tabakabhängigkeit und ungezügeltes Essen und Trinken.

Beispielsweise beinhaltet die programmierte Diagnostik prinzipiell die folgenden Fragen, die unsere Aufmerksamkeit auf psychische Faktoren lenken können:

- eigene Deutung,
- Ängste und Befürchtungen,
- Betroffenheit/soziale Bedeutung,
- nervlicher Zustand,
- Behandlungserwartungen,
- Einschränkungen in Diagnostik und Therapie.

Bei dieser Fragestellung werden Haltungen zur eigenen Gesundheit, Delegierung der Verantwortung auf den Arzt und Ängste offenbar, die dann ggf. einer Behandlung bedürfen. Zunächst wären aber die psychischen Anteile genauer zu klären und gegenüber den körperlichen/laborchemischen Anteilen zu gewichten.

Wie findet der Hausarzt Hinweise auf psychische Störungen?

Da nicht nur die Entstehung, sondern auch der Verlauf der Erkrankung erheblich von biologischen, psychischen und sozialen Faktoren abhängen, ist die fortlaufende Beobachtung auch nach der Manifestation einer KHK erforderlich. Neben einem umfassenden somatischen muss also auch ein psychisches Monitoring stattfinden. Letzteres sollte sowohl im ärztlichen/therapeuti-

Tab. 2.10.1 Depression und kardiale Sterblichkeit

Erkrankung	Erhöhung des Risikos der Sterblichkeit an allen Herzerkrankungen um den Faktor	Erhöhung des Risikos der Sterblichkeit an Herzinfarkt um den Faktor
Keine Herzerkrankung, keine Depression	1,0	1,0
Keine Herzerkrankung, leichte Depression	1,6	1,4
Keine Herzerkrankung, schwere Depression	3,8	5,1
Herzerkrankung, keine Depression	3,4	4,5
Herzerkrankung, leichte Depression	5,1	8,5
Herzerkrankung, schwere Depression	10,5	17,7

Quelle: modifiziert nach Brenda et al.: „Depression and Cardiac Mortality: Results From a Community-Based Longitudinal Study". Arch Gen Psychiatry. 2001;58:221–227

schen Gespräch als auch durch die Anwendung psychometrischer Testverfahren erfolgen.

Bei Verdacht auf Vorliegen einer psychischen Störung ist eine Suchdiagnostik und erste Differenzierung z.B. mit dem Verfahren **PRIME-MD** (**Pri**mary Care Evaluation of **M**ental **D**isorders), welches für die hausärztliche Praxis entwickelt und evaluiert worden ist, rationell möglich. Das erste Modul ist die Suche nach einer depressiven bzw. bipolaren Störung, das zweite nach einer Angststörung. Bei positivem Ergebnis wird jeweils abgebrochen, sonst weiter untersucht mit den Modulen „Alkoholprobleme", „Essstörungen" und „somatoforme Störungen".

Erste Hinweise auf das Vorliegen einer Depression können durch Einstiegsfragen (siehe Kasten) unschwer festgestellt werden.

Sollte sich der Verdacht auf eine depressive Erkrankung erhärten, ist im nächsten Schritt eine qualifizierte Diagnostik zu veranlassen. Je nach Ausmaß der eigenen Erfahrungen und Fertigkeiten ist eine Kooperation mit Psychiatern oder Psychotherapeuten anzustreben, um ein Behandlungskonzept bei diesen Störungen zu erarbeiten. Anfangs wird der zu erwartende Aufwand leicht unterschätzt, sodass im weiteren Verlauf eine Überforderung resultieren kann.

Psychologische Screeningverfahren

Für die frühzeitige Identifikation von psychischen Auffälligkeiten und maladaptiven Bewältigungsmustern der Patienten sowie von negativen Reaktionen des sozialen Umfelds auf die Erkrankung können psychologische Screeningmethoden hilfreich sein. Die folgenden Instrumente können Bestandteil der ärztlichen Verlaufsdiagnostik sein:

- zur Erfassung psychischer Auffälligkeiten der BSI (Franke, 2000), der Gesundheitsfragebogen für Patienten (PHQ-D, Kurzform, mit hohen statistischen Gütekriterien) oder die Beschwerdenliste (B-L, v. Zerssen);
- der Beeinträchtigungsschwerescore von Schepank (BSS) zur Fremdeinschätzung für den Behandler;
- zur Erfassung des emotionalen Rückhalts in der Familie bzw. im sozialen Umfeld ist der Fragebogen zur sozialen Unterstützung (Kurzfassung; Fydrich et al. 2002) geeignet.

Einstiegsfragen für die hausärztliche Diagnostik

- Fühlen Sie sich müde, schwunglos, abgeschlagen – und zwar ohne entsprechende Belastung?
- Spüren Sie plötzlich irgendwelche Druckgefühle, Missempfindungen, Schmerzen, besonders im Bereich von Kopf, Brust, Rücken?
- Haben Sie keinen Appetit mehr, evtl. an Gewicht verloren?
- Können Sie nicht mehr schlafen?
- Sind Sie plötzlich verunsichert, ratlos, ängstlich, obgleich das nicht Ihrer Wesensart entspricht?
- Fühlen Sie sich seelisch und körperlich elend, letztlich ohne ausreichenden Grund?
- Neigen Sie vermehrt zum Grübeln?
- Haben Sie das Interesse an Dingen verloren, die Ihnen zuvor viel bedeuteten?
- Können Sie sich noch freuen?
- Fällt es Ihnen schwer, Entscheidungen zu treffen?
- Quält Sie das Gefühl, Ihr Leben sei sinnlos geworden?
- Gibt es Probleme in sexueller Hinsicht?

Der geringe Zeitaufwand bei der Bearbeitung und Auswertung, der durch eine entsprechende Computerisierung noch verringert werden kann, ermöglicht ein kontinuierliches Monitoring psychosozialer Risikovariablen und erleichtert die Indikationsstellung für adjuvante psychologische bzw. psychotherapeutische Interventionen. Als Cut-off-Werte für die Hinzuziehung psychologisch-psychotherapeutischer Kompetenzen sollten mittlere bis hohe Ausprägungen in den relevanten psychologischen Dimensionen zugrunde gelegt werden.

Neben dem somatischen muss auch ein psychisches Monitoring stattfinden

Behandlungsstrategien

Patienten mit KHK, bei denen zugleich eine depressive Erkrankung vorliegt, fordern vom Hausarzt mehr Einsatz als andere Patienten. Allein schon der zeitliche Betreuungsaufwand kann zu Problemen mit der Praxisrealität führen. Bei der Behandlung depressiver Störungen sollten von Beginn an auch beim Hausarzt Behandlungsstrategien geplant werden, die in Form einer operationalisierten, gestuften antidepressiven Therapie Anwendung finden können (vgl. 18).

Kann im Rahmen der hausärztlichen Praxis eine ausreichende Behandlung der Depression nicht sichergestellt werden, sollte die Überweisung an einen qualifizierten Psychotherapeuten/ Psychiater erfolgen. Generell hat ein stabiles Behandlungssetting große Bedeutung für das ärztliche und psychotherapeutische Vorgehen. Zur Behandlung von depressiven Störungen hat sich in den letzten Jahren vor allem die kognitive Verhaltenstherapie klinisch durchgesetzt und empirisch bewährt.

Das Behandlungssetting muss stabil sein

In der Therapie geht es darum, Probleme zu identifizieren, die individuellen Blockaden zu erkennen, Alternativen zu entwickeln und auszuprobieren. Dazu gehören verhaltenstherapeutische Elemente wie Aktivierung, Kompetenzerweiterung, Problemlösen, Übungen im Alltag und Aufbau von Bewältigungsfähigkeiten. Für die kognitive Verhaltenstherapie konnte bei depressiven Syndromen nachgewiesen werden, dass die Effekte nach Abschluss der Therapie noch einige Monate bis Jahre anhalten.

Neben dieser Behandlung diagnostisch definierter Störungen kann eine begleitende psychologisch-psychotherapeutische Behandlung zur Korrektur von krankmachenden Verhaltensmuster im Rahmen der Disease-Management-Programm-Maßnahmen indiziert sein.

Passive Behandlungserwartungen abbauen

Aus der klinischen Bedeutung der Risikofaktoren leiten sich eine Reihe gut belegter psychologischer und verhaltensmedizinischer Interventionen ab. Ziel ist, passive Behandlungserwartungen der Patienten abzubauen und die Betroffenen zur positiven Veränderung ihres gesundheitsbezogenen Lebensstils zu motivieren.

Lernen, mit der Erkrankung zu leben

Da eine völlige Wiederherstellung der Gesundheit in der Regel nicht erreicht werden kann, stehen darüber hinaus das Lernen, mit der Erkrankung und den dadurch bedingten Einschränkungen zu leben sowie die Nutzbarmachung verbleibender Ressourcen im Vordergrund – also die Verbesserung der Lebensqualität und die Reduktion der Inanspruchnahme medizinischer Leistungen.

Dies alles erfordert Änderungsmotivation, Selbstverantwortung und Eigeninitiative auf Seiten der Betroffenen. Es setzt auch die Überzeugung voraus, dass die krankheitsbedingten Anforderungen mit Hilfe von anderen, aber auch aus eigener Kraft meistern zu können (Selbstwirksamkeitsüberzeugungen).

Die Änderung von gesundheitsbezogenen Einstellungen und Verhaltensweisen folgt psychologischen Gesetzmäßigkeiten. Die wichtigsten sind:

- Vermittlung von Störungsmodellen;
- Motivierung, Aktivierung und Begleitung bei der Stabilisierung der neuen Verhaltensmuster.

Förderung seelischer Gesundheit ist genuiner Bestandteil der psychologischen Qualifikation der Psychotherapeuten. Ihre Kompetenzen sollten genutzt werden, wenn es um die Veränderung psychischer Einflussgrößen geht, die sich auf den Verlauf und die Therapie der koronaren Herzerkrankung auswirken.

Standardisierte Programme zur Verhaltensmodifikation

Die wichtigsten psychologischen Erkenntnisse zur Langzeitbehandlung der KHK finden sich beispielsweise in strukturierten Behandlungsprogrammen, welche in standardisierter oder individualisierter Form den Patienten helfen, gesünder mit ihrer chronischen Erkrankung zu leben.

Liegen bei einer koronaren Herzerkrankung bzw. bei einer primären oder sekundären Hypertonie psychosomatische Beschwerden vor, so stehen eine ganze Reihe evaluierter Behandlungsprogramme zur Verfügung.

Diese Programme sind überwiegend verhaltenstherapeutisch ausgerichtet und können von entsprechend qualifizierten Psychotherapeuten durchgeführt werden. Sie beinhalten bei einem strukturierten Behandlungsablauf Patientenmaterialien und bieten auch die Möglichkeit zur individuellen Anpassung.

Ihre psychologisch bedeutsamen Ziele umfassen angemessenen Umgang mit emotionalen Belastungen, vollständiges Aufgeben des Rauchens, regelmäßige kreislaufwirksame sportliche Betätigung und Steigerung von Compliance und Motivation.

Fazit

Depression ist ein Risikofaktor für erhöhte Mortalität bei KHK. Depressive Störungen sind deshalb gezielt zu suchen und zu behandeln. Die Suchdiagnostik ist Aufgabe des Hausarztes, vertiefte Diagnostik und Therapie erfordern meist die Zusammenarbeit mit Psychiatern und Psychotherapeuten. Da sich bei der KHK wie bei anderen chronischen Krankheiten häufig ein spezifisches „Krankheitsverhalten" herausbildet, das den weiteren Chronifizierungsprozess fördert und die Lebensperspektiven einengt, müssen psychosomatisch orientierte Behandlungsstrategien auch darauf abzielen, solche Entwicklungen durch Einstellungs- und Verhaltensänderung zu verhindern oder rückgängig zu machen. Es ist wichtig, dem Patienten die Bedeutung der eigenen Bewältigungsmöglichkeiten klar zu machen und deren Entwicklung zu unterstützen.

Literatur zum Thema

1. Bähr M, Walter B, Vaut R, Thull-Huschens I, Schächinger H & Rüddel H (1989): Verhaltenstherapeutische Gruppentherapie bei Hypertoniepatienten. In I. Hand & H.-U. Wittchen (Hg.). Verhaltenstherapie in der Medizin (187-196). Berlin: Springer.
2. Bischoff C & Pein A.v. (1994): Verhaltensmedizin der essentiellen Hypertonie. In: M. Zielke & J. Sturm (Hg.). Handbuch Stationäre Verhaltenstherapie (659-674). Weinheim: Psychologie Verlags Union.
3. DeRubeis RJ & Crits-Christoph P(1998): Empirically supported individual and group psychological treatments for adult mental disorders. Journal of Consulting and Clinical Psychology, 66, 37–52.
4. Clifford PA, Tan S & Gorsuch RL (1991): Efficacy of a self-directed behavioral health change program: Weight, body composition, cardiovascular fitness, blood pressure, health risk, and psychosocial mediating variables. Journal of Behavioral Medicine, 14, 303–323.
5. DiTomasso RA & Mills OF (1990): The behavioral treatment of essential hypertension: Implications for medical psychotherapy. Medical Psychotherapy, 3, 125–134.
6. Grande G, Badura B (2001): Die Rehabilitation der KHK aus gesundheitssystemanalytischer Perspektive. Expertise für die Statuskonferenz Psychokardiologie, Stand 25. April 2001 (Auszug). s. http://cardio.arago.de/homefront_a.html.
7. Härtel M, Bengel J (2002, i. D.): Psychische Beeinträchtigungen und Störungen bei Patienten mit Herz-Kreislauf-Erkrankungen – Epidemiologie und Implikationen für die medizinische Rehabilitation und Nachsorge. In: B. Strauß (Hrsg.), Psychotherapie in der Medizin. Jahrbuch der Medizinischen Psychologie. Göttingen: Hogrefe.
8. Khoury H (1991): Coping bei essentiellen Hypertonikern in Abhängigkeit von Verhaltenstraining, Angstbewältigungsstil und Ärgerausdruck. Frankfurt: Peter Lang.
9. Langosch W (1989): Psychosomatik der koronaren Herzerkrankung. Weinheim: VCH.
10. Larbig W (1993): Verhaltensmedizinische Ansätze in der Behandlung der essentiellen Hypertonie. In: M.M. Müller (Hg.). Psychophysiologische Risikofaktoren bei Herz-/ Kreislauferkrankungen. Grundlagen und Therapie (271-288). Göttingen: Hogrefe.
11. Ornish DM, Brown ES, Scherwitz LW et al (1990): Can lifestyle changes reverse coronary atherosclerosis? The Lifestyle Heart Trial. Lancet, 336, 129–133.
12. Ornish DM, Schwerwitz LW, Billings JH, Gould KL et al (1998): The Lifestyle Heart Trial. JAMA 280, No. 23, 2001–2007 (Dt.: Intensive Veränderungen der Lebensweise zur Rückbildung der koronaren Herzkrankheit. In: M. Zielke, H. v. Keyserlingk & W. Hackhausen, (Hrsg.) (2001). Angewandte Verhaltensmedizin in der Rehabilitation, S. 476–497. Lengerich: Pabst.
13. Piper J (1996): Langfristige Besserung kardiovaskulärer Risikofaktoren durch stationäre Rehabilitation. Prävention und Rehabilitation, 9, 29–34.
14. Rüddel H und Schächinger H: „Erkrankungen des Herz-Kreislaufsystems" aus der Enzyklopädie der Psychologie (H. Flor, K. Hohlweg & N. Birbaumer (Hrsg/2000), Anwendungen der Verhaltensmedizin (D/2/4), Göttingen, Hogrefe Verlag.
15. Rugulies R, Aust B (2001): Psychosoziale Theorien der koronaren Herzkrankheit und Möglichkeiten der Intervention im Berufsleben. In: M. Zielke, H. v. Keyserlingk, W. Hackhausen (Hrsg.). Angewandte Verhaltensmedizin in der Rehabilitation (S. 451–465). Lengerich: Pabst.
16. Vereinigung der Kassenpsychotherapeuten, DPTV (2002) Empfehlungen zur Einbeziehung psychologischen / psychosomatischen Fachwissens und psychotherapeutischer Kompetenzen in die Disease-Management-Programme.
17. Vereinigung der Kassenpsychotherapeuten (2002) Psychologisch-psychotherapeutische Interverntionen bei chronischen Krankheiten.
18. BDA-Manual Depression. Hrsg: Expertenkreis zur Erarbeitung von Empfehlungen zur Diagnose und Therapie von Depressionen in Zusammenarbeit mit dem BDA. Emsdetten 1998.

Jutta Linnenbürger, Gabriele Müller de Cornejo, Eberhard Mehl

Doppeleinschreibung und Komorbidität im Kontext der RSAV

Die Teilnahme an mehreren DMPs kann sinnvoll sein

Multimorbide Patienten können gleichzeitig an mehreren Disease-Management-Programmen (DMPs) teilnehmen, ohne dass sich der administrative Aufwand in gleichem Umfang erhöht. Dadurch erhält die Langzeitbetreuung von multimorbiden Patienten mit der damit verbundenen Koordinationsfunktion ein noch stärkeres Gewicht in der hausärztlichen Betreuung. Dieser Abschnitt beschreibt den praktischen Umgang mit der doppelten Programmteilnahme.

Akute oder chronische Folgen einer koronaren Herzkrankheit gehören zu den Haupttodesursachen in Deutschland. Hochrechnungen eines bevölkerungsbasierten Herzinfarktregisters gingen allein im Jahr 2000 von insgesamt ca. 272 000 akuten koronaren Ereignissen in der Bundesrepublik Deutschland aus. Wegen einer ischämischen Herzkrankheit wurden 1999 rund 850 000 Patienten stationär behandelt.

KHK und Diabetes Typ 2 überschneiden sich in etwa 30 %

Diabetes und KHK treffen oft zusammen

Die koronare Herzkrankheit ist ein typisches Risiko beispielsweise für Patienten mit Diabetes mellitus oder Hypertonie. Diabetiker sind zwei- bis viermal häufiger betroffen als Nichtdiabetiker. Datenanalysen der Krankenkassen ergeben, dass allein für die Indikationen Diabetes mellitus Typ 2 und koronare Herzkrankheit mit ca. 30 % Überschneidung zu rechnen ist.
Dies bedeutet in der Umsetzung von DMPs, dass für 30 % der eingeschriebenen Diabetiker geprüft werden muss, ob diese auch von einem DMP koronare Herzkrankheit profitieren würden. Da im DMP gesicherte Erkenntnisse der Behandlung, aber vor allem strukturelle und koordinierende Komponenten vereinbart sind, kann die Teilnahme von Patienten an mehreren DMPs durchaus sinnvoll sein. Allerdings bedarf dies einiger prozessualer Voraussetzungen, die im Folgenden beschrieben werden.

Hausärzte als bevorzugte Partner

Bei der Umsetzung der hausarztzentrierten Disease-Management-Programme sind Ärzte, die sich für die hausärztliche Versorgung nach § 73 SGB V entschieden haben, die bevorzugten Vertragspartner der Krankenkassen. Über 85 % der Versicherten kontaktieren ihren Hausarzt als ersten Ansprechpartner. Er behält den Überblick, gerade bei multimorbiden Patienten, kennt die soziale Situation seiner Patienten und kann deren Krankheitsverständnis und ihre Fähigkeit zum Selbstmanagement einschätzen.
Zentrale Aufgaben des Hausarztes liegen in der Langzeitbetreuung, Dokumentation und Koordination der diagnostischen, therapeutischen und pflegerischen Maßnahmen sowie in der Lösung der akut auftretenden Patientenprobleme. Die Einbindung der nachgelagerten Versorgungsebenen vom fachärztlichen Versorgungssektor bis hin zum Krankenhaus und der Rehabilitation geschieht maßgeblich durch den Hausarzt und auf seine Veranlassung hin. Die Anlagen der Risikostruktur-Ausgleichsverordnung (RSAV) zählen jeweils Beispiele für Schnittstellen auf, in denen der Hausarzt eine

gezielte Überweisung zu prüfen hat. In der Regel wird der Patient anschließend wieder zum Hausarzt zurückkehren. Die Rückkehr ist umso bedeutender, wenn der Patient an mehreren Erkrankungen leidet und die Maßnahmen im Krankheitsverlauf koordiniert werden müssen.

Hausarztzentrierung eröffnet dem Patienten Wahlmöglichkeiten

Zur Abstimmung mehrerer Erkrankungen, für die DMPs entwickelt wurden, empfiehlt sich die Wahl des Hausarztes als den die DMPs koordinierenden Arzt. Die Verträge sehen dazu vor, dass ein Patient, der an mehreren Programmen teilnehmen möchte, sich für den Hausarzt als seinen betreuenden Arzt entscheiden kann. Brustkrebs bildet eine Ausnahme von dieser Regel, hier betreut in der Regel der niedergelassene Gynäkologe oder ggf. der Hausarzt die Patientin. Die Einschreibung in die DMPs KHK und Diabetes erfolgt in der hausärztlichen Praxis, entweder in beide Programme gleichzeitig oder erst in das eine, später in ein weiteres Programm.

Dabei ändert sich das Vorgehen für den Arzt unwesentlich. Während sich die medizinischen Programminhalte natürlich unterscheiden, sind die Prozesse und Datenflüsse weitgehend identisch. Die ärztliche Aufklärung kann sich bei der zweiten Diagnose auf die Versorgungsinhalte beschränken.

Sind die Diagnosen für die jeweiligen Programme gestellt, erfolgt die Einschreibung auf Basis der üblichen Unterlagen. In der weiteren Planung ist der Hausarzt gehalten, die wechselseitige Bedingtheit der jeweiligen Erkrankungen zu berücksichtigen. Das betrifft die individuelle Risikoeinschätzung, die Prognose, die Formulierung des Therapieziels und die Fallplanung gemeinsam mit dem Patienten.

Die beiden Dokumentationsbögen können den Arzt dabei unterstützen, dem Patienten Wechselwirkungen und gegenseitige Abhängigkeiten seiner verschiedenen Krankheiten zu verdeutlichen. Das gilt insbesondere für die Blutdruck- und Blutfettwerte und mögliche Eigenaktivitäten des Patienten im Rahmen seiner Lebensführung.

Solange es in der RSAV keine Regelung zu den Dokumentationsdatensätzen bei mehreren Er-

Patienten, die an mehreren DMPs teilnehmen, müssen sich für **einen** koordinierenden Hausarzt entscheiden

Abb. 2.11.1 Beispiel zu Doppeleinschreibung und Komorbidität im Kontext der RSAV

	1. Quartal			2. Quartal			3. Quartal			4. Quartal		
	Jan	Feb	Mrz	Apr	Mai	Jun	Jul	Aug	Sep	Okt	Nov	Dez
Dokumentation Diabetes (Dokufrequenz quartalsweise)												
› Einschreibung Versicherter	✔											
› Erstdokumentation	✔											
› Folgedokumentation				✔			✔				✔	
Dokumentation KHK (Dokufrequenz alle 2 Quartale)												
› Einschreibung Versicherter				✔								
› Erstdokumentation				✔								
› Folgedokumentation											✔	

Der vom Patienten für die Koordination der mehrfachen DMP-Teilnahme gewählte Arzt berücksichtigt bei der Behandlungs- und Terminplanung mit dem Patienten die Synchronisierung der Dokumentationen. Exemplarisch ist die Doppeleinschreibung eines Versicherten dargestellt, für den der behandelnde Arzt in Diabetes eine quartalsweise und in KHK eine Dokumentation alle zwei Quartale festgelegt hat.

krankungen gibt, wird es notwendig sein, die vorgesehenen Dokumentationsbögen pro Krankheit auszufüllen. Allerdings sind sowohl EDV-technische Lösungen als auch modulare Bögen in der Diskussion und werden vehement durch den AOK-Bundesverband und den Deutschen Hausärzteverband eingefordert. Die Anforderungen an die vier Dokumentationsdatensätze bei unterschiedlichen Erkrankungen sind zu verschieden, als dass ein einziger Bogen daraus gemacht werden könnte.

Der erhöhte Aufwand für Dokumentation bei Mehrfacheinschreibung wird extra vergütet

Der Arzt synchronisiert die Dokumentationen

In der laufenden Betreuung empfiehlt es sich, die Behandlung in den jeweiligen Programmen abzustimmen und die Dokumentationsprozesse zu synchronisieren. Wird vom behandelnden Arzt bei der Ersteinschreibung in beiden Programmen der Dokumentationszeitraum auf einmal je Quartal festgelegt, sollten zu den folgenden Dokumentationsterminen jeweils beide Bögen ausgefüllt, unterschrieben und an die Datenstelle versendet werden. Empfehlen sich aus medizinischen Gründen unterschiedliche Dokumentationszeiträume von einmal quartalsweise und einmal alle zwei Quartale, sollte die Routineüberprüfung für die Folgedokumentation nach zwei Quartalen mit dem zweiten Dokumentationstermin aus der quartalsweisen Verlaufskontrolle zusammengelegt werden. Das gilt auch, wenn der Patient zu unterschiedlichen Zeitpunkten den Programmen beitritt. Auch hier sollte der Arzt darauf achten, dass in der Folge beide Folgedokumentationen zum gleichen Zeitpunkt ausgestellt und weitergeleitet werden.

Krankenkassen fördern die Doppeleinschreibung

Analog zu den strukturierten Behandlungsprogrammen Diabetes werden auch für die in Programme für koronare Herzkrankheit eingeschriebenen Versicherten besondere Versichertengruppen im Risikostrukturausgleich (RSA) gebildet. Jeder teilnehmende Versicherte kann allerdings, unabhängig von der Anzahl an Programmen, in die er sich einschreibt, nur einmal gesondert im RSA berücksichtigt werden. Dazu stellt die Krankenkasse ihrem Versicherten bei dessen Ersteinschreibung in ein DMP eine neue Krankenversichertenkarte mit einem entsprechenden Kennzeichen zur Verfügung. Nimmt ein Patient an mehreren DMPs teil und möchte in Zukunft nur noch eines davon fortführen, kann es passieren, dass eine neue Krankenversichertenkarte mit dem Kennzeichen des noch verbleibenden DMP erforderlich wird.
Unabhängig vom RSA fördern die Krankenkassen eine Doppeleinschreibung. Gerade durch die Vernetzung der einzelnen Therapien multimorbider Patienten erwarten sie eine optimierte Versorgung auf qualitativ hohem Niveau. Die Krankenkassen beraten die Versicherten entsprechend.
Ist ein Patient bereits DMP-Teilnehmer und entscheidet er sich für die Einschreibung in ein weiteres Programm bei einem anderen Arzt, prüft die Krankenkasse die Einschreibung und kann den Patienten hinsichtlich seiner Wahlmöglichkeiten informieren. Bei Bedarf erhält der Versicherte Informationen zu den DMP-Ärzten, bei denen er sich in beiden Programmen parallel betreuen lassen kann. Es steht dem Patienten natürlich frei, weiter verschiedene Ärzte zu den jeweiligen Erkrankungsbildern zu konsultieren. Hat der Patient sich für einen DMP-Arzt entschieden, wird er in beiden Programmen koordiniert ärztlich betreut und von den Krankenkassen durch Erinnerungssysteme begleitet. Bei einer Doppeleinschreibung vergüten die Krankenkassen dem Arzt den erhöhten Dokumentationsaufwand durch einen Aufschlag auf die erste Diagnose. Dieser Aufschlag ist umso höher, je weiter die Diagnosen auseinander liegen.

Fazit

Mit der steigenden Anzahl an DMPs erhalten insbesondere multimorbide Patienten die Wahl, sich für eine qualitätsgesicherte und sektorübergreifend koordinierte Therapie ihrer verschiedenen Erkrankungen zu entscheiden. Die vertragliche Umsetzung lehnt sich eng an die bisherigen Abläufe an. Der zusätzliche Aufwand des Arztes beschränkt sich auf die krankheitsspezifische Aufklärung und die regelmäßige Dokumentation.

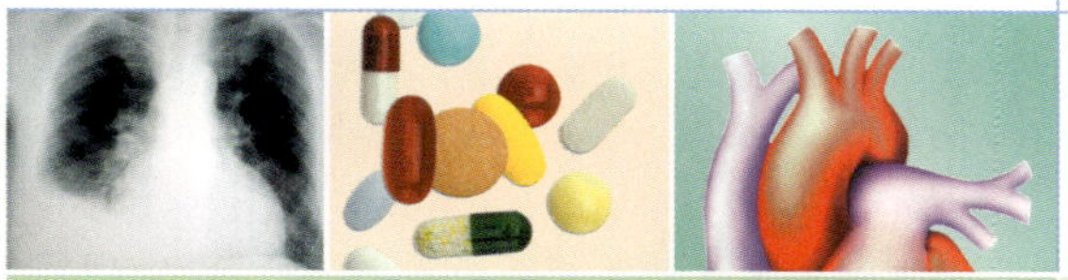

KAPITEL 3

3

ANHANG

»

Ausfüllanleitung zu den Dokumentationsbögen

Wozu dient die Dokumentation?

Der Dokumentations- und Zielvereinbarungsbogen stellt ein wichtiges operatives Kernelement des gesamten Disease-Management-Programms dar. Er erfüllt mehrere Funktionen:

- Erhebung der Ausgangsdaten;
- Erhebung der Daten zur Sicherung der Einschreibediagnose;
- Checkliste bezüglich der indikationsbezogenen Risikofaktoren, Kontrolluntersuchungen, medikamentösen und nicht-medikamentösen Maßnahmen;
- Basis und Medium für Zielvereinbarungen mit dem Patienten;
- Standardisierter Informationsspeicher für Sie und den Patienten;
- Basis der Feedbackberichte an Sie;
- Basis für die wissenschaftliche Evaluierung des Programms.

Auf Grund dieser vielfältigen Aufgaben ist es außerordentlich wichtig, den Bogen sorgfältig und vollständig auszufüllen.

Falls Sie den Bogen **per Hand ausfüllen**, achten Sie bitte darauf, dass das Kreuz genau in das entsprechende Kästchen gesetzt wird und auf den Durchschlägen gut sichtbar ist. Verwenden Sie am besten einen Kugelschreiber zum Ausfüllen der Kästchen. Händigen Sie bitte Ihrem Patienten die dafür vorgesehene Durchschrift des Bogens aus.

Falls Sie den Bogen direkt an Ihrem **Praxiscomputer ausfüllen**, denken Sie bitte daran, eine Sicherheitskopie des Datensatzes anzufertigen und Ihrem Patienten jeweils einen Ausdruck des ausgefüllten Bogens auszuhändigen.

Bedenken Sie, dass aufgrund vertraglicher Regelungen nur bei vollständig ausgefüllten Bögen und Einhaltung der Dokumentationsfristen eine Vergütung an Sie möglich ist.

Wer bekommt welche Daten?

Den vollständig ausgefüllten Dokumentationsbogen bzw. Datensatz bei computergestützter Erfassung senden Sie bitte an die vertraglich vereinbarte Datenstelle. Dort wird er in einen Kurz- und in einen Langdatensatz aufgeteilt und entsprechend den festgelegten Datenflüssen weitergeleitet.

Was passiert mit dem ausgefüllten Bogen?

Nach der Fertigstellung der Bögen sind diese **von Ihnen** an den vorgesehenen Stellen **zu unterschreiben** und mit Ihrem Arztstempel zu versehen. Den Bogen schicken Sie dann bitte **innerhalb von 10 Kalendertagen** nach Fertigstellung an die vertraglich vereinbarte Datenstelle.

Sollten die von Ihnen eingetragenen Angaben auf dem Bogen unvollständig oder unplausibel sein, wird der Bogen bzw. der Datensatz an Sie zur Korrektur zurück geschickt. Der **vollständige und plausible** Dokumentationsbogen bzw. Datensatz muss inklusive abgeschlossener Korrektur bzw. Vervollständigung der vertraglich vereinbarten Datenstelle **innerhalb von weiteren 6 Wochen bzw. 42 Kalendertagen** vorliegen.

Wenn Sie noch Fragen zum Ausfüllen oder zur Handhabung der Dokumentation haben, wenden Sie sich bitte an die zuständige Stelle.

Erläuterungen zum Ausfüllen der Erstdokumentation

Die Nummerierung auf dem abgebildeten Musterdokumentationsbogen entspricht der nachfolgenden Nummerierung.

1 DMP-Fallnummer

Für jeden Patienten vergeben Sie als behandelnder Arzt genau eine **DMP-Fallnummer**, die aus maximal sieben Zeichen bestehen darf. Die Fallnummer darf jeweils nur für einen Patienten verwendet werden. Sie hat den Zweck, dass Sie eingehende Feedback-Berichte Ihren Patienten trotz Pseudonymisierung zuordnen können und muss daher auf den Folgedokumentationen unbedingt weitergeführt werden.

Einschreibung

Die in der RSAV hinterlegten Kriterien zur Einschreibung (s.u.) dienen der Sicherstellung der berechtigten Einschreibung der Patienten mit einer Koronaren Herzerkrankung in ein Disease-Management-Programm. Sie sollten aus den Ihnen vorliegenden medizinischen Befunden abgeleitet werden können. Eine Einleitung einer Diagnostik etc. nur zur Ermöglichung einer Teilnahme der Patienten am DMP sollte daher nicht erfolgen.

Patienten mit manifester koronarer Herzkrankheit (KHK) können in das strukturierte Behandlungsprogramm eingeschrieben werden, wenn mindestens eines der folgenden Kriterien erfüllt ist:

1. bei einem akuten Koronarsyndrom, auch in der Vorgeschichte,
   oder
2. wenn sich aus Symptomatik, klinischer Untersuchung, Anamnese, Begleiterkrankungen und Belastungs-EKG, das nicht älter als drei Jahre sein darf, eine hohe Wahrscheinlichkeit (mindestens 90%) für das Vorliegen einer koronaren Herzkrankheit belegen lässt. Nur bei Patienten, für die nach Feststellung des Arztes aus gesundheitlichen Gründen eine Kontraindikation für ein Belastungs-EKG vorliegt, oder bei denen

Krankenkasse bzw. Kostenträger

Name, Vorname des Versicherten

geb. am

Kassen-Nr. | Versicherten-Nr. | Status

Vertragsarzt-Nr. | VK gültig bis | Datum

031H

Erst-Dokumentation koronare Herzkrankheit

Blatt 1
Original für die Datenannahmestelle

DMP-Fallnummer ❶

Krankenhaus-IK

Arztstempel (bitte auch auf Blatt 2 und 3)

Die dunkel hinterlegten Angaben werden der Krankenkasse übermittelt.

Einschreibung

❸ Geschlecht ☒ männlich ☒ weiblich

Angina pectoris ❹ typisch: ☒ Grad I ☒ Grad II ☒ Grad III ☒ Grad IV ☒ atypisch ☒ nicht-anginöser Brustschmerz ☒ keine Schmerzsymptomatik

❷ **Diagnose gesichert durch** (mindestens eine der vier Optionen muss erfüllt sein)

☒ akutes Koronarsyndrom | ☒ invasives bildgebendes Verfahren (Koronarangiografie)

☒ mindestens 90%ige Wahrscheinlichkeit für das Vorliegen einer KHK (ergibt sich aus Alter, Geschlecht, Schmerzsymptomatik und Belastungs-EKG) → Wird die Diagnose über die 90%ige Wahrscheinlichkeit gesichert, geben Sie bitte den Wert der ST-Streckensenkung an.

❺ **Belastungs-EKG:** (nicht älter als drei Jahre) ST-Streckensenkung __,__ Wert in mm

☒ nicht-invasives bildgebendes Verfahren

Wird die Diagnose nur über ein nicht-invasives bildgebendes Verfahren gesichert, geben Sie bitte an, weshalb kein Belastungs-EKG herangezogen wurde. → **Belastungs-EKG nicht durchgeführt, weil:**

☒ Interpretation bei fehlender Darstellung der ST-Strecke im Ruhe-EKG nicht möglich
☒ physikalisch nicht belastbar
☒ Kontraindikation liegt vor

Anamnese

❻ Diagnose bekannt seit J J J J

❽ **Bekannte Begleit- oder Folgeerkrankungen**

☒ keine ☒ Hypertonus ☒ Herzinfarkt ☒ symptomatische Herzrhythmusstörungen
☒ Herzinsuffizienz ☒ Diabetes mellitus ☒ Fettstoffwechselstörung ☒ sonstige

❼ **Raucher** ☒ ja ☒ nein

aktuelle Befunde

❾ Körpergröße __,__ m

❿ Körpergewicht ___ kg

⓫ Blutdruck ___ / ___ mmHg

⓬ Cholesterin gesamt ___ mg/dl oder __,_ mmol/l ☒ nicht untersucht

LDL-Cholesterin ___ mg/dl oder __,_ mmol/l ☒ nicht untersucht

relevante Ereignisse

⓯ **erfolgte koronartherapeutische Intervention**

☒ keine ☒ percutane Intervention ☒ Bypass-Operation

⓭ Stationäre notfallmäßige Behandlung von KHK in den letzten 12 Monaten __ Anzahl

⓮ nicht-stationäre notfallmäßige Behandlung von KHK in den letzten 12 Monaten __ Anzahl

aktuelle Medikation

diagnosespezifische Medikation ☒ ja ☒ nein

Betablocker ☒ ja ☒ nein ☒ Kontraindikation

Thrombozytenaggregationshemmer ☒ ja ☒ nein ☒ Kontraindikation

Nitrate ☒ ja ☒ nein

ACE-Hemmer ☒ ja ☒ nein

Kalzium-Antagonisten ☒ ja ☒ nein

HMG-CoA-Reduktase-Hemmer (Statine) ☒ ja ☒ nein

sonstige diagnosespezifische Medikation ☒ ja ☒ nein

Schulungen

⓰ Schulung bereits vor Einschreibung in das strukturierte Behandlungsprogramm wahrgenommen

☒ Diabetes-Schulung ☒ Hypertonie-Schulung
☒ INR-Schulung ☒ andere Schulungen
☒ keine

Schulung empfohlen (bei aktueller Dokumentation)

☒ Diabetes-Schulung ☒ Hypertonie-Schulung
☒ INR-Schulung ☒ andere Schulungen
☒ keine

Behandlungsplanung und vereinbarte Ziele

⓱ Aufgabe des Tabakkonsums empfohlen ☒ ja ☒ nein

⓲ Zielvereinbarung Blutdruck aktuellen Wert: ☒ halten ☒ senken

⓳ KHK-spezifische Über- bzw. Einweisung veranlasst ☒ ja ☒ nein

㉑ Datum der geplanten nächsten Dokumentationserstellung
T T . M M . J J J J
(optionales Feld)

⑳ Dokumentationsintervall ☒ quartalsweise ☒ jedes zweite Quartal

Datum
T T . M M . J J J J

㉒ Unterschrift des Arztes

RSAV 01.03.04 Albrechts Verlag, 22952 Lütjensee

Vordruck 031

ein auswertbares Ergebnis des Belastungs-EKGs nicht erreichbar ist (insbesondere Patienten mit Linksschenkelblock, Herzschrittmacher oder Patienten physikalisch nicht belastbar) können andere nicht-invasive Untersuchungen zur Diagnosesicherung (echokardiographische oder szintigraphische Verfahren) angewendet werden.

3. Nach direktem Nachweis mittels Koronarangiographie.

2 Diagnose gesichert durch

Hier ist anzugeben, wie die Diagnose der KHK gesichert wurde. Bitte machen Sie hier mindestens eine Angabe. Zur Diagnosesicherung können folgende Angaben gemacht werden:

a) akutes Koronarsyndrom, auch in der Vorgeschichte

Diese Diagnose wird an Hand des Ruhe-EKGs, der Schmerzsymptomatik und der Markerproteine („Herzenzyme") gestellt. Die Befunde können aus der Patientenakte oder einem Krankenhausbericht entnommen werden

b) mindestens 90%ige Wahrscheinlichkeit für das Vorliegen einer KHK

Eine 90%ige Wahrscheinlichkeit für das Vorliegen einer KHK kann in folgenden Fällen angenommen werden:

Bei **Männern** mit **typischen** Angina-pectoris-Beschwerden Grad I–IV

Alter	ST-Streckensenkung
≥ 50	≥ 0,5 mm
≥ 40	≥ 1,0 mm
≥ 30	≥ 1,5 mm

Bei **Männern** mit **atypischen** Angina-pectoris-Beschwerden

Alter	ST-Streckensenkung
≥ 40	≥ 2,0 mm
≥ 30	≥ 2,5 mm

Bei **Männern mit nicht-anginösem** Brustschmerz

Alter	ST-Streckensenkung
≥ 50	> 2,5 mm

Bei **Frauen** mit **typischen** Angina-pectoris-Beschwerden Grad I–IV

Alter	ST-Streckensenkung
≥ 60	≥ 1,0 mm
≥ 50	≥ 1,5 mm
≥ 40	≥ 2,0 mm
≥ 30	≥ 2,5 mm

Bei **Frauen** mit **atypischen** Angina-pectoris-Beschwerden

Alter	ST-Streckensenkung
≥ 60	≥ 2,0 mm
≥ 50	≥ 2,5 mm

Bei **Frauen ohne anginösem Brustschmerz** kann keine Einschreibung über eine 90%ige Wahrscheinlichkeit erfolgen.

c) Nicht-invasive bildgebende Verfahren

Grundsätzlich können andere nicht-invasive Untersuchungen (echokardiographische oder szintigraphische Verfahren) zur Diagnosesicherung und Einschreibung in ein DMP KHK bei den Patienten angewendet werden, für die eine Kontraindikation für ein Belastungs-EKG vorliegt oder bei denen ein auswertbares Ergebnis des Belastungs-EKGs nicht erreichbar ist (insbesondere Patienten mit Linksschenkelblock, Herzschrittmacher, Patienten physikalisch nicht belastbar).

Wenn Sie Ihren Patienten ausschließlich über diese Angabe einschreiben wollen, müssen Sie zwingend unter Punkt 5 die Gründe angeben, warum bei Ihrem Patienten kein Belastungs-EKG durchgeführt werden konnte.

d) Invasives bildgebendes Verfahren

Sollten Sie die Diagnose mittels einer Koronarangiographie gesichert haben, machen Sie bitte hier eine Angabe.

3 Geschlecht

Bitte machen Sie eine Angabe.

4 Angina pectoris

Bitte kreuzen Sie hier die Art und ggf. die Ausprägung der Angina-pectoris-Beschwerden an. Es ist nur eine Angabe möglich.

Falls Ihr **Patient typische Angina-pectoris-Beschwerden** hat, kreuzen Sie bitte den Grad der Ausprägung (Grad I–IV) an.

Klassifikation nach CCS (Canadian Cardiovascular Society)

I: Keine Angina bei normaler körperlicher Belastung, Angina bei schwerer körperlicher Anstrengung.
II: Geringe Beeinträchtigung der normalen körperlichen Aktivität durch Angina pectoris.
III: Erhebliche Beeinträchtigung der normalen körperlichen Aktivität durch Angina pectoris.
IV: Angina bei geringster körperlicher Belastung oder Ruheschmerzen.

Hat Ihr Patient eine **atypische Angina pectoris**, kreuzen Sie bitte diese an.

Sollte es sich um einen **nicht-anginösen Brustschmerz** handeln, kreuzen Sie bitte diesen an.

Bitte kreuzen Sie auch an, wenn Ihr Patient **keine Schmerzsymptomatik** aufweist.

Eine Differenzierung dieser drei Schmerzformen können Sie der Tabelle 3.1.1 entnehmen.

5 Belastungs-EKG

Sollte Ihnen für Ihren Patienten ein auswertbares Belastungs-EKG vorliegen, geben Sie bitte die ST-Streckensenkung in Millimetern mit einer Stelle hinter dem Komma an. Dabei sollte die Angabe sich auf das jeweils jüngste, also zuletzt durchgeführte Belastungs-EKG beziehen, wobei die Untersuchung nicht länger als drei Jahre zurückliegen darf.

Wenn Sie Angaben zum Belastungs-EKG (ST-Streckensenkung) gemacht haben, können **nicht** gleichzeitig Gründe angekreuzt werden, warum ein Belastungs-EKG nicht durchführbar ist.

Wenn Sie einen Patienten ausschließlich über ein nicht-invasives Verfahren einschreiben, kreuzen Sie bitte die Gründe an, weshalb ein Belastungs-EKG nicht durchgeführt werden konnte.

Diese Gründe können sein:

a) Ihr Patient ist physikalisch nicht belastbar. Dies bedeutet, dass Ihr Patient die für die Beurteilung des Belastungs-EKG erforderliche Belastungsschwelle z.B.

aufgrund orthopädisch bedingter Hemmnisse nicht erreichen kann.

b) In bestimmten Fällen ist eine Interpretation bei fehlender Darstellung der ST-Strecke im Ruhe-EKG nicht möglich. Interpretationsschwierigkeiten treten insbesondere bei Vorliegen von Erregungsleitungsstörungen (z.B. bei einem Linkschenkelblock) oder bei Patienten mit Schrittmacher auf. In diesen Fällen machen Sie bitte an dieser Stelle ein Kreuz.

c) Bei Ihrem Patienten liegen Kontraindikationen für die Durchführung eines Belastungs-EKGs vor. (z.B. wegen Erkrankungen des Bewegungsapparates).

Anamnese

6 Diagnose bekannt seit

Bitte geben Sie hier das Jahr der Diagnosestellung vierstellig (z.B. 1997) an. Sollte Ihnen das Jahr der Diagnosestellung nicht bekannt sein, geben Sie bitte eine **„0“** an (links- oder rechtsbündig).

7 Raucher

Geben Sie hier an, ob Ihr Patient Raucher ist. Neben dem Zigarettenraucher sind hier auch Pfeifen- und Zigarrenraucher zu erfassen. Machen Sie bitte genau eine Angabe.

8 Anamnestisch bekannte Begleit- und Folgeerkrankungen

Hier geben Sie bitte an, ob Ihr Patient eine oder mehrere der aufgeführten Begleit- oder Folgeerkrankungen hat. Eine Angabe ist erforderlich; Mehrfachnennungen sind möglich.

„Keine“ ist anzukreuzen, wenn keine der aufgeführten Erkrankungen besteht. Nähere Erläuterungen zu einzelnen Erkrankungen:

Hypertonus: Dieses Feld ist anzukreuzen, wenn in der Vergangenheit eine wiederholte Messung von erhöhten systolischen und/oder diastolischen Werten > 140/90 mmHg vorgelegen hat.

Diabetes mellitus: Hier ist anzukreuzen, wenn ein Diabetes mellitus vorliegt.

Fettstoffwechselstörung: Dieses Feld ist anzukreuzen, wenn mindestens einer der Fettstoffwechselwerte über dem individuell festzulegenden Schwellenwert liegt bzw. auf Grund des Fettstoffwechselstatus und dem Gesamtbild des Patienten von einer Gefährdung auszugehen ist oder wenn eine medikamentös eingestellte Fettstoffwechselstörung vorliegt.

Symptomatische Herzrhythmusstörungen: Dieses Feld ist anzukreuzen, wenn Ihr Patient wegen symptomatischer Herzrhythmusstörungen behandelt wird.

Sonstige ist anzugeben, wenn eine hier nicht aufgeführte Begleit- oder Folgeerkrankung (z.B. ein Schlaganfall) vorliegt.

Aktuelle Befunde

9 Körpergröße

Bitte geben Sie die Körpergröße in Meter mit zwei Stellen hinter dem Komma an.

Ist die Körpergröße auf Grund z.B. einer Amputation nicht zu erheben, ist hier eine **„0“** einzutragen (links- oder rechtsbündig). Freibleibende Zahlenfelder brauchen nicht mit Füllzeichen wie z.B. „~“ oder „/“ gefüllt zu werden.

Tab. 3.1.1 Differenzierung von Brustschmerz

	Typische Angina pectoris	Atypische Angina pectoris	Nicht-anginöser Brustschmerz
Lokalisation	Linksthorakale bzw. restrosternale Schmerzen mit Ausstrahlung in den linken Arm	lokalisiert, z.B. Magen oder Pleura	z.B. am Bewegungsapparat (z.B. HWS, interkostal)
Auslösung	durch Belastung ausgelöst	durch Belastung ausgelöst	durch falsche Belastung des Bewegungsapparats
Schmerzsymptomatik	von kurzer Dauer, Besserung auf Nitrate	von kurzer Dauer, Besserung auf Nitrate	Dauer abwechselnd, Besserung auf Schmerzmittel

10 Körpergewicht

Bitte geben Sie das Körpergewicht in Kilogramm an (links- oder rechtsbündig). Ist das Körpergewicht auf Grund z.B. einer Amputation nicht zu erheben, ist hier eine **„0“** einzutragen (links- oder rechtsbündig). Freibleibende Zahlenfelder (z.B. bei zweistelliger Gewichtsangabe) müssen nicht mit Füllzeichen wie z.B. „~“ oder „/“ gefüllt werden.

11 Blutdruck

Geben Sie hier bitte den aktuellen systolischen und diastolischen Blutdruckwert in mmHg an. Bei starken Schwankungen mehrfach erhobener Werte geben Sie bitte den Mittelwert an.

Bitte geben Sie die Zahlenwerte links- oder rechtsbündig an. Freibleibende Zahlenfelder (z.B. bei einem zweistelligen diastolischem Blutdruckwert) brauchen nicht mit „~“ oder „/“ gefüllt zu werden.

12 LDL- und Gesamtcholesterinwert

Wenn Sie die Werte erhoben haben, tragen Sie bitte jeweils den Echtwert in mmol/l oder mg/dl ein. Wenn diese Werte nicht untersucht wurden, kreuzen Sie bitte „nicht untersucht“ an. Freibleibende Zahlenfelder brauchen nicht mit Füllzeichen (z.B. „~“ oder „/“) gefüllt zu werden.

Relevante Ereignisse in den letzten 12 Monaten

13 Stationäre notfallmäßige Behandlung

Geben Sie bitte die Anzahl aller vollstationären Aufenthalte an, die auf Grund der KHK notwendig wurden. Sollte in den letzten 12 Monaten keine solche Behandlung notwendig gewesen sein, geben Sie bitte eine **„0“** an (links- oder rechtsbündig). Freibleibende Zahlenfelder brauchen nicht mit Füllzeichen wie z.B. „~“ oder „/“ gefüllt zu werden.

14 Nicht-stationäre notfallmäßige Behandlung

Hierzu zählen insbesondere die Behandlungen im Rahmen des hausärztlichen Notdienstes am Wochenende oder die Behandlung in Notfallambulanzen, die **auf Grund der KHK** notwendig wurden. Wenn keine relevanten Ereignisse vorliegen, geben Sie bitte eine **„0“** an (links- oder rechtsbündig). Freibleibende Zahlenfelder brauchen nicht mit Füllzeichen wie z.B. „~" oder „/" gefüllt zu werden.

⑮ Erfolgte koronartherapeutische Intervention
Geben Sie bitte hier an, ob bei Ihrem Patienten bereits eine perkutane Intervention (z.B. Stent-Anlage) oder eine Bypass-Operation erfolgt ist. Sollte dies nicht der Fall sein, kreuzen Sie bitte „keine" an.

Medikamentöse Behandlung

Bitte geben Sie hier zunächst an, ob eine KHK-spezifische medikamentöse Behandlung durchgeführt wird.
Bitte machen Sie zu **jedem** der nachfolgenden Medikamente eine Angabe. **Bitte machen Sie auch die Angabe „nein", wenn Ihr Patient das jeweilige Medikament derzeit nicht erhält.**

- **Betablocker:** Bitte geben Sie bei „nein" zusätzlich an, ob eine Kontraindikation gegen die Gabe eines Betablockers besteht. Diese Angabe ist für die Qualitätssicherung notwendig.
- **Thrombozytenaggregationshemmer:** Bitte geben Sie bei „nein" zusätzlich an, ob eine Kontraindikation gegen die Gabe eines Thrombozytenaggregationshemmers besteht. Diese Angabe ist für die Qualitätssicherung notwendig.
- **Nitrate:** Hierunter sind auch Nitrosprays zu fassen. Eine Angabe „ja" oder „nein" ist erforderlich.
- **ACE-Hemmer:** Eine Angabe „ja" oder „nein" ist erforderlich.
- **Kalzium-Antagonisten:** Eine Angabe „ja" oder „nein" ist erforderlich.
- **Statine:** Eine Angabe „ja" oder „nein" ist erforderlich.
- **Sonstige KHK-spezifische Medikation:** hierzu zählen z.B. die AT_1-Antagonisten oder Marcumar. Eine Angabe „ja" oder „nein" ist erforderlich.

Schulungen

⑯ Schulung empfohlen: Hypertonie-, Diabetes- und INR-Schulungen
Wenn Sie Ihrem Patienten aktuell (am Tage der Konsultation) die Teilnahme an einem Schulungsprogramm empfohlen haben, geben Sie bitte hier an, für welche Indikation(en) die Schulung(en) durchgeführt werden soll(en). Mehrfachnennungen sind möglich.
Andere Schulungen: Hier geben Sie bitte an, ob Sie Ihrem Patienten noch eine weitere Schulung, z.B. zur Raucherentwöhnung empfohlen haben.
Wurde **keine Schulung** empfohlen, geben Sie dies bitte auch an.
Schulung bereits vor Einschreibung in das strukturierte Behandlungsprogramm wahrgenommen
Sollte Ihr Patient bereits vor der Einschreibung in das strukturierte Behandlungsprogramm an einer der aufgeführten Schulungen teilgenommen haben, machen Sie bitte bei dem(n) entsprechenden Schulungsprogramm(en) eine Angabe. Ist dies nicht der Fall gewesen, kreuzen Sie bitte „keine" an. Mehrfachnennungen sind möglich.

Behandlungsplan und vereinbarte Ziele

⑰ Aufgabe des Tabakkonsums empfohlen
Diese Feld ist nur bei aktuellen Rauchern unabhängig von der Raucheranamnese anzugeben. Sollte Ihr Patient Nichtraucher sein und haben Sie dies entsprechend in Feld ⑨ dokumentiert, brauchen Sie hier keine Angabe zu machen. Andernfalls geben Sie bitte hier an, ob Sie Ihrem Patienten empfohlen haben, mit dem Rauchen aufzuhören.

⑱ Zielvereinbarung Blutdruck
Unter Berücksichtigung des zwischen Ihnen und dem Patienten vereinbarten Zielblutdrucks ist hier zu dokumentieren, ob der aktuell gemessene Blutdruckwert gehalten oder gesenkt werden soll.

⑲ KHK-spezifische Über- oder Einweisung veranlasst
Bitte kreuzen Sie hier „ja" an, falls Sie Ihren Patienten auf Grund seiner KHK zu einem anderen Arzt oder in eine stationäre Einrichtung überwiesen oder eingewiesen haben. Sollte dies nicht der Fall sein, kreuzen Sie bitte „nein" an.

⑳ Dokumentationsintervall
Das Dokumentationsintervall ist in Abhängigkeit vom Krankheitsstatus unter Berücksichtigung von Begleit- und Folgeerkrankungen individuell von Ihnen in Absprache mit dem Patienten einmal im Quartal oder jedes zweite Quartal festzulegen.
Eine Angabe ist erforderlich.

㉑ Datum der geplanten nächsten Dokumentationserstellung
Datum der geplanten nächsten Dokumentationserstellung. Die Angabe ist optional.
Als Datum der geplanten nächsten Dokumentation gilt der Termin, der im Rahmen der regelmäßigen Dokumentation (jedes Quartal bzw. jedes zweite Quartal) mit dem Patienten vereinbart wird. Sollten Sie ein solches Datum vereinbaren, tragen Sie es bitte ein.

㉒ Datum und Unterschrift
Für die Einschreibung des Versicherten in ein strukturiertes Behandlungsprogramm ist das Datum relevant, an dem der Dokumentationsbogen vollständig ausgefüllt wurde. Daher müssen Sie das Erstellungsdatum eintragen. Das Datum aus der Kopfzeile ist für die Einschreibung nicht relevant.
Den ausgefüllten Bogen müssen Sie zusätzlich unterschreiben.
Wird in der zuständigen Stelle festgestellt, dass die Angaben des Dokumentationsbogens an einer oder mehreren Stellen unvollständig oder unplausibel sind, erhalten Sie den Bogen zurück. Sie werden aufgefordert, den Bogen zu korrigieren und erneut mit dem aktuellen Datum und Ihrer Unterschrift zu versehen.

Erläuterungen zum Ausfüllen der Folgedokumentation

Die Nummerierung auf dem abgebildeten Musterdokumentationsbogen entspricht der nachfolgenden Nummerierung. Parameter und Angaben, die analog zur Erstdokumentation auszufüllen sind, werden hier nicht mehr erläutert, sondern nur unter Hinweis auf die entsprechende Abschnittsnummer der Erstdokumentation aufgeführt.

1 Arztwechsel
Dieses Feld ist dann anzukreuzen, wenn ein Patient, der bereits in ein strukturiertes Behandlungsprogramm eingeschrieben ist, Sie als **neuen koordinierenden Arzt** gewählt hat.

2 DMP-Fallnummer
(wie Erstdokumentation, Abschnitt 1)

Anamnese

3 Neu aufgetretene Begleit- und Folgeerkrankungen (seit der letzten Dokumentation)
Bitte geben Sie hier an, ob bei Ihrem Patient eine oder mehrere der aufgeführten Begleit- oder Folgeerkrankungen seit der letzten Dokumentation neu aufgetreten ist. Eine Angabe ist erforderlich; Mehrfachnennungen sind möglich.
„Keine" ist anzukreuzen, wenn keine der aufgeführten Erkrankungen besteht.
Nähere Erläuterungen zu einzelnen Erkrankungen:
Hypertonus: Dieses Feld ist anzukreuzen, wenn in der Vergangenheit eine wiederholte Messung von erhöhten systolischen und/oder diastolischen Werten > 140/90 mmHg vorgelegen hat.
Diabetes mellitus: Hier ist anzukreuzen, wenn ein Diabetes mellitus vorliegt.
Fettstoffwechselstörung: Dieses Feld ist ankreuzen, wenn mindestens einer der Fettstoffwechselwerte über dem individuell festzulegenden Schwellenwert liegt bzw. auf Grund des Fettstoffwechselstatus und dem Gesamtbild des Patienten von einer Gefährdung auszugehen ist oder wenn eine medikamentös eingestellte Fettstoffwechselstörung vorliegt.
Symptomatische Herzrhythmusstörungen: Dieses Feld ist anzukreuzen, wenn Ihr Patient wegen symptomatischer Herzrhythmusstörungen behandelt wird.
Herzinsuffizienz: Hier ist ausschließlich die neu aufgetretene Herzinsuffizienz zu dokumentieren. Ist eine Herzinsuffizienz schon vor der letzten Dokumentation bekannt gewesen, geben Sie dies bitte im Bereich „Aktuelle Befunde" unter Punkt 5 an.
Sonstige ist anzugeben, wenn eine hier nicht aufgeführte Begleit- oder Folgeerkrankung (z.B. ein Schlaganfall) vorliegt.

4 Raucher
(wie Erstdokumentation, Abschnitt 7)

Aktuelle Befunde

5 Angina pectoris
(wie Erstdokumentation, Abschnitt 4)

6 Herzinsuffizienz
Kreuzen Sie hier bitte an, ob Ihr Patient eine bereits bekannte Herzinsuffizienz hat. Falls ja, geben Sie bitte auch den Schweregrad an. Der Schwergrad richtet sich nach der NYHA-Klassifikation und kann Tabelle 3.1.2 entnommen werden.

7 Blutdruck
(wie Erstdokumentation, Abschnitt 11)

8 LDL- und Gesamtcholesterinwert
(wie Erstdokumentation, Abschnitt 12)

Relevante Ereignisse seit der letzten Dokumentation

9 Akutes Koronarsyndrom
Sollte Ihr Patient seit der letzten Dokumentation ein akutes Koronarsyndrom erlitten haben, geben Sie dies bitte hier an. Diese Diagnose kann an Hand des Ruhe-EKGs, der Schmerzsymptomatik und der Markerproteine („Herzenzyme") gestellt werden. Die Befunde können aus der Patientenakte oder einem Krankenhausbericht entnommen werden.

10 KHK-spezifische diagnostische und therapeutische Intervention
Geben Sie bitte hier an, ob bei Ihrem Patienten seit der letzten Dokumentation eine Koronarangiographie, eine perkutane Intervention (z.B. Stent-Anlage) oder eine Bypass-Operation erfolgt ist. Sollte dies nicht der Fall sein, kreuzen Sie bitte „keine" an.

11 Stationäre notfallmäßige Behandlung
Geben Sie bitte die Anzahl aller vollstationären Aufenthalte an, die auf Grund der KHK notwendig wurden. Sollte seit der letzten Dokumentation keine solche Behandlung notwendig gewesen sein, geben Sie bitte eine **„0"** an (links- oder rechtsbündig).

12 Nicht-stationäre Behandungen
Hierzu zählen insbesondere die Behandlungen im Rahmen des hausärztlichen Notdienstes am Wochenende oder die Behandlung in Notfallambulanzen, die auf Grund der KHK notwendig wurden. Wenn keine relevanten Ereignisse vorliegen, geben Sie bitte eine **„0"** an (links- oder rechtsbündig).

13 Medikamantöse Behandlung
Bitte geben Sie hier zunächst an, ob eine KHK-spezifische medikamentöse Behandlung durchgeführt wird.
Bitte machen Sie zu **jedem** der nachfolgenden Medikamente eine Angabe. **Bitte machen Sie auch die Angabe „nein", wenn Ihr Patient das jeweilige Medikament derzeit nicht erhält.**

- **Betablocker:** Bitte geben Sie bei „nein" zusätzlich an, ob eine Kontraindikation gegen die Gabe eines Betablockers besteht. Diese Angabe ist für die Qualitätssicherung notwendig.
- **Thrombozytenaggregationshemmer:** Bitte geben Sie bei „nein" zusätzlich an, ob eine Kontraindikation gegen die Gabe eines Thrombozytenaggregationshemmers besteht. Diese Angabe ist für die Qualitätssicherung notwendig.
- **Nitrate:** Hierunter sind auch Nitrosprays zu fassen. Eine Angabe „ja" oder „nein" ist erforderlich.

Krankenkasse bzw. Kostenträger

Name, Vorname des Versicherten

geb. am

Kassen-Nr. | Versicherten-Nr. | Status

Vertragsarzt-Nr. | VK gültig bis | Datum

032H

Folge-Dokumentation koronare Herzkrankheit

Blatt 1
Original für die Datenannahmestelle

1 ☒ Arztwechsel

2 DMP-Fallnummer ☐☐☐☐☐☐☐

Krankenhaus-IK

Arztstempel (bitte auch auf Blatt 2 und 3)

Die dunkel hinterlegten Angaben werden der Krankenkasse übermittelt.

Anamnese

3 **Neu aufgetretene Begleit- oder Folgeerkrankungen**

☒ keine ☒ Hypertonus ☒ Herzinfarkt ☒ symptomatische Herzrhythmusstörungen

☒ Herzinsuffizienz ☒ Diabetes mellitus ☒ Fettstoffwechselstörung ☒ sonstige

4 **Raucher** ☒ ja ☒ nein

aktuelle Befunde

5 **Angina pectoris** typisch: ☒ Grad I ☒ Grad II ☒ Grad III ☒ Grad IV

☒ atypisch ☒ nicht-anginöser Brustschmerz ☒ keine Schmerz-symptomatik

6 **Herzinsuffizienz** ☒ nein

ja –> NYHA ☒ I ☒ II ☒ III ☒ IV

7 **Blutdruck** ☐☐☐ / ☐☐☐ mmHg

8 **Cholesterin gesamt** ☐☐☐ mg/dl **oder** ☐☐,☐ mmol/l ☒ nicht untersucht

LDL-Cholesterin ☐☐☐ mg/dl **oder** ☐☐,☐ mmol/l ☒ nicht untersucht

relevante Ereignisse seit der letzten Dokumentation

9 **akutes Koronarsyndrom** ☒ ja ☒ nein

10 **KHK-spezifische diagnostische und therapeutische Intervention**

☒ keine ☒ Koronarangiografie ☒ percutane Intervention ☒ Bypass-Operation

11 **Stationäre notfallmäßige Behandlung von KHK** ☐ Anzahl

12 **nicht-stationäre notfallmäßige Behandlung von KHK** ☐ Anzahl

13 aktuelle Medikation

diagnosespezifische Medikation ☒ ja ☒ nein

Betablocker ☒ ja ☒ nein ☒ Kontraindikation

Thrombozyten-aggregationshemmer ☒ ja ☒ nein ☒ Kontraindikation

Nitrate ☒ ja ☒ nein

ACE-Hemmer ☒ ja ☒ nein

Kalzium-Antagonisten ☒ ja ☒ nein

HMG-CoA-Reduktase-Hemmer (Statine) ☒ ja ☒ nein

sonstige aktuelle diagnose-spezifische Medikation ☒ ja ☒ nein

Schulungen

14 **Empfohlene Schulung wahrgenommen (seit letzter Dokumentation)**

Diabetes-Schulung ☒ ja ☒ nein ☒ war aktuell nicht möglich

Hypertonie-Schulung ☒ ja ☒ nein ☒ war aktuell nicht möglich

INR-Schulung ☒ ja ☒ nein ☒ war aktuell nicht möglich

andere Schulungen ☒ ja ☒ nein ☒ war aktuell nicht möglich

bei letzter Dokumentation keine Schulung empfohlen ☒

15 **Schulung empfohlen (bei aktueller Dokumentation)**

☒ Diabetes-Schulung

☒ Hypertonie-Schulung

☒ INR-Schulung

☒ andere Schulungen

☒ keine

Behandlungsplanung und vereinbarte Ziele

16 **Aufgabe des Tabakkonsums empfohlen** ☒ ja ☒ nein

17 **Zielvereinbarung Blutdruck** aktuellen Wert: ☒ halten ☒ senken

18 **KHK-spezifische Über- bzw. Einweisung veranlasst** ☒ ja ☒ nein

20 **Datum der geplanten nächsten Dokumentationserstellung** T T . M M . J J J J (optionales Feld)

19 **Dokumentationsintervall** ☒ quartalsweise ☒ jedes zweite Quartal

Datum T T . M M . J J J J

21 Unterschrift des Arztes

RSAV 01.03.04

Vordruck 032

- **ACE-Hemmer:** Eine Angabe „ja" oder „nein" ist erforderlich.
- **Kalzium-Antagonisten:** Eine Angabe „ja" oder „nein" ist erforderlich.
- **Statine:** Eine Angabe „ja" oder „nein" ist erforderlich.
- **Sonstige KHK-spezifische Medikation:** hierzu zählen z.B. die AT_1-Antagonisten oder Marcumar. Eine Angabe „ja" oder „nein" ist erforderlich.

Schulungen

14 Empfohlene Schulung wahrgenommen

Die Angaben zu den Schulungen beziehen sich hier ausschließlich **rückblickend** auf Schulungen, die Sie Ihrem Patienten bei dem **letzten Dokumentationstermin empfohlen** haben. Wenn Sie nur einzelne Schulungen empfohlen haben, muss die Angabe nur zu diesen Schulungen erfolgen, die Angaben zu den nicht empfohlenen Schulungen bleiben dann frei.
Sollte Ihr Patient eine empfohlene Schulung **ohne einen für Sie nachvollziehbaren Grund nicht wahrgenommen** haben, kreuzen Sie bitte „nein" an. Diese Angabe kann zum Ausschluss des Versicherten führen.

Gründe hierfür können z.B. sein: Fehlende Schulungskapazität, Krankenhausaufenthalt des Patienten, private Gründe. Die Beurteilung, ob die Gründe nachvollziehbar sind, obliegt alleine Ihnen und dem Patienten.
Die Ausprägung „war aktuell nicht möglich" ist anzukreuzen, wenn die Schulung innerhalb des Dokumentationsintervalls (jedes Quartal oder jedes zweite Quartal) **wegen nachvollziehbarer Gründe** nicht wahrgenommen werden konnte.
Sollten Sie bei der letzten Dokumentation keine Schulung empfohlen haben, geben Sie dies bitte auch an.
Eine Angabe in diesen Feldern führt nicht zum Ausschluss des Patienten aus dem Programm.

15 Schulung empfohlen: Hypertonie-, Diabetes- und INR-Schulungen

Wenn Sie Ihrem Patienten aktuell (am Tage der Konsultation) die Teilnahme an einem Schulungsprogramm empfohlen haben, geben Sie bitte hier an, für welche Indikation(en) die Schulung(en) durchgeführt werden soll(en). Mehrfachnennungen sind möglich.
Andere Schulungen: Hier geben Sie bitte an, ob Sie Ihrem Patienten noch eine weitere Schulung, z.B. zur Raucherentwöhnung empfohlen haben.
Wurde **keine Schulung** empfohlen, geben Sie dies bitte auch an.

Behandlungsplan und vereinbarte Ziele

16 Aufgabe des Tabakkonsums empfohlen

Dieses Feld ist nur bei aktuellen Rauchern unabhängig von der Raucheranamnese anzugeben. Sollte Ihr Patient Nicht-Raucher sein und haben Sie dies entsprechend in Feld 2 dokumentiert, brauchen Sie hier keine Angabe zu machen. Andernfalls geben Sie bitte hier an, ob Sie Ihrem Patienten empfohlen haben, mit dem Rauchen aufzuhören.

17 Zielvereinbarung Blutdruck

(wie Erstdokumentation, Abschnitt 18)

Tab. 3.1.2 Klassifikation der Herzinsuffizienz

Stadium	Symptomatik
NYHA I	Keine Beeinträchtigung der körperlichen Leistungsfähigkeit. Gewöhnliche körperliche Betätigung verursacht keine Müdigkeit, Atemnot oder Palpitationen (asymptomatische systolische Dysfunktion).
NYHA II	Geringe Beeinträchtigung der körperlichen Leistungsfähigkeit. Gewöhnliche körperliche Betätigung führt zu Müdigkeit, Palpitationen, Atemnot oder Angina pectoris.
NYHA III	Deutliche Beeinträchtigung der körperlichen Leistungsfähigkeit. Geringe körperliche Betätigung führt zu den genannten Symptomen.
NYHA IV	Schwere Beeinträchtigung der körperlichen Leistungsfähigkeit. Symptome sind bereits in Ruhe präsent, bei geringer körperlicher Betätigung verschlechtern sich die Beschwerden.

18 KHK-spezifische Über- oder Einweisung veranlasst

(wie Erstdokumentation, Abschnitt 19)

19 Dokumentationsintervall

(wie Erstdokumentation, Abschnitt 20)

20 Datum der geplanten nächsten Dokumentationserstellung

(wie Erstdokumentation, Abschnitt 21)

21 Datum und Unterschrift

Für den Verbleib des Versicherten in einem strukturiertes Behandlungsprogramm ist das Datum relevant, an dem der Dokumentationsbogen vollständig ausgefüllt wurde. Daher müssen Sie das Erstellungsdatum eintragen. Das Datum aus der Kopfzeile ist für den Verbleib im Programm nicht relevant.
Sie müssen den Bogen zusätzlich unterschreiben. Wird in der zuständigen Stelle festgestellt, dass die Angaben des Dokumentationsbogens an einer oder mehreren Stellen unvollständig oder unplausibel sind, erhalten Sie den Bogen zurück. Sie werden aufgefordert, den Bogen zu korrigieren und erneut mit dem aktuellen Datum und Ihrer Unterschrift zu versehen.

Adressen und Internet-Links

AOK-Bundesverband

Kortrijker Straße 1, 53177 Bonn
Tel.: (02 28) 8 43-0, Fax: (02 28) 8 43-5 02
E-Mail: dmp@bv.aok.de

Dependance Berlin des AOK-Bundesverbandes
Charlottenstraße 42, 10117 Berlin
Tel.: (0 30) 25 31-10 08, Fax: (0 30) 25 31-10 00

http://www.aok-bv.de

Landes-AOKs

AOK Baden-Württemberg
Hauptverwaltung
Heilbronner Straße 184, 70191 Stuttgart
Tel.: (07 11) 25 93-0, Fax: (07 11) 25 93-100

AOK Bayern – Die Gesundheitskasse
Zentrale
Carl-Wery-Str. 28, 81739 München
Tel.: (0 89) 62 73-0, Fax: (0 89) 62 73-1 07

AOK Berlin
Wilhelmstraße 1, 10936 Berlin
Tel.: (0 30) 25 31-0, Fax: (0 30) 25 31-29 29

AOK für das Land Brandenburg
Potsdamer Straße 20, 14513 Teltow
Tel.: (0 33 28) 45-0, Fax: (0 33 28) 45-10 28

AOK Bremen/Bremerhaven
Bürgermeister-Smidt-Str. 95, 28195 Bremen
Tel.: (04 21) 17 61-0, Fax: (04 21) 17 61-340

AOK Hamburg
Pappelallee 22–26, 22089 Hamburg
Tel.: (0 40) 20 23-00, Fax: (0 40) 20 23-14 99

AOK – Die Gesundheitskasse in Hessen
Basler Straße 2, 61352 Bad Homburg v. d. H.
Tel.: (0 61 72) 2 72-0, Fax: (0 61 72) 2 72-3 09

AOK Mecklenburg-Vorpommern
– Die Gesundheitskasse –
Am Grünen Tal 50, 19063 Schwerin
Tel.: (03 85) 30 80, Fax: (0 30) 3 08 14 40

AOK – Die Gesundheitskasse für Niedersachsen
Hildesheimer Straße 273, 30519 Hannover
Tel.: (05 11) 87 01-0, Fax: (05 11) 87 01-1 59 89

AOK Rheinland – Die Gesundheitskasse
Kasernenstraße 61, 40213 Düsseldorf
Tel.: (02 11) 87 91-0, Fax: (02 11) 87 91-11 25

AOK – Die Gesundheitskasse in Rheinland-Pfalz
Virchowstraße 30, 67304 Eisenberg
Tel.: (0 63 51) 4 03-0, Fax: (0 63 51) 4 03-1 99

AOK – Die Gesundheitskasse im Saarland
Halbergstraße 1, 66121 Saarbrücken
Tel.: (06 81) 60 01-0, Fax: (06 81) 60 01-5 50

AOK Sachsen – Die Gesundheitskasse
Sternplatz 7, 01067 Dresden
Tel.: (03 51) 81 49-0, Fax: (03 51) 81 49-1 45 79

AOK Sachsen-Anhalt – Die Gesundheitskasse
Lüneburger Str. 4, 39106 Magdeburg
Tel.: (03 91) 5 80-3, Fax: (03 91) 58 0-40 05
E-Mail: service@san.aok.de

AOK Schleswig-Holstein
– Die Gesundheitskasse –
Edisonstr. 70, 24145 Kiel
Tel.: (04 31) 6 05-0, Fax: (04 31) 6 05-14 09

AOK – Die Gesundheitskasse in Thüringen
Augustinerstraße 38, 99084 Erfurt
Tel.: (03 61) 65 74-0, Fax: 65 74-1 00 00

AOK Westfalen-Lippe – Die Gesundheitskasse
Nortkirchenstraße 103–105, 44263 Dortmund
Tel: (02 31) 41 93-0, Fax: (02 31) 41 93-1 07

Deutscher Hausärzteverband e.V. und Landesverbände

Geschäftsstelle Köln:

Deutscher Hausärzteverband e.V.
Hauptgeschäftsführer: Eberhard Mehl;
Geschäftsführer: Robert Festersen, Joachim Schütz
Projektbeauftragung DMP: Holger T. Ried
(Geschäftsführer BDA-WG)
Pressestelle: Petra Priem
Theodor-Heuss-Ring 14, 50668 Köln
Tel.: (02 21) 1 60 67-0, Fax: (02 21) 1 60 67-35
E-Mail: bda-bv@hausarzt-bda.de

http://www.hausaerzteverband.de

Landesverbände

Hausärzteverband Baden-Württemberg
Austraße 107, 70376 Stuttgart
Tel.: (07 11) 59 30 78, Fax: (07 11) 59 32 79
E-Mail: bda-bw@t-online.de

Bayerischer Hausärzteverband e. V.
Rosenheimer Straße 30 / 702 , 81669 München
Tel.: (0 89) 6 23 03 76, Fax: (0 89) 6 42 18 11
E-Mail: hausaerzte.bayern@t-online.de

Hausärzteverband Berlin-Brandenburg
Bleibtreustraße 24/II, 10707 Berlin
Tel.: (0 30) 3 12 92 43, Fax: (0 30) 3 13 78 27
E-Mail: bpa-bb@t-online.de

Deutscher Hausärzteverband
Landesverband Braunschweig e. V.
Hagenring 20, 38106 Braunschweig
Tel.: (05 31) 33 43 66, Fax: (05 31) 33 33 67
E-Mail: hausaerzteverband.braunschweig@t-online.de

Hausärzteverband Bremen:
Sonneberger Straße 2a, 28329 Bremen
Tel.: (04 21) 4 36 60 11, Fax: (04 21) 4 36 60 12
E-Mail: bda.bremen@t-online.de

Hausärzteverband Hamburg:
Heinrich-Hertz-Straß4 106, 22083 Hamburg
Tel.: (0 40) 69 70 24 77, Fax: (0 40) 69 70 21 85
E-Mail: hausaerzte@t-online.de

Hausärzteverband Hessen:
Ahornstraße 9, 34599 Neuental
Tel.: (0 66 93) 91 14 46, Fax: (0 66 93) 91 14 47
E-Mail: hausaerzte.hessen@t-online.de

Hausärzteverband Mecklenburg-Vorpommern:
Neumühler Straße 22, 19057 Schwerin
Tel.: (03 85) 7 43 14 66, Fax: (03 85) 5 57 42 01
E-Mail: bda.mv@t-online.de

Hausärzteverband Niedersachsen:
Berliner Allee 20, 30175 Hannover
Tel.: (05 11) 3 80 24 30, Fax: (05 11) 3 18 07 72
E-Mail: hausaerzteverband.nds@t-online.de

Hausärzteverband Nordrhein:
Theodor-Heuss-Ring 14, 50668 Köln
Tel.: (02 21) 1 60 67 15, Fax: (02 21) 1 60 67 35
E-Mail: lv-no@hausarzt-bda.de

Hausärzteverband Rheinland-Pfalz:
Bendorfer Straße 45a, 56191 Weitersburg
Tel.: (0 26 22) 1 59 99, Fax: (0 26 22) 16 70 02
E-Mail: bda-rlp@t-online.de

Hausärzteverband Saarland:
Hauptstraße 39, 66798 Wallerfangen
Tel.: (0 68 31) 6 43 15 44, Fax: (0 68 31) 6 43 15 45
E-Mail: bda.saar@telemed.de

Hausärzteverband Sachsen:
Weinkellerstraße 20, 09337 Hohenstein-Ernstthal
Tel.: (0 37 23) 79 63, Fax: (0 37 23) 41 11 97
E-Mail: hbfsturm@aol.com

Hausärzteverband Sachsen-Anhalt:
Margaretenstraße 2, 39218 Schönebeck
Tel.: (0 39 28) 6 91 70, Fax: (0 39 28) 90 05 55
E-Mail: bdasa@t-online.de

Hausärzteverband Schleswig-Holstein:
Schloßstraße 6, 25876 Schwabstedt
Tel.: (0 48 84) 90 33 90, Fax: (0 48 84) 90 33 91
E-Mail: geschaeftsstelle@bda-sh.de

Hausärzteverband Thüringen:
Klosterstraße 22, 99831 Creuzburg
Tel.: (03 69 26) 8 22 33, Fax: (03 69 26) 9 09 23

Hausärzteverband Westfalen-Lippe:
Schillerstraße 41, 44147 Dortmund
Tel.: (02 31) 82 11 75, Fax: (02 31) 82 53 64,
E-Mail: bda-westfalen-lippe@t-online.de

Kassenärztliche Vereinigungen

Kassenärztliche Bundesvereinigung
Herbert-Lewin-Plazt 2, 10623 Berlin
Tel.: (0 30) 40 05-0
http://www.kbv.de

Bayern
Arabellastraße 30, 81925 München
Postfach 81 05 60, 81905 München
Tel.: (0 89) 9 20 96-0

Berlin
Masurenallee 6a, 14057 Berlin
Tel.: (0 30) 3 10 03-0

Brandenburg
Gregor-Mendel-Straße 10/11, 14469 Potsdam
Tel.: (03 31) 2 86 80

Bremen
Schwachhauser Heerstraße 26/28, 28209 Bremen
Postfach 10 43 29, 28043 Bremen
Tel.: (04 21) 34 04-0

Hamburg
Humboldtstraße 56, 22083 Hamburg
Postfach 76 06 20, 22056 Hamburg
Tel.: (0 40) 2 28 02-0

Hessen
Georg-Voigt-Straße 15 , 60325 Frankfurt
Postfach 15 02 04, 60062 Frankfurt
Tel.: (0 69) 7 95 02-0

Koblenz
Emil-Schüller-Straße 14–16, 56073 Koblenz
Postfach 10 49, 56010 Koblenz
Tel.: (02 61) 3 90 02-0

Mecklenburg-Vorpommern
Neumühler Straße 22, 19057 Schwerin
Postfach 16 01 45, 19091 Schwerin
Tel.: (03 85) 74 31-0

Niedersachsen
Berliner Allee 22, 30175 Hannover
Postfach 31 67, 30031 Hannover
Tel.: (05 11) 3 80-03

Nordbaden
Kesslerstraße 1, 76185 Karlsruhe
Postfach 38 06, 76023 Karlsruhe
Tel.: (07 21) 59 61-0

Nordrhein
Tersteegenstraße 9, 40474 Düsseldorf
Postfach 11 06 49, 40506 Düsseldorf
Tel.: (02 11) 59 70-0

Nord Württemberg
Albstadtweg 11, 70567 Stuttgart (Möhringen)
Postfach 80 06 08, 70506 Stuttgart
Tel.: (07 11) 78 75-0

Pfalz
Maximilianstraße 22, 67433 Neustadt
Postfach 10 06 64, 67429 Neustadt
Tel.: (0 63 21) 8 93-0

Rheinhessen
Isaac-Fulda-Allee 14, 55124 Mainz
Postfach 25 67, 55015 Mainz
Tel.: (0 61 31) 3 26-0

Saarland
Faktoreistraße 4, 66111 Saarbrücken
Postfach 10 16 43, 66016 Saarbrücken
Tel.: (06 81) 40 03-0

Sachsen
Schützenhöhe 12, 01099 Dresden
Postfach 10 06 36, 01076 Dresden
Tel.: (03 51) 82 90 50

Sachsen-Anhalt
Doctor-Eisenbart-Ring 2, 39120 Magdeburg
Postfach 16 64, 39104 Magdeburg
Tel.: (03 91) 6 27 60 00

Schleswig-Holstein
Bismarckallee 1–6, 23795 Bad Segeberg
Postfach, 23782 Bad Segeberg
Tel.: (0 45 51) 8 83-0

Südbaden
Sundgauallee 27, 79114 Freiburg
Postfach 62 69, 79038 Freiburg
Tel.: (07 61) 8 84-0

Südwürttemberg
Haldenhaustraße 11, 72770 Reutlingen
Postfach 41 51, 72772 Reutlingen
Tel.: (0 71 21) 9 17-0

Thüringen
Zum Hospitalgraben 8, 99425 Weimar
Postfach 20 19, 99401 Weimar
Tel.: (0 36 43) 55 90

Trier
Balduinstraße 10–14, 54290 Trier
Postfach 23 08, 54213 Trier
Tel.: (06 51) 46 03-0

Westfalen-Lippe
Robert-Schimrigk-Straße 4–6, 44141 Dortmund
Postfach 10 50 38, 44047 Dortmund
Tel.: (02 31) 94 32-0

Ärztekammern

Bundesärztekammer Köln
Herbert-Lewin-Straße1, 50931 Köln
Tel.: (02 21) 40 04-0
E-Mail: baek@dgn.de

Baden-Württemberg
Jahnstraße 40, 70597 Stuttgart
Tel.: (07 11) 7 69 89-0
E-Mail: laek-baden-wuerttemberg@dgn.de

Bayern
Mühlbaurstraße 16, 81677 München
Tel.: (0 89) 41 47-0
E-Mail: blaek@blaek.de

Berlin
Friedrichstraße 16, 10969 Berlin
Tel.: (0 30) 4 08 06-0
E-Mail: kammer@aekb.de

Brandenburg
Dreifertstraße 12, 03044 Cottbus
Tel.: (03 55) 7 80 10-0
E-Mail: laek-brandenburg@dgn.de

Bremen
Schwachhauser Heerstraße 30, 28209 Bremen
Tel.: (04 21) 34 04 20-0
E-Mail: info@aekhb.de

Hamburg
Humboldtstraße 56, 22083 Hamburg
Tel.: (0 40) 22 80 20
E-Mail: aekhh@aerztekammer-hamburg.de

Hessen
Im Vogelsgesang 3, 60488 Frankfurt
Tel.: (0 69) 9 76 72-0
E-Mail: laek.hessen@laekh.de

Mecklenburg-Vorpommern
Humboldtstraße 6, 18055 Rostock
Tel.: (03 81) 4 92 80-0
E-Mail: aek-mecklenburg-vorpommern@dgn.de

Niedersachsen
Berliner Allee 20, 30175 Hannover Mitte
Tel.: (05 11) 3 80-02
E-Mail: info@aekn.de

Nordrhein
Tersteegenstraße 31, 40474 Düsseldorf
Tel.: (02 11) 4 30-20
E-Mail: aerztekammer@aekno.de

Rheinland-Pfalz
Deutschhausplatz 3, 55116 Mainz
Tel.: (0 61 31) 2 88 22-0
E-Mail: kammer@laek-rlp.de

Saarland
Faktoreistraße 4, 66111 Saarbrücken
Tel.: (06 81) 40 03-0
E-Mail: aerztekammer-saarland@t-online.de

Sachsen
Schützenhöhe 16, 01099 Dresden
Tel.: (03 51) 82 67-0
E-Mail: dresden@slaek.de

Sachsen-Anhalt
Doctor-Eisenbart-Ring 2, 39120 Magdeburg
Tel.: (03 91) 6 05 46
E-Mail: info.aeksa@dgn.de

Schleswig-Holstein
Bismarckallee 8–12, 23795 Bad Segeberg
Tel.: (0 45 51) 80 30
E-Mail: aerztekammer_SH@t-online.de

Thüringen
Im Semmicht 33, 07751 Jena-Maura
Tel.: (0 36 41) 61 40
E-Mail: lak_thuer@t-online.de

Westfalen-Lippe
Gartenstraße 210–214, 48147 Münster
Tel.: (02 51) 92 90
E-Mail: posteingang@aekwl.de

Bundesministerium für Gesundheit und Soziale Sicherung

Am Propsthof 78a, 53121 Bonn
Tel.: (0 18 88) 4 41-0; Fax: (0 18 88) 4 41-49 00
E-Mail: info@bmgs.bund.de

Dienstsitz Berlin:
Wilhelmstraße 49, 10117 Berlin (Mitte)
Tel.: (0 18 88) 5 27-0, Fax (0 18 88) 5 27-18 30

http://www.bmgs.bund.de

Deutsche Gesellschaft für Kardiologie – Herz- und Kreislaufforschung (DGK)

Achenbachstraße 43, 40237 Düsseldorf
Tel.: (02 11) 60 06 92-0
E-Mail: info@dgk.org

http://www.dgk.org oder **http://www.dgkardio.de**
Leitlinien: **http://www.dgk.org/leitlinien/index.aspx**

Berufsverband Niedergelassener Kardiologen (BNK) e.V.

1. Vorsitzender:
Dr. med. F. de Haan, Bergstraße 24, 42651 Solingen
Tel.: (02 12) 2 21 55 33 und (02 12) 20 91 99
E-Mail: DrdeHaan@aol.com

http://www.bnk.de

Selbsthilfegruppen/NAKOS

Nationale Kontakt- und Informationsstelle zur Anregung und Unterstützung von Selbsthilfegruppen
Albrecht-Achilles-Straße 65, 10709 Berlin
Tel.: (0 30) 8 91 40 19, Fax: (0 30) 8 91 40 14

http://www.nakos.de

Organisationen und Institutionen in Deutschland, die Materialien zur Raucherentwöhnung anbieten:

(kostenlos, wenn nicht anders vermerkt, ohne Anspruch auf Vollständigkeit):

Ärztlicher Arbeitskreis Rauchen und Gesundheit e.V.
Postfach 1244, 85379 Eching/München
Tel.:/Fax: (0 89) 3 16 25 25
(Newsletter viermal jährlich, Plakate, Informationen zum Passivrauchen)

Bundesärztekammer
Dezernat Fortbildung und Gesundheitsförderung
Herbert-Lewin-Straße 1, 50931 Köln
Tel.: (02 21) 40 04-4 15
(Handbuch: Frei von Tabak. Ein Stufenprogramm zur Raucherberatung und Rauchertherapie in der Arztpraxis.
Bezug: Deutscher Ärzteverlag, Formularverlag, Dieselstraße 2, 50859 Köln, Fax: (0 22 34) 70 11-470, Schutzgebühr: € 7,70.

Bundeszentrale für gesundheitliche Aufklärung (BZgA)
Postfach 91 01 52, 51071 Köln
Tel.: (02 21) 89 92-0,
http://www.bzga.de; http://www.rauchfrei-kampagne.de
(Handbuch rauchfreies Krankenhaus sowie verschiedene Broschüren und Materialien zum Nichtrauchen.
Bezug: BzgA, 51101 Köln, Fax: (02 21) 8 99 22 57.
Das BZgA-Info-Telefon zur Suchtvorbeugung:
(02 21) 89 20 31: Mo–Do: 10–22 Uhr, Fr–So: 10–18 Uhr

Deutsche Herzstiftung e.V.
Vogtstraße 50, 60322 Frankfurt a.M.
Tel.: (0 69) 95 51 28-0; Fax: (0 69) 95 51 28-313
(Broschüre: Methoden der Raucherentwöhnung)

Deutsches Krebsforschungszentrum,
Stabsstelle Krebsprävention
Im Neuenheimer Feld 280, 69120 Heidelberg
Tel.: (0 62 21) 42 30 07; Fax: (0 62 21) 42 30 20
Rauchertelefon: (0 62 21) 42 42 00, Hotline zur Raucherentwöhnung, Mo–Fr 15–19 Uhr
http://www.dkfz-heidelberg.de
(Faltblatt: Nichtrauchen lohnt sich – zur Auslage in Praxis und Klinik)

Forschungsstelle Rauchen und Nikotinabhängigkeit
Fachhochschule Düsseldorf
Universitätsstraße 1, 40225 Düsseldorf
Tel.: (02 11) 811 46 49; Fax: (02 11) 811 46 17

IFT, Institut für Therapieforschung
Parzivalstraße 25, 80804 München
Tel.: (0 89) 36 08 04-0; Fax: (0 89) 36 08 04 59
(Schulungen zum Kursleiter in Raucherentwöhnung)

Deutsche Gesellschaft für Nikotinforschung e.V.
Nordhäuser Straße 78, 99089 Erfurt
Tel.: (03 61) 7 41 13 54; Fax: (03 61) 7 41 12 00

Organisationen und Institutionen in Deutschland, die Informationen zum Thema „Bewegung" anbieten:

Ausführliche Informationen zu Herzgruppen erhalten Sie unter: http://www.herzgruppen.de

Deutsche Gesellschaft für Prävention und Rehabilitation von Herz-Kreislauferkrankungen e.V.
Friedrich-Ebert-Ring 38, 56068 Koblenz
Tel.: (02 61) 30 92 31; Fax: (02 61) 30 92 32
http://www.dgpr.de

Deutscher Behinderten-Sportverband
Friedrich Albert Str. 10, 47055 Duisburg
Tel.: (02 03) 7 17 41 70; Fax: (02 03) 7 78 01 74

Eine praktische Hilfe zur Gründung von Herzgruppen („Herzgruppen Wegweiser") erhalten Sie kostenlos über:
Schwarz-Pharma Deutschland GmbH,
Isoket-Service Herzgruppen
Alfred-Nobel-Straße 10, 40789 Monheim
Tel.: (0 21 73) 48–19 35; Fax: (0 21 73) 48–1350

Organisationen und Institutionen in Deutschland, die Informationen zum Thema „Ernährung" anbieten:

Broschüren und Faltblätter erhalten Sie bei:
DGE-MedienService
Bornheimer Straße 33 b, 53111 Bonn
Tel.: (02 28) 9 09 26 26; Fax: (02 28) 9 09 26 10
E-Mail: info@dge-medienservice.de
http://www.dge-medienservice.de

Weitere Internet-Links

Fachportal der AOK zu Disease-Management-Programmen

Detaillierte Informationen zu den gesetzlichen Grundlagen von DMP, den konkreten Programmen der einzelnen AOKs und Serviceangeboten für die Vertragspartner der AOK finden Sie auf:
http://www.dmp-aok.de

RSAV

PDF-Dateien von wichtigen Gesetzestexten zur GKV finden Sie auf einer Seite des Bundesministeriums für Gesundheit und Soziale Sicherung:
http://www.bmgs.bund.de/deu/gra/gesetze/ges_14.cfm

Auf dieser Seite sind insbesondere die Texte der RSAV herunterladbar, die Grundlage für das vorliegende Hausarzt Handbuch zum DMP KHK sind:

- Siebente Verordnung zur Änderung der Risikostruktur-Ausgleichsverordnung (7. RSA-ÄndV) vom 28. April 2003: **http://www.bmgs.bund.de/download/gesetze/GKV/bgbl103s0553.pdf**
- Neunte Verordnung zur Änderung der Risikostruktur-Ausgleichsverordnung (9. RSA-ÄndV) vom 18. Februar 2004: **http://www.bmgs.bund.de/download/gesetze/GKV/9_RSAAendV.pdf**

Literaturdatenbanken und Leitlinien

- International Task Force for Prevention of Coronary Heart Disease; hier ist auch der PROCAM-Risikorechner zu finden: **http://www.chd-taskforce.com**
- Arbeitsgemeinschaft der Wissenschaftlichen Medizinischen Fachgesellschaften (AWMF); hier sind zahlreiche Leitlinien verschiedener Fachgesellschaften im Volltext abrufbar: **http://www.uni-duesseldorf.de/AWMF/ll/index.html**
- Europäische Datenbank für medizinische Literatur (Embase): **http://www.embase.com**
- Clinical Evidence – Kompendium von evidenzbasierten Reviews zu den Effekten klinischer Interventionen, herausgegeben von der British Medical Journal Publishing Group: **http://www.clinicalevidence.org**
- Cochrane Collaboration; diese internationale Organisation hat das Ziel, systematische Übersichtsarbeiten nach der Methode der evidenzbasierten Medizin zu verfassen: **http://www.update-software.com/cochrane**
- Die US-amerikanische National Library of Medicine (Medline) stellt kostenlos eine Literaturdatenbank mit Kurzfassungen von Artikeln aus biomedizinischen Zeitschriften zur Verfügung: **http://www.ncbi.nlm.nih.gov**

Weitere Stiftungen und Gesellschaften

Deutsche Herzstiftung e. V.:
http://www.herzstiftung.de

DHD-Stiftung „Der herzkranke Diabetiker"
http://www.stiftung-dhd.de

World Heart Federation (WHF):
http://www.worldheart.org

European Society of Cardiology (ESC)
http://www.escardio.org

American Heart Association (AHA)
http://www.americanheart.org

American College of Cardiology (ACC)
http://www.acc.org

Glossar

A

Absolutes Risiko (AR)
Die Wahrscheinlichkeit des Auftretens eines Ereignisses in einer bestimmten Zeit. Der Bereich liegt zwischen 0 (= das Ereignis wird überhaupt nicht auftreten) und 1 (= das Ereignis wird auf jeden Fall auftreten). Ein AR von z. B. 0,6 heißt, dass das absolute Risiko für das Auftreten eines Ereignisses 60 % beträgt.

Absolute Risikoreduktion (ARR = absolute risk reduction)
Bedeutet den Unterschied zwischen dem absoluten Risiko in der Kontrollgruppe und der Interventionsgruppe, falls es zu einem günstigen Effekt durch die Intervention kommt. Beträgt das absolute Risiko z.B. unter Plazebo 0,6 und unter Verum 0,5, so ist die absolute Risikoreduktion 0,1 (= 10 %).

Absolute Risikozunahme (ARI = absolute risk increase)
Bedeutet in einer Studie den Unterschied zwischen dem absoluten Risiko in der Interventionsgruppe und der Kontrollgruppe, falls es zu einem ungünstigen Effekt durch die Intervention kommt. Beträgt z.B. unter Plazebo das absolute Risiko 0,5 und unter einem wirksamen Präparat 0,6, so beträgt die absolute Risikozunahme 0,1 (= 10 %).

Alpha-Fehler (= Fehler erster Art)
Wahrscheinlichkeit, einen nicht vorhandenen Effekt nur zufällig zu beobachten, es resultieren falsch-positive Studienergebnisse.

Assoziation
Das gemeinsame Auftreten von zwei Größen. Wenn zwei Ergebnisse miteinander verbunden sind, wie z. B. Ehe und Schwangerschaft oder Traurigkeit und Krankheit, ist man versucht, die „logische" Schlussfolgerung zu ziehen, dass diese zwei Dinge kausal miteinander verknüpft sind. Dies ist aber mitnichten immer der Fall (siehe auch **Kausalität** und **unkontrollierte Studien**).

B

Behandlungseffekt
Ergebnis einer therapeutischen Intervention, das in unterschiedlichen Größen angegeben werden kann. Berechnung der wichtigsten Größenangaben für einen Behandlungseffekt:
CER = control event rate (Ereignisrate in der Kontrollgruppe)
EER = experimental event rate (Ereignisrate in der Interventionsgruppe)
RRR = relativ risk reduction = CER–EER/CER
ARR = absolute risk reduction = CER–EER
NNT = number needed to treat = 1/ARR

Beta-Fehler (= Fehler zweiter Art)
Wahrscheinlichkeit, einen vorhandenen Effekt wegen zu kleiner Stichprobengröße nicht zu beobachten, es resultieren falsch-negative Studienergebnisse.

Bias
Bedeutet systematischer Fehler oder Verzerrung, wodurch die Studienergebnisse oder die Datenlage beeinflusst werden. Bias resultiert in einer Abweichung des Ergebnisses in die Richtung, die die Bias vorgibt. Eine Bias liegt regelmäßig bei nichtblinden Studien vor.
Attrition Bias = Systematischer Unterschied durch Studienabbrecher. Generell sollten auch Studienabbrecher immer bei der Auswertung mit berücksichtigt werden. Bei mehr als 10 % Studienabbrechern ist die Studie nur eingeschränkt verwertbar!
Bias durch fehlende adäquate Fallzahlschätzung = sollte bei seriösen Studien immer angegeben sein, weil ansonsten so lange Patienten eingeschlossen werden können, bis eine Signifikanz erreicht ist.
Bias durch Subgruppenanalyse = Ein anderes als das in der Fragestellung (oder im Studienprotokoll) genannte Patientenkollektiv wird zur Beantwortung der Studie verwendet. Durch eine Mehrfachtestung besteht die Gefahr einer zufälligen Beobachtung eines Effektes; einer der häufigsten Fehler in der Studienauswertung. Durch Formulierung der Fragestellung erst nach dem Vorliegen der Studienergebnisse besteht die Gefahr einer Manipulation der Fragestellung in Abhängigkeit von den Ergebnissen und einer nachträglichen Änderung der Methoden für diese Post-hoc-Analyse.
Detection Bias = Systematischer Unterschied durch die Evaluation der Studienergebnisse, d. h. wie genau und durch welche Verfahren die Endpunkte festgestellt werden, z. B. zur Feststellung nach Chemotherapie, ob ein Tumor noch vorhanden ist, kann z. B. eine Computertomographie erfolgen oder eine Sonographie oder auch nur eine klinische Untersuchung.
Language Bias = Oft werden in Reviews oder Metaanalysen nur englischsprachige Studien herangezogen.
Performance Bias = Systematischer Unterschied in der nicht im Rahmen der Studie vorgegebenen Behandlung; d.h. Angaben zur Ko-Therapie sollten immer vorhanden sein, um einen eventuellen Unterschied in den Vergleichsgruppen beurteilen zu können.
Publication Bias = Studien, die einen statistisch signifikanten Unterschied zwischen der Interventions- und der Kontrollgruppe finden, haben eine höhere Wahrscheinlichkeit, publiziert zu werden. Dadurch können bei Metaanalysen „negative" Studien zu wenig berücksichtigt werden.
Research Bias = Mögliche Verzerrung der Evidenzlage durch Fehlen valider Studien, meist aufgrund eines mangelnden markwirtschaftlichen Interesses: z.B. Fehlen von kontrollierten prospektiven Untersuchungen zum Effekt kochsalzreduzierter Ernährung auf die Morbidität von Patienten mit Herzinsuffizienz.

Selection Bias = Systematischer Unterschied in den Vergleichsgruppen einer Studie durch schlechte oder fehlende Randomisierung.

Sponsoring Bias = Beeinflussung des Studienprotokolls und/oder der Studienergebnisse zugunsten des Sponsors; Sponsoring wird oft am Ende der Studie klein gedruckt angegeben.

Blinde Studienbedingungen

Bei einem einfach-blinden Studiendesign wissen die Patienten/Probanden nicht, welche Therapie sie erhalten. Bei einem doppel-blinden Studiendesign wissen weder die Patienten noch die Untersucher, wer welche Therapie erhält. Bei einem dreifach-blinden Studiendesign erfolgt auch die Auswertung/Statistik verblindet. Bei nicht verblindeten Studien wird der Therapieeffekt durchschnittlich um 30 % überschätzt.

C

CATs

Bedeutet Critical Appraisal Topics = kritisch bewertetes Thema. Zu einer patientenorientierten klinischen Fragestellung wird anhand von Evidenz (meist eine kritisch bewertete Studie oder Übersichtsarbeit) eine Antwort formuliert und die Evidenz kurz, strukturiert und übersichtlich zusammengefasst. Bei häufig auftretenden Fragestellungen kann so bei geeigneter Archivierung hierauf zurückgegriffen werden. Weitere Infos u.a. unter: http://cebm.jr2.ox.ac.uk.

Clinical Evidence

Clinical Evidence ist ein Kompendium von evidenzbasierten Reviews zu den Effekten klinischer Interventionen. Es wird von der British Medical Journal (BMJ) Publishing Group herausgegeben und in sechsmonatigen Abständen ergänzt und aktualisiert.
(http://www.clinicalevidence.org)

Cochrane Collaboration

Die Cochrane Collaboration ist eine internationale Organisation mit dem Ziel, systematische Übersichtsarbeiten nach der Methode evidenzbasierter Medizin zu verfassen, um eine solide Wissensbasis für medizinische Entscheidungen zu schaffen (http://www.update-software.com/cochrane). Die Deutsche Cochrane Collaboration Zentrale befindet sich in Freiburg.

Confounder

Durch Faktoren, die nicht direkter Gegenstand der Untersuchung sind, die aber sowohl mit der Exposition als auch mit der Zielgröße assoziiert sind, kann es zu einem irrtümlichen Zusammenhang zwischen zwei Faktoren kommen. Derartige Faktoren nennt man Confounder (Störgrößen). Beispiel: Geburtenrate und Storchennestdichte – Confounder: Stadt/Land-Unterschied. Eine Kontrolle von Confoundern ist möglich durch ein entsprechendes Studiendesign (Randomisierung, Matching) oder durch die Anwendung bestimmter statistischer Verfahren bei der Analyse der Daten (**Stratifizierung**, **multivariate Analysen**).

Critical appraisal

Kritische Bewertung von Studien, als Grundlage der evidenzbasierten Medizin (**CATs**).

Control event rate = CER

Ereignisrate in der Kontrollgruppe.

Cross-over-Studie (Überkreuzstudie)

In diesem Studiendesign erhält jeder Patient nacheinander sowohl die Interventions- als auch die Kontrolltherapie in zufälliger Reihenfolge.

E

Embase

Europäische Datenbank für medizinische Literatur, die die US-amerikanische Datenbank **Medline** ergänzt (http://www.embase.com).

Ereignis

Ein Zustand, der bei einem Patienten in einer Zeit in einer Studie entweder auftritt oder nicht (= Dichotomie). Zum Beispiel: Tod, Krankenhausaufnahme, schwere Unterzuckerung.

Effektgröße

Zur Beschreibung der Effektgröße werden viele Methoden benutzt. Für dichotome Ereignisse (siehe unter Ereignis) wird meist die absolute oder relative Risikoreduktion verwendet. Bei kontinuierlichen Variablen (zum Beispiel glykosyliertes Hämoglobin oder Schmerzskala) wird die Effektgröße durch die mittlere Differenz zwischen den Gruppen beschrieben.

Experimental event rate = EER

Ereignisrate in der Experimentalgruppe einer RCT.

F

Fall-Kontroll-Studie

Dieses Studiendesign untersucht Menschen, die ein bestimmtes Ereignis hatten, und vergleicht sie mit Menschen, die dieses Ereignis nicht hatten, hinsichtlich des Vorhandenseins von Expositionsfaktoren (Risiko- oder protektive Faktoren). Dieses Studiendesign wird meist bei seltenen Ereignissen verwendet. Der Zusammenhang zwischen Exposition und Zielerkrankung wird mit Hilfe der **Odds Ratio** quantifiziert.

G

Gemeinsame Einrichtung

Eine von KV und Krankenkasse(n) gebildete Einrichtung.
Weiterentwicklung und Durchführung der leistungserbringerbezogenen Qualitätssicherung im weiteren Sinne, insbesondere die Erstellung des Feedbacks und ggf. des Arzt-Reminders, die Überprüfung der Strukturqualität und die Entscheidung über Teilnahme der Leistungserbringer.
Weiterleitung der pseudonymisierten Daten an den externen Evaluator.

H

Heterogenität

Bei Metaanalysen dient sie zur Beschreibung der Unähnlichkeit zwischen den Studien. Sie kann durch verschiedene Studienpopulationen, Interventionen, Erfassung der Ereignisse, oder statistische Methoden bedingt sein. Eine hohe Heterogenität kann die gemeinsame Auswertung von Studien in einer Metaanalyse unmöglich machen. Das Gegenteil der Heterogenität ist Homogenität.

Homogenität

siehe Heterogenität.

HTA-Bericht

HTA ist die Abkürzung für Health Technology Assessment. Unter HTA versteht man eine umfassende und systematische Bewertung neuer oder bereits auf dem Markt befindlicher Technologien der medizinischen Versorgung (Medikamente, Medizinprodukte, Prozeduren, Organisationssysteme etc.) hinsichtlich ihrer vor allem medizinischen, sozialen und finanziellen Wirkungen. Die zentrale Aufgabe von HTA-Berichten besteht in der Bereitstellung von Informationen zur Entscheidungsfindung im Gesundheitswesen. Neben einer fachlich-inhaltlichen Fragestellung besteht in der Regel ein politischer Hintergrund.

I

Inzidenz

Die Anzahl von neuen Fällen (z.B. einer Erkrankung), die in einer Population in einer bestimmten Zeit auftreten.

Intention-to-treat-Analyse

Bei dieser Art der Auswertung werden die Patienten für die Analyse in der Gruppe belassen, zu der sie ursprünglich zugeordnet wurden, unabhängig davon, welche Therapie sie später tatsächlich bekommen haben (analysed as randomised). Vergleicht man also die Ergebnisse einer koronaren Bypassoperation mit denen einer Ballondilatation, so werden die Patienten der Ballondilatationsgruppe für die Auswertung in dieser Gruppe belassen, auch wenn sie später operiert wurden. Die Intention-to-treat-Analyse beschreibt den Effekt unter Praxisbedingungen (siehe hierzu auch die **Per-protocol-Analyse**).

Interventionsgruppe

In einer kontrollierten Studie werden die Patienten entweder einer Interventionsgruppe oder einer Kontrollgruppe zugeordnet. Dies geschieht am besten randomisiert (= zufällig). Die Interventionsgruppe erhält die zu untersuchende (experimentelle) Therapie.

K

Kausalität

Die Feststellung, dass ein Ereignis ein anderes bedingt. Aus einer einfachen Assoziation lässt sich niemals eine Kausalität ableiten (siehe auch **unkontrollierte Studien**). Zwischen zwei zusammenhängenden Ereignissen A und B können vier Beziehungsformen bestehen:

- A verursacht B (Kausalität),
- B verursacht A (Kausalität),
- A und B sind voneinander direkt unabhängig, haben aber eine andere gemeinsame Ursache (kollaterale Beziehung),
- A und B hängen zufällig zusammen.

Klinische Endpunkte

Studienereignisse, die eine klinische Bedeutung haben. Zum Beispiel: Morbidität, Mortalität, Lebensqualität (im Gegensatz zu **Surrogatparametern**).

Kontrollgruppe

In einer kontrollierten Studie werden die Patienten entweder einer Kontrollgruppe oder einer Interventionsgruppe zugeordnet. Dies geschieht am besten randomisiert (= zufällig). Eine Kontrollgruppe kann entweder keine Therapie, Plazebo, oder die herkömmliche Therapie erhalten, je nach Fragestellung.

Kohortenstudie

In einem nichtexperimentellen Studiendesign wird eine Gruppe (Kohorte) von Patienten verfolgt. Häufig werden unterschiedliche Kohorten verfolgt, die sich meist dadurch unterscheiden, dass in einer Kohorte die Patienten eine bestimmte Therapie erhalten oder einen Risikomarker aufweisen. Die Evaluation bezieht sich auf das Auftreten eines Ereignisses und die Beziehung zwischen der Therapie/dem Risikomarker und dem Ergebnis. Das Hauptproblem von Kohortenstudien ist, dass der Zeiteffekt unberücksichtigt bleibt und die Therapiezuordnung nicht zufällig geschieht.

Konfidenzintervall (CI)

Vertrauensbereich. Das 95%-Konfidenzintervall bedeutet, dass 95 % der Ergebnisse von Studien eines gleichen Designs und einer ähnlichen Größe in diesem Konfidenzintervall liegen würden. Dies bedeutet in etwa, dass der wahre Effekt der Intervention eine 95%ige Chance hat, in dem angegebenen Bereich zu liegen. Wenn die obere Grenze des 95%-Konfidenzintervalls des relativen Risikos über 1 liegt, dann ist der Effekt statistisch nicht signifikant. Das Konfidenzintervall hängt zum einen von der Studiengröße ab (je größer die Patientenzahl, desto kleiner das Konfidenzintervall), zum Anderen von der Streuung des Parameters.

L

Leitlinien

Leitlinien sind systematisch entwickelte, wissenschaftlich begründete und praxisorientierte Entscheidungshilfen über eine angemessene Vorgehensweise bei speziellen gesundheitlichen Problemen. Sie sind

Orientierungshilfen im Sinne von „Handlungs- und Entscheidungskorridoren", von denen in begründeten Fällen abgewichen werden kann oder sogar muss.

Likelihood-Ratio = LR = (Wahrscheinlichkeitsverhältnis)
Maß zur Beschreibung von Testeigenschaften. Die Testqualität hängt von der Sensitivität und Spezifität ab. Likelihood ratios fassen diese in einer Zahl zusammen und machen so unter anderem verschiedene Tests miteinander leichter vergleichbar. Das Wahrscheinlichkeitsverhältnis für ein positives Testergebnis ist das Verhältnis der richtig-positiven Testergebnisse (= Sensitivität) zu den falsch-positiven Testergebnissen (= 1–Spezifität). Das Wahrscheinlichkeitsverhältnis für ein negatives Testergebnis ist das Verhältnis der falsch-negativen Testergebnisse (= 1–Sensitivität) zu den richtig-negativen Testergebnissen (= Spezifität). Die LR lassen eine Aussage darüber zu, wie stark sich die Wahrscheinlichkeit für oder gegen das Vorliegen einer Erkrankung nach Testdurchführung ändert. Je höher die LR ist, desto größer ist der Unterschied zwischen **Vortest-** und **Nachtestwahrscheinlichkeit**. (Siehe auch **Vier-Felder-Tafel** sowie Kapitel 1.2 „Wissenschaftliche Risikoeinschätzung", Abbildung 1.2.2, Seite 24.)

M

Matching
Ein vornehmlich in **Fall-Kontroll-Studien** eingesetztes Verfahren, bei der den Personen einer Studiengruppe Kontrollpersonen zugeordnet werden, die diesen hinsichtlich bestimmter Merkmale (z.B. Alter, Geschlecht, Rauchen) entsprechen. Die bei einem Matching berücksichtigten Variablen werden als potenzielle **Confounder** (Störgrößen) ausgeschaltet.

Medline
Die US-amerikanische National Library of Medicine stellt kostenlos eine Literaturdatenbank mit Kurzfassungen von Artikeln aus biomedizinischen Zeitschriften (http://www.ncbi.nlm.nih.gov). Angloamerikanische Publikationen werden dabei bevorzugt berücksichtigt. Zur Suche nach europäischen Publikationen empfiehlt sich zusätzlich **Embase**.

Metaanalyse
Ein statistisches Verfahren, das die Ergebnisse von mehreren randomisierten kontrollierten Studien zusammenfasst. Eine Metaanalyse ist eine systematische Übersicht über Studien. Sie fasst die einzelnen Ergebnisse der Studien zusammen und kann dadurch Aussagen machen, für die die einzelnen Studien zu klein sind. Eine Metaanalyse kann auch bei widersprüchlichen Einzelstudien eine quasi „Gesamtaussage" machen. Diese Aussage einer Metaanalyse hängt aber ganz wesentlich von der Auswahl der Studien ab. Daher müssen folgende Fragen berücksichtigt werden, wenn man die Ergebnisse einer Metaanalyse interpretiert:

- Sind alle aufgenommenen Studien **RCT**?
- Wurden alle Studien zu dem Thema berücksichtigt?
- Werden gute Gründe für die Nichtberücksichtigung von Studien angegeben?
- Sind die aufgenommenen Studien homogen?

Morbidität
Krankheitsereignisse ohne Todesfälle.

Mortalität
Rate tödlicher Ereignisse.

Multivariate Analysen
Sammelbegriff für statistische Verfahren, in denen gleichzeitig der Einfluss von mehreren Variablen auf eine bestimmte Zielgröße untersucht wird.

N

Nachtestwahrscheinlichkeit
Die Wahrscheinlichkeit für das Vorliegen einer bestimmten Erkrankung nach der Durchführung eines diagnostischen Tests.

Negativer prädiktiver Wert
Die Wahrscheinlichkeit, bei einem negativen diagnostischen Testergebnis die Erkrankung nicht zu haben. (Vergleiche **positiver prädiktiver Wert**). Siehe auch **Vier-Felder-Tafel**.

Number-needed-to-treat (NNT)
Bedeutet die Anzahl der Patienten unter einer bestimmten Therapie, die erforderlich ist, um über eine bestimmte Zeit ein Ereignis zu verhindern. NNT errechnet sich aus dem Kehrwert der absoluten Risikoreduktion (**ARR**); z.B.: Mortalität unter Plazebo 60 % und unter Verum 50 %: ARR = 10 % = 0,1. Kehrwert von 0,1 = 1/0,1 = 10. NNT = 10. Es müssen also 10 Patienten mit dem Verumpräparat behandelt werden, um einen Todesfall zu verhindern.

Number-needed-to-harm (NNH)
Bedeutet die Anzahl der Patienten unter einer bestimmten Therapie, die erforderlich ist, um über eine bestimmte Zeit ein unerwünschtes Ereignis zu erzeugen. NNH errechnet sich aus dem Kehrwert der absoluten Risiko Zunahme (**ARI**); z.B.: Magenblutung unter Plazebo 10 % und unter Verum 20%: ARI = 10 % = 0,1. Kehrwert von 0,1 = 1/0,1 = 10. NNH = 10. Durch die Behandlung von 10 Patienten mit dem Verumpräparat wird also eine Magenblutung verursacht.

O

Odds (Chance)
Die „Odds" ist das Wahrscheinlichkeitsverhältnis von einander ausschließenden Ereignissen oder, anders ausgedrückt, das Verhältnis der Wahrscheinlichkeit, dass ein Ereignis eintritt, zu der Wahrscheinlichkeit, dass dieses Ereignis nicht eintritt. Beispiel: Wenn von 100 Typ-1-Diabetikern 60 Patienten ein chronisches Nierenversagen entwickeln und 40 Patienten nicht, dann ist die Odds (oder Chance) für ein Nierenversagen 60:40 = 1,5. Dagegen ist die Wahrscheinlichkeit, ein Nierenversagen zu entwickeln, 60:100 = 0,6 = 60%. Ist

die Odds größer 1, dann ist das Ereignis häufiger als das Nichtereignis und umgekehrt. Die Odds eines unmöglichen Ereignisses ist Null.

Odds Ratio (OR)

Die Odds Ratio bezeichnet das Verhältnis (Ratio) von zwei Odds für ein bestimmtes Ereignis (Odds exponierter Personen / Odds nichtexponierter Personen). Je näher OR an 1 heranrückt, um so geringer ist der Unterschied zwischen den beiden Gruppen, je weiter OR von 1 wegrückt (Richtung 2 oder Richtung 0), um so größer ist der Unterschied zwischen den Gruppen. Die OR ist analog dem relativen Risiko (RR).

Outcomes

Outcomes sind die Endpunkte einer Studie, die untersucht werden. Man unterscheidet klinische („harte") Endpunkte und so genannte **Surrogatparameter**. Siehe unter entsprechendem Stichwort. Die Aussagekraft einer Studie sinkt mit steigender Zahl von Endpunkten.

P

Pathophysiologische Studien

Untersuchungen, die zum Verständnis der Entstehung und Entwicklung von Erkrankungen beitragen. Eine wesentliche Beeinflussung des Erkrankungsrisikos ist meist ohne pathophysiologische Erklärung möglich. Zum Beispiel ist die genaue Entstehung der essentiellen Hypertonie nach wie vor ungeklärt. Trotzdem ist durch eine wirksame Blutdrucksenkung die Prävention von Herzinfarkten und Schlaganfällen möglich. Durch die Beschreibung der pathophysiologischen Zusammenhänge werden manchmal neue heilbringende Wege in der Therapie eröffnet. Die Annahme von pathophysiologischen Theorien als Grundlage der Therapie ohne ihre Überprüfung in randomisierten Interventionsstudien mit validen klinischen Endpunkten hat bislang zu einer Fülle von medizinischen Irrtümern und Trugschlüssen geführt und viel Unheil angerichtet.

Peer Review

Verfahren zur Beurteilung von Manuskripten vor der Publikation, bei dem auf Aufforderung durch eine wissenschaftliche Zeitschrift mehrere unabhängige Wissenschaftler (Reviewer) unter anderem die Validität und Originalität eines Beitrags prüfen. Die Reviewer geben dabei meist eine anonyme Beurteilung an die Autoren und eine offene Stellungnahme an den Herausgeber ab.

Per-protocol-Analyse

Analyse aller prüfplankonformen Patienten. Die Per-protocol-Analyse beschreibt den Effekt der Studie, der in der Fragestellung vor dem Beginn der Studie festgelegt worden war. Siehe hierzu auch **Intention-to-treat-Analyse**.

Positiver prädiktiver Wert

Die Wahrscheinlichkeit, bei einem positiven diagnostischen Testergebnis die Erkrankung zu haben. (Vergleiche: **negativer prädiktiver Wert**). Siehe auch **Vier-Felder-Tafel**.

Power

Die Fähigkeit einer Studie, einen klinisch bedeutsamen Effekt der Intervention zu erkennen. Das Fehlen eines statistisch signifikanten Unterschieds zwischen der Interventions- und der Kontrollgruppe kann entweder dadurch bedingt sein, dass tatsächlich kein Unterschied besteht, oder durch zu geringe Anzahl der Patienten oder durch zu seltenes Auftreten der Ereignisse. Die Power einer Studie ist unter anderem abhängig vom angestrebten Signifikanzniveau, der Effektgröße und der Prävalenz des Ereignisses.

Prävalenz

Der Anteil von Menschen mit einem bestimmten Merkmal oder einer Erkrankung zu einem bestimmten Zeitpunkt in einer bestimmten Population (siehe auch **Querschnittsstudie**).

Primärliteratur

Originalartikel, z.B. in **Medline** (http://www.ncbi.nlm.nih.gov).

Prospektive Studie

In einer prospektiven Studie ist das interessierende Ereignis (z. B. eine bestimmte Krankheit) zum Zeitpunkt des Studienbeginns noch nicht eingetreten. **RCT**s sind immer prospektiv, **Kohortenstudien** sind in der Regel prospektiv angelegt.

P-Wert

Beschreibt die Wahrscheinlichkeit (Probability), dass ein beobachtetes Ereignis zufällig auftrat. Übereinkunftsgemäß wird eine Wahrscheinlichkeit von weniger als 1:20 ($p < 5\,\%$; $p < 0{,}05$) als statistisch signifikant angesehen.

Q

Querschnittsstudie

Dieses Studiendesign untersucht eine Population zu einem bestimmten Zeitpunkt. Das Ergebnis ergibt eine Aussage über die **Prävalenz** eines Zustandes in der untersuchten Population.

R

Randomisierung / RCT

Bei einer randomisierten kontrollierten Studie (RCT) werden die Patienten zufällig (randomisiert) entweder der Interventions- oder der Kontrollgruppe zugeordnet. Somit lassen sich systematische Unterschiede in den Vergleichsgruppen vermeiden. Bekannte, aber auch bisher unbekannte Störgrößen (**Confounder**) werden zufallsbedingt auf die Gruppen verteilt. Dieses Studiendesign erlaubt die Beschreibung der relativen Effekte der Intervention. Studiendesign der ersten Wahl zur Überprüfung eines Therapieeffekts.

Relatives Risiko (RR)

Die relative Wahrscheinlichkeit, dass ein Ereignis häufiger (RR > 1) oder seltener (RR < 1) in einer Gruppe auftritt. Analog der **Odds Ratio**.

Relative Risiko-Zunahme = relative risk increase (RRI)

Die proportionale Zunahme des Risikos. RRI sagt für die Praxis wenig aus. (Siehe: Relative Risiko-Reduktion [RRR]).

Relative Risiko-Reduktion (RRR)

Die proportionale Reduktion des Risikos. RRR wird auf das absolute Risiko bezogen, um eine Vergleichbarkeit zwischen den Studien mit unterschiedlichen absoluten Risiken zu ermöglichen. RRR sagt für die Praxis wenig aus. RRR beträgt zum Beispiel 0,5 = 50 % unterschiedslos, ob unter Verum 0,6 % und unter Placebo 1,2 % der Patienten sterben (absolute Risiko-Reduktion = 0,6 %; RRR = 0,6 %/1,2% = 0,5; RRR = 50 %) oder unter Verum 6 % und unter Placebo 12 %: ARR = 12 %–6 % = 6 %; RRR = 6 %/12 % = 0,5; RRR = 50 %). Im ersten Fall beträgt die **Number-needed-to-treat** (NNT) 1/0,006 = 167; im zweiten Fall liegt die NNT bei 17.

Retrospektive Studie

In einer retrospektiven Studie ist die Erkrankung zu Beginn der Studie schon eingetreten und es wird rückblickend nach Risikofaktoren bzw. Expositionen für die Erkrankung gesucht. **Fall-Kontroll-Studien** sind immer retrospektiv.

Risikofaktor

Ein Merkmal, das kausal mit dem Auftreten einer Erkrankung assoziiert ist. Durch die Modifikation des Risikofaktors wird das Risiko des Ereignisses reduziert. Zum Beispiel: hoher Blutdruck als Risikofaktor für einen Schlaganfall. Menschen mit höheren Blutdruckwerten haben ein erhöhtes Schlaganfallrisiko, und durch die Blutdrucksenkung wird dieses Risiko reduziert.

Risikomarker

Ein Merkmal, das mit dem Auftreten einer Erkrankung assoziiert ist. Der Risikomarker zeigt ein Risiko an, die Assoziation ist aber nicht kausal. Durch die Modifikation des Risikomarkers wird das Risiko des Ereignisses nicht reduziert. Zum Beispiel: hoher Blutzucker als Risikomarker für einen Schlaganfall. Menschen mit höheren Blutzuckerwerten haben ein erhöhtes Schlaganfallrisiko, aber durch eine Blutzuckersenkung wird dieses Risiko nicht reduziert.

Risikostruktur-Ausgleichsverordnung, RSAV

Siebente Verordnung zur Änderung der Risikostruktur-Ausgleichsverordnung vom 28. April 2003; sie ist zusammen mit den Anlagen 5, 6a und 6b sowie der Neunten Verordnung zur Änderung der Risikostruktur-Ausgleichsverordnung vom 18. Februar 2004 Grundlage für das vorliegende Hausarzthandbuch zum Disease-Management-Programm KHK (siehe auch Internet-Links, Seite 108).

S

Sekundärliteratur

Präsentation der Originalliteratur in gekürzter, zusammengefasster, strukturierter und benutzerfreundlicher Form z. B. in „clinical evidence" (http://www.clinicalevidence.org).

Sensitivität

Die Chance, ein positives diagnostisches Testergebnis zu haben beim Vorliegen einer Erkrankung oder: „Wie sicher erkennt der Test Kranke als krank"? In der **Vier-Felder-Tafel** „Anteil der Richtig-Positiven". Bei einem Test mit einer hohen Sensitivität lässt sich bei einem negativen Testergebnis eine gesuchte Zielerkrankung mit großer Wahrscheinlichkeit ausschließen.

Signifikanz

Hier werden statistische und klinische Signifikanz unterschieden. Statistisch signifikant bedeutet, dass die Ergebnisse einer Studie wahrscheinlich (probability = p) nicht zufallsbedingt sind. Die Grenze für diese Wahrscheinlichkeit wird meist mit 5 % angegeben (eine Wahrscheinlichkeit von $p < 0{,}05$ gilt als statistisch signifikant). Klinisch signifikant bedeutet, dass das Studienergebnis klinisch „bedeutend" oder „wichtig" ist. Die Einschätzung der klinischen Signifikanz ist subjektiv.

Spezifität

Die Chance, ein negatives diagnostisches Testergebnis zu haben beim Nichtvorliegen einer Erkrankung oder: „Wie sicher erkennt der Test Gesunde als gesund"? In der **Vier-Felder-Tafel** Anteil der „Richtig-Negativen".

Stratifizierung

Methode zur Kontrolle von **Confoundern** durch Bildung von Untergruppen, innerhalb derer sich die untersuchten Personen hinsichtlich bestimmter Merkmale (z. B. Alter, Geschlecht) gleichen.

Surrogatparameter

(Ersatz-)Messgröße, die mit dem Risiko für ein klinisch wichtiges Ereignis verbunden ist. Surrogatparameter erlauben keine sichere Aussage bezüglich der klinischen Endpunkte und können zu einem Trugschluss führen. Surrogatparameter werden benutzt, um die Laufzeit und die Größe einer Studie zu reduzieren. Zum Beispiel: Der Surrogatparameter „Blutdruck" wird in Studien zur Messung der Effekte von Antihypertensiva als Ersatz für klinische Endpunkte (kardio- und zerebrovaskuläre Morbidität und Mortalität) verwendet.

U

Unkontrollierte Studien

Unkontrollierte Studien sind Untersuchungen, die einen Effekt ohne eine direkte Vergleichsgruppe untersuchen. Dies sind z. B. **Querschnitts-**, **Fall-Kontroll-** und **Kohortenstudien**. In Querschnittsstudien wird eine Population untersucht und deren Merkmale erfasst und miteinander assoziiert. In Fall-Kontroll- und

Kohortenstudien werden Patienten über eine Zeit verfolgt, **Risikomarker** gemessen und Ereignisse erfasst. Daraus ergibt sich eine Assoziation zwischen verschiedenen gemessenen Parametern. Aus dieser Assoziation werden Schlussfolgerungen konstruiert. Wenn zwei Ergebnisse miteinander verbunden sind, wie z. B. Ehe und Schwangerschaft oder Traurigkeit und Krankheit, ist man versucht, die logische Schlussfolgerung zu ziehen, dass diese zwei Dinge kausal miteinander verknüpft sind. Dies ist aber mitnichten immer der Fall (siehe auch **Kausalität**).

V

Validität von Studien
Man unterscheidet zwischen interner und externer Validität einer Studie.
Unter interner Validität versteht man, dass die Studienmethodik erlaubt, dass die beobachteten Studienergebnisse nur durch den zu untersuchenden Effekt erklärt werden können, d. h. **Bias** (siehe dort) sollte möglichst vermieden werden.
Unter externer Validität versteht man den Grad der Übertragbarkeit (Generalisierbarkeit) der Studienergebnisse auf andere Patientenkollektive oder Bedingungen als in der Studie. Hierfür sollten in der Studie immer Daten angegeben werden, die es erlauben, einen Vergleich mit dem eigenen Patientenkollektiv anzustellen. Die Generalisierbarkeit wird z. B. durch enge Ein- und Ausschlusskriterien oder ein untypisches Patientengut eingeschränkt.

Vier-Felder-Tafel
Ausführliche Beschreibung siehe Kapitel 1.2 „Wissenschaftliche Risikoeinschätzung der KHK“, Abbildung 1.2.1, Seite 22.

Vortestwahrscheinlichkeit
Die Wahrscheinlichkeit für das Vorliegen einer bestimmten Erkrankung vor der Durchführung eines diagnostischen Tests.

W

Wahrscheinlichkeitsverhältnis
Siehe unter **Likelihood Ratio** = LR.

Register

A

B

C

D

E

F

G

H

I

K

L

M

N

O

P

Q

R

S

T

U

X

Z

Patient: **Blatt:**

Erhebungsbogen Ernährung

	Assess	Advise	Agree	Assist	Arrange
Aktion	Erhebung der Ernährungsgewohnheiten und des Körpergewichts	Aufforderung zur Ernährungsumstellung	Fragen nach der Bereitschaft zur Ernährungsumstellung (z. B. in den nächsten 30 Tagen)	Bereitstellung von Hilfsangeboten / Ernährungsplan	Folgeterminvereinbarungen persönlich oder telefonisch
Umsetzungsbeispiel	▪ BMI-Messung und Dokumentation ▪ Erfassung des Ernährungsverhaltens mittels freier Fragen oder eines Fragebogens unter Berücksichtigung der Gesamtenergiezufuhr, des Cholesterins und der Fette, sowie des Gemüse- und Obstverzehrs	▪ Aufforderung zur Ernährungsumstellung, angepasst an die Lebenssituation ▪ Aufforderung zur Ausübung körperlicher Aktivität **Motivierende Gesprächsführung (5R):** Relevance, Risks, Rewards, Roadblocks, Repetition	**?** Ist der Patient bereit zur Ernährungsumstellung **>** Bereitstellung von Hilfe, weiter mit Assist und Arrange **?** Ist der Patient nicht bereit zur Ernährungsumstellung **>** Interventionen zur Motivation (5R) **Dokumentation:** ▪ bereit ▪ nicht bereit ▪ unsicher	Erstellung eines individuellen Ernährungsplans, angepasst an die persönliche Alltagssituation und die Leistungsfähigkeit des Patienten, eventuell unter Einbeziehung von Ernährungsberatern ▪ Einbeziehung des privaten und beruflichen Umfelds ▪ Bereitstellung unterstützender Materialien, Literatur, Kursangebote etc., Selbsthilfegruppen oder medikamentöser Hilfen ▪ Überweisung zu speziellen Präventionsangeboten der Krankenversicherer etc.	▪ Besprechung von Ergebnissen ▪ Rückfallprophylaxe ▪ Besprechung von Problemen im Rahmen der Ernährungsumstellung ▪ Veränderung der Risikowerte und des BMI

Datum:

Ergebnisse der Konsultation:

Patient: **Blatt:**

Erhebungsbogen Körperliche Aktivität

	Assess	Advise	Agree	Assist	Arrange
ktion	Erhebung des Aktivitätsstatus	Aufforderung zur Ausübung körperlicher Aktivität	Fragen nach der Bereitschaft zur Ausübung körperlicher Aktivität (z. B. in den nächsten 30 Tagen)	Bereitstellung von Hilfsangeboten / Trainingsplan	Folgeterminvereinbarungen persönlich oder telefonisch
mset- ungs- eispiel	**Definition:** Körperlich aktiv ist derjenige, der sich 3–5-mal wöchentlich 30 Minuten leicht bis mäßig bewegt Erfassung entweder durch unstandardisierte oder standardisierte (Fragebogen wie der „International physical activity questionnaire") Befragung Dokumentationshilfen, EDV **Dokumentation:** ■ Körperlich aktiv ■ ungenügend ■ Sitzender Lebensstil	**Individuell:** Bei den angegebenen Empfehlungen handelt es sich um Mindestanforderungen, die nach Alter, Begleiterkrankungen und Leistungsfähigkeit anzupassen sind **Erklärend:** Erläuterung von Möglichkeiten zum Einbau körperlicher Aktivität in den Alltag. Auch kurze Phasen körperlicher Aktivität zeigen bei entsprechender Wiederholung einen Effekt **Motivierende Gesprächsführung (5R):** Relevance, Risks, Rewards, Roadblocks, Repetition	**?** Ist der Patient bereit zur Ausübung körperlicher Aktivität **>** Bereitstellungvon Hilfe, weiter mit Assist und Arrange **?** Ist der Patient nicht bereit zur Ausübung regelmäßiger körperlicher Aktivität **>** Interventionen zur Motivation (5R) **Dokumentation:** ■ bereit ■ nicht bereit ■ unsicher	Erstellung eines individuellen Trainingsplans, angepasst an die persönliche Alltagssituation und die Leistungsfähigkeit des Patienten ■ Einbeziehung des privaten und beruflichen Umfelds ■ Bereitstellung unterstützender Materialien, Literatur, Kursangebote etc. ■ Überweisung zu speziellen Präventionsangeboten der Krankenversicherer etc.	■ Besprechung von Ergebnissen und Verlauf der Aktivitäten ■ Rückfallprophylaxe ■ Besprechung von Problemen im Rahmen der Verhaltensänderung und Betonung der Regelmäßigkeit der Aktivitäten ■ Wie verändern sich die Risikowerte RR, Cholesterin, Triglyzeride, körperliches Wohlbefinden?

Datum:

Ergebnisse der Konsultation:

Patient: **Blatt:**

Erhebungsbogen Rauchen

	Assess	Advise	Agree	Assist	Arrange
Aktion	Erhebung des Raucherstatus, Dokumentation	Aufforderung zum Nikotinausstieg	Fragen nach der Bereitschaft zum Nikotinausstieg (z.B. in den nächsten 30 Tagen)	Bereitstellung von Hilfsangeboten / Ausstiegsplan	Folgeterminvereinbarungen persönlich oder telefonisch
Umsetzungsbeispiel	**Definition:** Raucher ist derjenige, der mehr als 100 Zigaretten im gesamten Leben und im letzten Monat an allen oder mehreren Tagen geraucht hat (Wiederholte Dokumentation nicht erforderlich bei Patienten, die noch nie geraucht haben oder seit langem nicht mehr rauchen) Dokumentationshilfen, EDV **Dokumentation:** ■ Raucher ■ Ex-Raucher ■ Nicht (Nie)-Raucher	**Klar:** „Ich denke, es ist wichtig für Sie, das Rauchen jetzt einzustellen, und ich kann Ihnen dabei helfen. Der Verzicht in akuten Krankheitsphasen ist nicht genug!" **Stark:** „Als Ihr betreuender Arzt muss ich Ihnen sagen, dass der Nikotinverzicht das Wichtigste ist, was Sie tun können, um Ihre Gesundheit jetzt und in Zukunft zu schützen. Unser Team wird Ihnen dabei helfen!" **Persönlich:** Verbindung zwischen Rauchen und Krankheit / Gesundheit, sozialen und ökonomischen Kosten, Motivationsgrad, Auswirkungen des Nikotinkonsums auf die Familie und andere im Haushalt **Motivierende Gesprächsführung (5R):** Relevance, Risks, Rewards, Roadblocks, Repetition	**?** Ist der Patient bereit, einen Ausstiegsversuch zu wagen? **>** Bereitstellung von Hilfe, weiter mit Assist und Arrange **?** Ist der Patient nicht bereit zum Nikotinausstieg **>** Interventionen zur Motivation (5R) **Dokumentation:** ■ bereit ■ nicht bereit ■ unsicher	Erstellung eines Ausstiegsplans mit Festlegung des Datums, Mitteilung an das private und berufliche Umfeld, Besprechung von Gegenmaßnahmen bei Versuchungssituationen etc. ■ Praktische Beratung: Problemlösung, Trainieren von Fähigkeiten ■ Soziale Unterstützung durch das Praxisteam ■ Einbeziehung des privaten und beruflichen Umfelds ■ Bereitstellung empfohlener medikamentöser Hilfe in besonderen Fällen ■ Bereitstellung unterstützender Kursangebote etc.	■ Zeitplanung: Erster Folgetermin möglichst in der ersten Woche nach dem Ausstiegsdatum, ein weiterer innerhalb des ersten Monats ■ Rückfallprophylaxe: Besprechung von Versuchungs- / Versagenssituationen ■ Erstellung eines Gegenmaßnahmenkatalogs ■ Folgevereinbarung/en

Datum:

Ergebnisse der Konsultation:

Erhebungsbögen

› Rauchen, körperliche Aktivität, Ernährung

› In Kapitel 2.5 werden die nichtmedikamentösen Maßnahmen, d. h. die Lebensstilveränderungen beschrieben, mit denen sich die Prognose von Patienten mit KHK deutlich verbessern lassen.
Die nachfolgend abgedruckten Erhebungsbögen für die Bereiche Rauchen, körperliche Aktivität und Ernährung können als **Kopiervorlagen** verwendet werden. Sie erleichtern die Dokumentation und können der Patientenakte beigelegt werden.

❷ Für die Einschreibung benötigen Sie folgende Dokumente:

- Teilnahme- und Einwilligungserklärung des Patienten
- Patientenmerkblatt
- Datenschutzinformation
- Erstdokumentation (Bogen/Datei)

❸ Schweregrad der Angina pectoris*:

Grad	
I	Alltägliche Aktivität (Gehen oder Treppen steigen) verursacht keine Angina pectoris. Angina pectoris tritt jedoch bei größeren, schnellen oder längeren Anstrengungen auf.
II	Geringe Beeinträchtigung der normalen Aktivität. Angina pectoris wird z. B. durch Treppensteigen über mehrere Etagen oder längere Gehstrecken ausgelöst; oder durch Gehen und Treppensteigen nach dem Essen, in der Kälte, im Wind, bei psychischer Belastung oder in den ersten Stunden nach dem Aufwachen.
III	Erhebliche Beeinträchtigung der alltäglichen Aktivität. Angina pectoris wird z. B. durch kurze Gehstrecken (etwa 100 m) oder Treppensteigen einer Etage – bei normaler Gehgeschwindigkeit und bei normalen Bedingungen – ausgelöst.
IV	Angina pectoris tritt bei jeglicher körperlicher Aktivität oder in Ruhe auf.

* Canadian Cardiovascular Society nach Campeau L, Letter: Grading of angina pectoris. Circulation 1976;54:522b–523b. (http://www.ccs.ca/society/position/grading%5fangina%2De.asp)
Übersetzung in Anlehnung an http://www.medizin.uni-essen.de/cardio/khk_ap.html#a004

❹ Herzinsuffizienz: Stadien und Behandlung

Die Herzschwäche teilt man nach dem Schema der New York Heart Association (kurz: NYHA) ein:

NYHA I:	Keine Einschränkung der körperlichen Leistungsfähigkeit bei gewohnter körperlicher Aktivität.
NYHA II:	Leichte Einschränkungen der körperlichen Leistungsfähigkeit. Keine Beschwerden in Ruhe und bei leichter Aktivität, aber bei stärkerer Belastung.
NYHA III:	Starke Einschränkung der körperlichen Leistungsfähigkeit. Keine Beschwerden in Ruhe, aber schon bei leichterer Belastung.
NYHA IV:	Beschwerden grundsätzlich bei körperlicher Betätigung, eventuell sogar in Ruhe.

in das DMP KHK

hreibekriterien)

KHK) muss eine der folgenden vier Optionen erfüllt sein:

ationen zu betrachtenden Verlaufsformen der KHK:

n [z. B. Markerproteine])

Zustand nach akutem Koronarsyndrom liegt vor:

→ **Einschreibung**

Befund bestätigt Diagnose KHK:

→ **Einschreibung**

koronaren Herzkrankheit in Abhängigkeit

				typische Angina pectoris					
ung in mm				ST-Streckensenkung in mm					
-	1,5–1,9	2,0–2,4	≥ 2,5	0–0,4	0,5–0,9	1,0–1,4	1,5–1,9	2,0–2,4	≥ 2,5
	16%	33%	63%	7%	24%	42%	60%	79%	93%
%	39%	63%	86%	22%	53%	72%	84%	93%	98%
%	67%	84%	95%	47%	78%	89%	94%	98%	99%
%	83%	93%	98%	69%	89%	95%	98%	99%	99,7%

				typische Angina pectoris					
ung in mm				ST-Streckensenkung in mm					
-	1,5–1,9	2,0–2,4	≥ 2,5	0–0,4	0,5–0,9	1,0–1,4	1,5–1,9	2,0–2,4	≥ 2,5
%	55%	76%	92%	25%	68%	83%	91%	96%	99%
%	78%	91%	97%	61%	86%	94%	97%	99%	99,6%
%	86%	94%	98%	73%	91%	96%	98%	99%	99,8%
%	89%	96%	99%	79%	94%	97%	99%	99,5%	99,8%

den.

diagnosis of coronary artery disease. N. Engl. J. Med. 1979;300:1350–8.

Wahrscheinlichkeit laut Tabelle > 90 %:

→ **Einschreibung**

vertbar, weil
e im Ruhe-EKG nicht möglich

Befund bestätigt Diagnose KHK:

→ **Einschreibung**

❶ Einschreibun

(medizinische E

Für die Einschreibung in ein DMP Koronare Herzkrankhe

❯ Zustand nach akutem Koronarsyndrom

Das akute Koronarsyndrom beinhaltet die als Notfa
❯ den ST-Hebungsinfarkt
❯ den Nicht-ST-Hebungsinfarkt
❯ die instabile Angina pectoris.
(Schmerzanamnese, EKG und/oder Laboruntersuch

❯ Bekannter Herzkatheterbefund

Bereits vorliegender Herzkatheterbefund

❯ Mindestens 90%ige Wahrscheinlichkeit für das Vorliegen einer KHK

Sie benötigen für die Tabelle:
❯ Geschlecht
❯ Alter
❯ Schmerzsymptomatik
❯ Belastungs-EKG (< 3 Jahre)

Nachtestwahrscheinlichkeiten für das Vorliegen e von Alter, Symptomatik und Belastungs-EKG

Frauen

Alter (Jahre)	nichtanginöser Brustschmerz						atypische Angina pe	
	ST-Streckensenkung in mm						ST-Streck	
	0–0,4	0,5–0,9	1,0–1,4	1,5–1,9	2,0–2,4	≥2,5	0–0,4	0,5 0,9
30–39	0,2%	0,7%	1,7%	3%	8%	24%	1%	4%
40–49	0,7%	3%	6%	11%	24%	53%	3%	12
50–59	2%	8%	16%	28%	50%	78%	10%	31
60–69**	5%	17%	33%	49%	72%	89%	21%	52

Männer

Alter (Jahre)	nichtanginöser Brustschmerz						atypische Angina pe	
	ST-Streckensenkung in mm						ST-Streck	
	0–0,4	0,5–0,9	1,0–1,4	1,5–1,9	2,0–2,4	≥2,5	0–0,4	0,5 0,9
30–39	1,2%	5%	10%	19%	38%	68%	6%	21
40–49	4%	13%	26%	41%	65%	87%	16%	44
50–59	6%	20%	37%	53%	75%	91%	25%	57
60–69**	8%	27%	45%	62%	81%	94%	32%	65

* Nicht für koronare Herzerkrankung typischer Brustschmerz
** Die RSAV empfiehlt, die Zahlen in dieser Zeile auch für Patienten älter als 69 Jahre

■ Nachtestwahrscheinlichkeit ≥90%

Quelle: Diamond GA, Forrester JS. Analysis of probability as an aid in the

❯ Nicht-invasives bildgebendes Verfahren

Echokardiographische und szintigraphische Verfah

Voraussetzung: Ergometrie nicht möglich oder nich
❯ Interpretation bei fehlender Darstellung der ST-S
❯ Patient ergometrisch nicht belastbar
❯ Kontraindikation für Belastungs-EKG liegt vor

Checkliste

› Einschreibung ins DMP KHK

Kurz und kompakt:

› Diese Beilage stellt auf einen Blick zusammen, welche Voraussetzungen für die Einschreibung in das Disease-Management-Programm (DMP) koronare Herzkrankheit (KHK) erfüllt sein müssen. Im Einzelnen sind dies:

1. **Einschreibung in das DMP KHK (medizinische Einschreibekriterien)**
2. **Dokumente, die für die Einschreibung benötigt werden**
3. **CCS-Klassifikation der Angina pectoris**
4. **Herzinsuffizienz: Stadien und Behandlung**

Akuter Myokardinfarkt / Koronarsyndrom

Therapie der Prähospitalphase (in Anlehnung an die Leitlinien der DGK 2004 und der ESC 2003)

Typisch (aber insbesondere bei Frauen nicht immer vorhanden): über 20 Minuten anhaltende starke Thoraxschmerzen mit Blässe und Schwitzen; kaum Besserung durch Nitroglycerin; im EKG frischer Linksschenkelblock oder ST-Streckenhebung (STEMI = mindestens 0,2 mV in V_{1-3} bzw. mindestens 0,1mV in anderen Ableitungen)

Routine-Behandlung:

- Herz-Lungen-Auskultation, RR-Messung, EKG mit 12 Ableitungen, ggf. EKG-Rhythmusmonitoring
- **Glyceroltrinitrat** 0,4–0,8 mg (1–2 Hub Spray oder Kapseln) ggf. wiederholen (i.v. 1–6 mg/h)
- **Sauerstoff** 4–8 l/min, Venenverweilkanüle
- Lagerung mit 30° angehobenem Oberkörper
- **Acetylsalicylsäure (ASS)** 250–500 mg p.o. oder i.v.
- Bei instabiler Angina → **Heparin** 70 U/kg i.v. (max. 5000 U)
- Ggf. **Morphin** 2,5–5 mg i.v. (¼–½ Amp. à 10 mg) ggf. wiederholen alle 5 min bis Schmerzfreiheit
- Bei Übelkeit → **Metoclopramid** i.v.
- Ggf. **Tranquillizer**
- **Sofortiger Transport in Herzzentrum oder Klinik**

Bei Lungenödem:
Nitrate sublingual oder i.v. (Beginn 0,25 µg/kg/min; langsame Steigerung bis RR-Abfall 15 mmHg oder syst. RR < 90 mmHg)
Furosemid 20–40 mg (½–1 Amp. à 40 mg)
Unblutiger Aderlass, ggf. Intubation und Beatmung mit PEEP
Dopamin 2,5–5 µg/kg/min (1 Amp. à 50 ml = 500 mg),
Dobutamin 2,5–10 µg/kg/min (1 Amp. à 50ml = 250 mg)

Bei kardiogenem Schock:
Beatmung und Herzkompression (1:15), Intubation, Infusion, Sauerstoffgabe
Epinephrin (1 Amp. à 1 ml = 1mg) ½–1 Amp. langsam i.v. (Infusion: 2–50 µg/min)
Dopamin 2,5–5 µg/kg/min (1 Amp. = 50 ml = 500mg)

Bei Vagotonie, Sinuaurikulär- oder Wenckebach-Block:
Atropin 1 Amp. à 0,5 mg langsam i.v.
(ggf. wiederholen, maximal 1,5–2,0 mg)

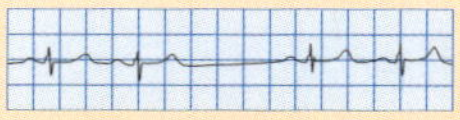
Sinuaurikulär-Block

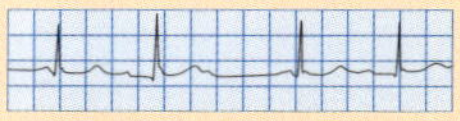
Wenckebach-Block

Bei AV-Block II.–III. Grades:
Epinephrin (1 Amp. à 1 ml = 1mg) ½–1 Amp. langsam i.v.
(Infusion: 2–50 µg/min)

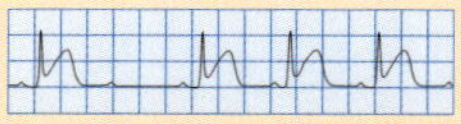
AV-Block II. Grades (Mobitz 2)

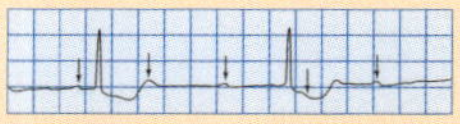
AV-Block III. Grades (Pfeile: P-Wellen)

Bei Sinustachykardien oder Vorhofflimmern:
Schmerzlinderung, meist keine weitere Therapie erforderlich
Ggf. **Metoprolol** ½–1 Amp. à 5 mg langsam i.v. oder
Amiodaron 1–2 Amp à 150 mg langsam i.v. (5 mg/kg/h)

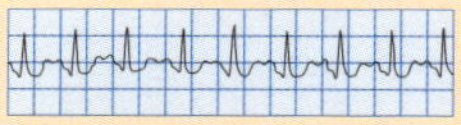
Sinustachykardie

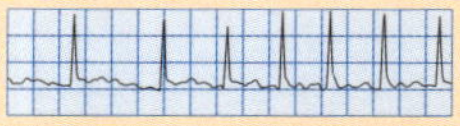
Rhythmusstreifen bei Vorhofflimmern

Bei ventrikulären Tachykardien:
Therapie nur bei anhaltenden Episoden mit Hypotonie
Ggf. **Metoprolol** ½–1 Amp. à 5 mg langsam i.v.
Bei Rezidiven: **Lidocain** (5 ml Xylocain 1%) 1–2 Amp. à 50 mg langsam i.v. oder **Amiodaron** 1–2 Amp. à 150 mg langsam i.v. (5 mg/kg/h)

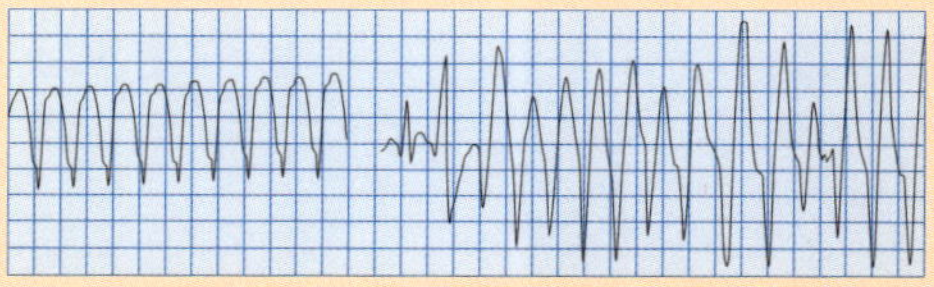
monomorph polymorph

Bei ventrikulären Extrasystolen:
Meist keine Therapie erforderlich

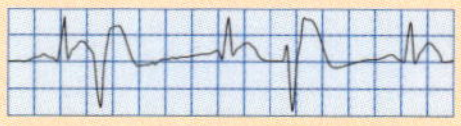
Ventrikuläre Extrasystolen

Bei Kammerflimmern:
Defibrillation z.B. 200 J/Ws ➔ 200 J/Ws ➔ 360 J/Ws

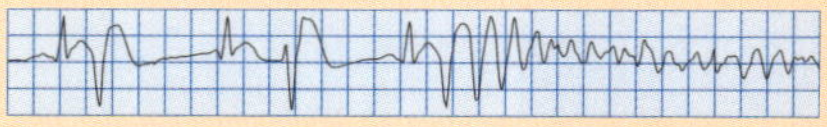
Kammerflimmern, aus ventrik. Extrasystolen mit R-auf-T-Phänomen

Quelle der EKG-Kurven: British Medical Journal, Serie „ABC of clinical electrocardiography"

Wichtige Telefonnummern:

Notarztwagen: ____________________ Krankenhaus: ____________________

Herzzentrum: ____________________ Sonstige: ____________________

Differentialdiagnostik „akuter Thoraxschmerz“

Vorschlag zur allgemeinen Vorgehensweise im hausärztlichen Versorgungsbereich

akute Thoraxschmerzen
(evtl. auch Rezidiv)

Starke Schmerzen?
(ohne vorheriges Trauma)

Vitalparameter-Check
Gesamteindruck Atmung, Puls, Blutdruck, Vigilanz

Schockzustand?
O_2-Gabe, Infusion, Medikamente, ggf. Monitor, Beatmung, Defibrillation

Klinisch feststellbare harmlose Ursachen, z. B.

Rippenfraktur: Thoraxtrauma; direkter Druck- und indirekter Thorax-Kompressionsschmerz
Kostochondritis / Tietze-S.: Umschriebener typischer Rippen-Druckschmerz
Herpes zoster: typische Effloreszenzen und Hypersensibilität
Hyperventilations-Syndrom: Kribbeln perioral + Füße, Tachypnoe

Anamnese
Schmerzlokalisation u. -charakter, Alter, Geschlecht, Risikofaktoren; Krankheitsverhalten
Untersuchung
Warnzeichen („red flags“)

Verdacht auf

Aortendissektion: Reißender Schmerz, RR-Differenz, neurologische Defizite
Pneumothorax: Kein AG, hypersonorer KS (einseitig)
Lungenembolie: Risikofaktoren; Tachykardie, Dyspnoe, SI–QIII, Inkompl. RSB
Andere bedrohliche Ursache

Meist ambulant behandelbare Ursachen für Thoraxschmerzen

Bewegungsapparat: HWS-, BWS-Veränderungen, Arthrose/Arthritis, Kostochondritis, (Poly-)Myalgie, Rippenfraktur, Neuralgie
Herz: KHK, stabile Angina pectoris, Perikarditis, Aortenstenose, MVP, hypertrophe Kardiomyopathie
Lunge: Pleuritis, Pneumonie, pulmonale Hypertonie
Verdauungstrakt: Refluxösophagitis, Sphinkterspastik, Hiatushernie, Ulkusleiden, Pankreatitis, Gallenkolik
Sonstige: Herpes zoster, Hyperventilation/Ängste / Depression

Typische ST-Hebungen im EKG?*
10–40 % falsch positiv
10–40 % falsch negativ

Akutes Koronarsyndrom
akuter Herzinfarkt (einschließlich NSTEMI), instabile Angina pectoris

Bei weiterbestehender Unsicherheit sind Nutzen und Nachteile der stationären Aufnahme zusammen mit dem Patienten und seiner Familie abzuwägen.

Stationäre Aufnahme (Rettungswagen, Notarzt)
O_2-Gabe, Infusion, Medikamente, ggf. Monitor, Defibrillation, ggf. Intubation + Beatmung

---

***EKG-Interpretation:**

Koronararterie	Infarktlokalisation	Direkte Infarktzeichen
RIVA proximal	Vorderwand	V_1–V_6, aVL, I
RIVA nach Abgang der Diagonaläste	Anteroseptal	V_1–V_4, aVL, I
Diagonalast / Posterolateral	Lateral	aVL, I, V_5–V_7
RCX	Posteriore Hinterwand	V_7–V_9, aVF, III
RCA	Inferiore Hinterwand	II,III, aVF, V1, V_{3r}–V_{6r}

EKG-Infarktzeichen

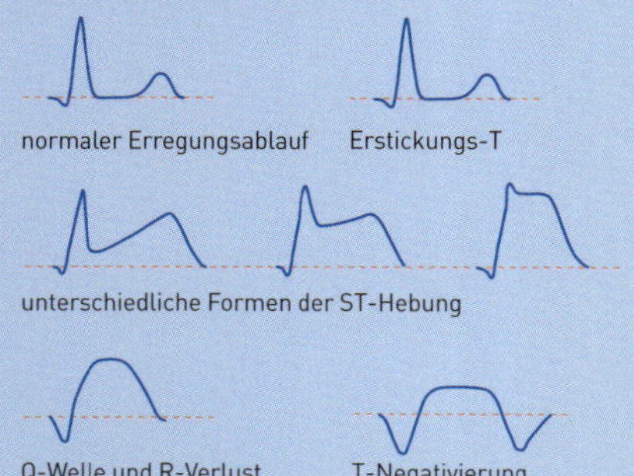

Praxisleitfaden

› Diagnostik akuter Thoraxschmerz
› Therapie akuter Myokardinfarkt

Differentialdiagnostik „akuter Thoraxschmerz“

Der Untertitel deutet es an: Hier geht es um den Versuch einer neuartigen Beschreibung hausärztlicher Vorgehensweise. Im Vordergrund steht zunächst nicht die präzise Diagnose, sondern eine „Triage“:
- Ist bei diesem Patienten ein Schockzustand zu behandeln?
- Ist eine stationäre / fachärztliche Weiterbehandlung dringlich?
- Können die Beschwerden einem Krankheitsbild zugeordnet und therapiert werden?

Gegenüber einer Notfall-Ambulanz oder einer kardiologischen Praxis liegen in der hausärztlichen Versorgungsebene andere Häufigkeitsverteilungen und Rahmenbedingungen vor – damit verlieren wegen vermehrt falsch positiven und falsch negativen Ergebnissen beispielsweise EKG und serologischer Troponin-Nachweis an Bedeutung. (Der Wert des noch häufig angewandten „Nitroglycerin-Test“ wird durch neuere Untersuchungen insgesamt in Frage gestellt und wird deswegen nicht aufgeführt.)
Dagegen werden sich Hyperventilation, Rippenfrakturen, Tietze-Syndrom und Herpes zoster häufiger prima vista klinisch identifizieren lassen – allerdings nicht immer ausgeschlossen werden können. Wegen der in vielen Allgemeinpraxen begrenzten Ressourcen wurden möglichst wenig technische Hilfsmittel in das Flussdiagramm einbezogen.
Insgesamt gilt allerdings auch hier die alte Regel, dass eine Leitlinie bestenfalls 80 % der Fälle zuordnen kann. Für die restlichen 20 % sind wahrscheinlich immer gesunder Menschenverstand, klinische Erfahrung und vielleicht eine Portion Intuition erforderlich.

Akuter Myokardinfarkt/Koronarsyndrom: Prähospitalphase

Der Trend geht – nach ggf. notwendiger Kreislaufstabilisierung – von der Lysetherapie hin zu einer definitiven Soforttherapie per Herzkatheter und Gefäßdilatation bzw. Stent unter thrombozytenhemmender Medikation. Dies sollte möglichst bald, zumindest aber innerhalb von drei Stunden erfolgen.
Ist ein akuter Herzinfarkt oder eine schwere Myokardischämie wahrscheinlich oder auch nur möglich, muss die weitere Versorgung möglichst rasch und koordiniert erfolgen. Dies setzt nicht nur die Verfügbarkeit eines EKGs und der gängigsten Notfallmedikamente sowie eines Defibrillators voraus, sondern auch Techniken der kardiopulmonalen Wiederbelebung. Dies ist nicht nur individuell zu erlernen, sondern auch als Team zu üben.
Damit im Notfall auch z. B. Dosierungen weniger bekannter Notfallmedikamente schnell zur Hand sind, können Sie diese Praxisleitfäden herausnehmen und im Notfallbereich der Praxis (z. B. EKG-Raum) gut sichtbar positionieren.

› Verhältnis Gesamt-/HDL-Cholesterin

Frauen

Alter	Systolischer Blutdruck (mmHg)	Nichtraucherin 3	4	5	6	7	Raucherin 3	4	5	6	7
65	180	7	8	9	11	14	12	15	17	21	26
	160	5	6	7	8	10	9	10	12	15	19
	140	3	4	5	6	7	6	7	9	11	13
	120	2	3	3	4	5	4	5	6	8	10
60	180	4	4	5	6	8	7	8	10	12	15
	160	3	3	4	5	6	5	6	7	9	11
	140	2	2	3	3	4	3	4	5	6	8
	120	1	2	2	2	3	2	3	3	4	5
55	180	2	2	3	3	4	3	4	5	6	8
	160	1	2	2	2	3	2	3	4	5	6
	140	1	1	1	2	2	2	2	3	3	4
	120	1	1	1	1	2	1	1	2	2	3
50	180	1	1	1	2	2	2	2	2	3	4
	160	1	1	1	1	1	1	1	2	2	3
	140	0	1	1	1	1	1	1	1	2	2
	120	0	0	0	1	1	1	1	1	1	1
40	180	0	0	0	0	0	0	0	0	1	1
	160	0	0	0	0	0	0	0	0	0	0
	140	0	0	0	0	0	0	0	0	0	0
	120	0	0	0	0	0	0	0	0	0	0

Verhältnis Gesamt-/HDL-Cholesterin

Männer

Alter	Systolischer Blutdruck (mmHg)	Nichtraucher 3	4	5	6	7	Raucher 3	4	5	6	7
65	180	12	14	17	22	27	22	26	31	38	47
	160	8	10	13	16	20	15	19	23	28	35
	140	6	7	9	11	14	11	13	17	20	26
	120	4	5	6	8	10	8	10	12	15	19
60	180	8	9	12	15	18	14	17	21	29	33
	160	6	7	8	11	13	10	13	15	19	24
	140	4	5	6	8	10	7	9	11	14	18
	120	3	3	4	5	7	5	6	8	10	13
55	180	5	6	7	9	12	9	11	14	17	22
	160	3	4	5	7	9	6	8	10	12	16
	140	2	3	4	5	6	5	6	7	9	11
	120	2	2	3	3	4	3	4	5	6	8
50	180	3	4	4	6	7	6	7	8	11	12
	160	2	3	3	4	5	4	5	6	8	10
	140	1	2	2	3	4	3	3	4	5	7
	120	1	1	2	2	3	2	2	3	4	5
40	180	1	1	1	2	2	1	2	2	3	4
	160	1	1	1	1	2	1	1	2	2	3
	140	0	1	1	1	1	1	1	1	2	2
	120	0	0	0	1	1	1	1	1	1	1

Verhältnis Gesamt-/HDL-Cholesterin

Wahrscheinlichkeit für Patienten mit hohem KHK-Risiko, in den nächsten zehn Jahren an KHK zu sterben

- ≥ 15 %
- 10–14 %
- 5–9 %
- 3–4 %
- 2 %
- 1 %
- < 1 %

SCORE-Risikotabellen

› Gesamtcholesterin

		Frauen										**Männer**									
		Nichtraucherin					Raucherin					Nichtraucher					Raucher				
Alter	Systolischer Blutdruck (mmHg)	4	5	6	7	8	4	5	6	7	8	4	5	6	7	8	4	5	6	7	8
65	180	7	8	9	10	12	13	15	17	19	22	14	16	19	22	26	26	30	35	41	47
	160	5	5	6	7	8	9	10	12	13	16	9	11	13	15	16	18	21	25	29	34
	140	3	3	4	5	6	6	7	8	9	11	6	8	9	11	13	13	15	17	20	24
	120	2	2	3	3	4	4	5	5	6	7	4	5	6	7	9	9	10	12	14	17
60	180	4	4	5	6	7	8	9	10	11	13	9	11	13	15	18	18	21	24	28	33
	160	3	3	3	4	5	5	6	7	8	9	6	7	9	10	12	12	14	17	20	24
	140	2	2	2	3	3	3	4	5	5	6	4	5	6	7	9	8	10	12	14	17
	120	1	1	2	2	2	2	3	3	4	4	3	3	4	5	6	6	7	8	10	12
55	180	2	2	3	3	4	4	5	5	6	7	6	7	8	10	12	12	13	16	19	22
	160	1	2	2	2	3	3	3	4	4	5	4	5	6	7	8	8	9	11	13	16
	140	1	1	1	1	2	2	2	2	3	3	3	3	4	5	6	5	6	8	9	11
	120	1	1	1	1	1	1	1	2	2	2	2	2	3	3	4	4	4	5	6	8
50	180	1	1	1	2	2	2	2	3	3	4	4	4	5	6	7	7	8	10	12	14
	160	1	1	1	1	1	1	2	2	2	3	2	3	3	4	5	5	6	7	8	10
	140	0	1	1	1	1	1	1	1	1	2	2	2	2	3	3	3	4	5	6	7
	120	0	0	1	1	1	1	1	1	1	1	1	1	2	2	2	2	3	3	4	5
40	180	0	0	0	0	0	0	0	0	1	1	1	1	1	2	2	2	2	3	3	4
	160	0	0	0	0	0	0	0	0	0	0	1	1	1	1	1	1	2	2	2	3
	140	0	0	0	0	0	0	0	0	0	0	0	1	1	1	1	1	1	1	2	2
	120	0	0	0	0	0	0	0	0	0	0	0	0	1	1	1	1	1	1	1	1

Gesamtcholesterin (mg/dl bzw. mmol/l): 150 200 250 300 / 4 5 6 7 8

Wahrscheinlichkeit für Patienten mit hohem KHK-Risiko, in den nächsten zehn Jahren an KHK zu sterben

- ≥ 15 %
- 10–14 %
- 5–9 %
- 3–4 %
- 2 %
- 1 %
- < 1 %

Quelle: Conroy et al.: Estimation of ten-year risk of fatal cardiovascular disease in Europe: the SCORE project. European Heart Journal (2003) 24, 987–1003

Beilage zum Hausarzt Handbuch DMP KHK

SCORE (**S**ystemic **Co**ronary **R**isk **E**valuation) stellt die Risikotabellen für Populationen mit hohem und niedrigem Risiko zur Verfügung. Für Deutschland gelten die hier abgebildeten Tabellen für hohes Risiko. Diese auf epidemiologischen Daten beruhenden Tabellen dienen dazu, das aktuelle Risiko eines Patienten als Basis für die Therapiezieldefinition abzuschätzen. Die Modifikation eines Risikofaktors heißt aber nicht notwendigerweise, dass damit das Risiko des Patienten unmittelbar entsprechend sinkt. So erreichen beispielsweise Ex-Raucher erst nach Jahren das niedrigere Risiko von Nie-Rauchern.

Auf der Rückseite finden Sie die Tabelle für das Verhältnis Gesamt-/HDL-Cholesterin.